U0587653

中国食品药品检验

年　鉴

STATE FOOD AND DRUG TESTING YEARBOOK 2020

中国食品药品检定研究院　组织编写

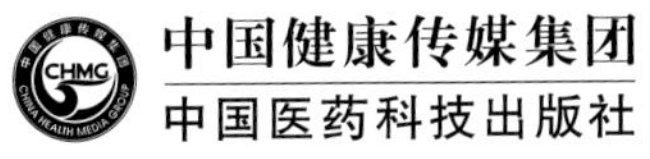

内容提要

《中国食品药品检验年鉴2020》是一部反映中国食品药品检定研究院及各地方食品药品检验检测机构2020年在药品、生物制品、医疗器械、化妆品等方面的监督检验工作及科研成就的年度资料性工具书，由中国食品药品检定研究院组织编纂。书中包括特载、第一至第十五部分及附录，主要分为检验检测，标准物质与标准化研究，药品、医疗器械、化妆品技术监督，化妆品安全技术评价，医疗器械标准管理，质量管理，科研管理，系统指导，国际交流与合作，信息化建设，党的工作，综合保障，部门建设，大事记，地方食品药品检验检测等。可供关注中国食品药品检验检测事业发展的人士、各级食品药品监管部门的管理者参阅。

图书在版编目（CIP）数据

中国食品药品检验年鉴．2020／中国食品药品检定研究院组织编写．—北京：中国医药科技出版社，2022.7

ISBN 978－7－5214－3158－2

Ⅰ．①中…　Ⅱ．①中…　Ⅲ．①食品检验－中国－2020－年鉴　②药品检定－中国－2020－年鉴　Ⅳ．①TS207.4－54　②R927.1－54

中国版本图书馆CIP数据核字（2022）第068649号

美术编辑　陈君杞

版式设计　南博文化

出版　**中国健康传媒集团**｜中国医药科技出版社

地址　北京市海淀区文慧园北路甲22号

邮编　100082

电话　发行：010－62227427　邮购：010－62236938

网址　www.cmstp.com

规格　889×1194mm 1/16

印张　16 1/2

字数　403千字

版次　2022年7月第1版

印次　2022年7月第1次印刷

印刷　三河市万龙印装有限公司

经销　全国各地新华书店

书号　ISBN 978－7－5214－3158－2

定价　298.00元

版权所有　盗版必究

举报电话：010－62228771

本社图书如存在印装质量问题请与本社联系调换

获取新书信息、投稿、为图书纠错，请扫码联系我们。

编辑委员会

主　　任　李　波

副 主 任　肖学文　邹　健　姚雪良　张　辉　王佑春

主　　编　路　勇

执行委员　仲宣惟　黄小波

委　　员　（按姓氏笔画排序）

于　欣　马双成　王钢力　成双红　朱　炯
刘志文　刘增顺　孙　磊　孙会敏　李秀记
李静莉　杨　振　杨正宁　肖新月　余新华
张庆生　张河战　陈　为　柳全明　倪训松
徐　苗　郭亚新　陶维玲　曹洪杰　蓝　煜

执行编辑　李　雯

特约编辑　（按姓氏笔画排序）

于健东　马丽颖　王　玥　王　艳　王　雪
王一平　左一梅　巩　薇　朱　楠　汤　龙
汤　瑶　祁文娟　孙斌裕　吴朝阳　佟　乐
张建国　邵姝姝　项新华　姚　蕾　贺鹏飞
耿　琳　耿长秋　徐　超　崔宏伟　章　娜
谢丽丽　裴云飞

编纂说明

《中国食品药品检验年鉴 2020》是由中国食品药品检定研究院编纂出版的一部综合反映中国药检系统对食品、药品、保健食品、化妆品、医疗器械等监督检验、科研成就的大型年度资料性工具书。

《中国食品药品检验年鉴 2020》编辑委员会主任、副主任由中国食品药品检定研究院院领导担任，编辑委员会委员由中国食品药品检定研究院各所、处（室）、中心主要负责人担任，执行委员由中国食品药品检定研究院办公室主要负责同志担任。

《中国食品药品检验年鉴 2020》框架设置包括特载及第一至第十四部分，为有关中国食品药品检定研究院检验检测，标准物质与标准化研究，药品、医疗器械、化妆品技术监督，化妆品安全技术评价，医疗器械标准管理，质量管理，科研管理，系统指导，国际交流与合作，信息化建设，党的工作，综合保障，部门建设，大事记；第十五部分为地方食品药品检验检测。地方食品药品检验检测部分，收载各省、市级（含副省级）食品、药品、药用包材辅料检验机构，通过国家资质认可的各有关医疗器械检验机构共 43 个单位的 2020 年工作内容。收载范围包括：重要会议、领导讲话、报告、政策法规等；机构调整改革及重要人事变动相关信息；检验检测中的重要活动、举措和成果；食品药品安全突发事件应急检验；具有统计意义、反映现状的基本数据和专业性信息资料。书末列有附录。

▲ 2020 年 1 月 10 日，国家药品监督管理局副局长陈时飞来中检院指导工作。

▲ 2020 年 3 月 27 日，中检院院领导及相关部门领导欢迎赴武汉参加中央指导组抗疫返京人员。

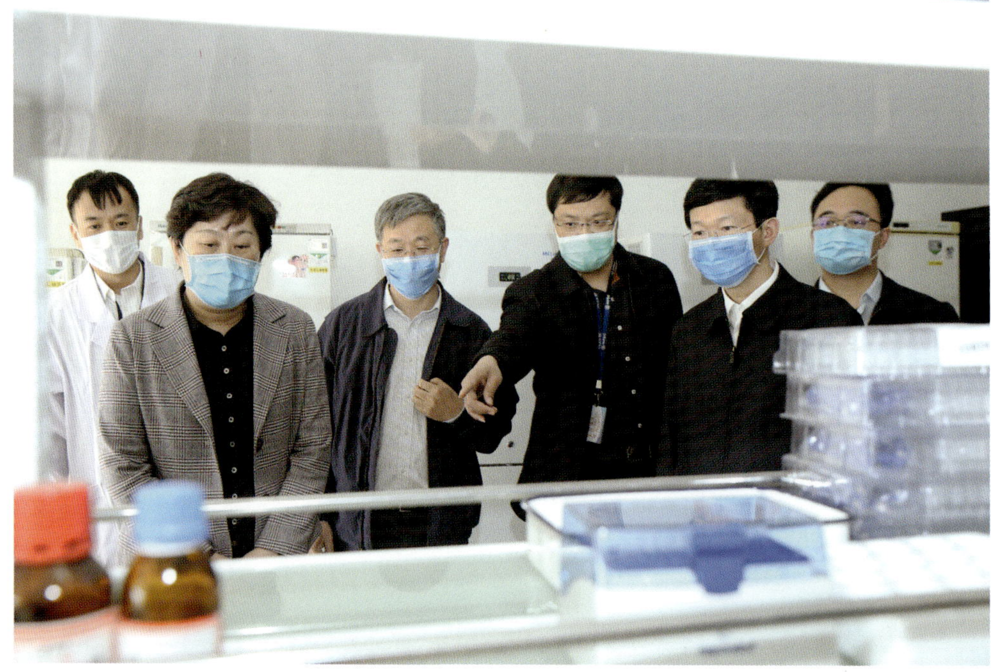

▲ 2020 年 4 月 2 日，中央纪委国家监委驻市场监管总局纪检监察组组长薛利等一行人来中检院指导工作。

▲ 2020 年 4 月 16 日，中检院院长李波主持召开 2019 年年度院级管理评审会议。

▲ 2020 年 5 月 22 日，中检院召开 2020 年第一次院务（扩大）会议暨党委（扩大）会议。

▲ 2020 年 7 月 21 日，国家药品监督管理局局长焦红来中检院调研。

▲ 2020 年 8 月 18 日至 19 日，中检院接受了 CNAS 能力验证提供者认可复评审。

▲ 2020 年 8 月 20 日至 21 日，中国合格评定国家认可委员会派出评审组对中检院进行了为期 2 天的实验室认可、资质认定二合一现场评审。

▲ 2020年9月22日上午，中检院举行首席专家聘任仪式。

▲ 2020年10月20日下午，国家药品监督管理局党组第一巡视组巡视中检院党委工作动员会召开。

▲ 2020 年 11 月 12 日，中检院召开学习党的十九届五中全会精神大会。

▲ 2020 年 11 月 20 日，科技部副部长徐南平来中检院调研。

▲ 2020 年 12 月 2 日，中共中央政治局委员、国务院副总理孙春兰到中检院调研指导工作。

▲ 2020 年 12 月 18 日上午，抗击新冠肺炎疫情学术报告会暨建院（所）七十周年科技成就展在中检院召开。

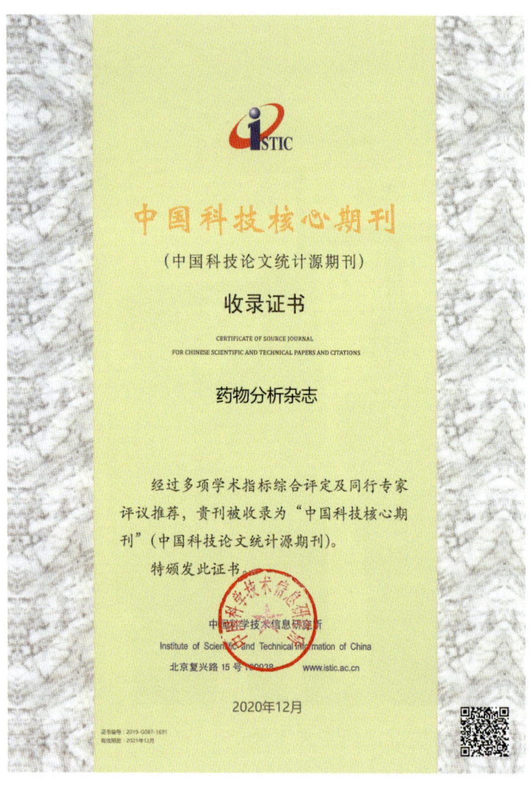

中国科技核心期刊

（中国科技论文统计源期刊）

收录证书

CERTIFICATE OF SOURCE JOURNAL
FOR CHINESE SCIENTIFIC AND TECHNICAL PAPERS AND CITATIONS

药物分析杂志

经过多项学术指标综合评定及同行专家评议推荐，贵刊被收录为“中国科技核心期刊”（中国科技论文统计源期刊）。

特颁发此证书。

中国科学技术信息研究所
Institute of Scientific and Technical Information of China
北京复兴路 15 号 100038　www.istic.ac.cn

2020年12月

▲ 《药物分析杂志》中国科技核心期刊收录证书。

中国科技核心期刊

（中国科技论文统计源期刊）

收录证书

CERTIFICATE OF SOURCE JOURNAL
FOR CHINESE SCIENTIFIC AND TECHNICAL PAPERS AND CITATIONS

中国药事

经过多项学术指标综合评定及同行专家评议推荐，贵刊被收录为“中国科技核心期刊”（中国科技论文统计源期刊）。

特颁发此证书。

中国科学技术信息研究所
Institute of Scientific and Technical Information of China
北京复兴路 15 号 100038　www.istic.ac.cn

2020年12月

▲ 《中国药事》中国科技核心期刊收录证书。

中国精品科技期刊证书

Certificate of Outstanding S&T Journals of China

2020

药物分析杂志

根据中国精品科技期刊遴选指标体系综合评价结果，贵刊入选“第5届中国精品科技期刊”，即“中国精品科技期刊顶尖学术论文（F5000）”项目来源期刊。

特此证明。

有效期：2020年12月-2023年12月
证书编号：2019-G087-JP195

精品科技期刊服务与保障系统项目组
中国科学技术信息研究所
2020年12月

▲ 《药物分析杂志》中国精品科技期刊证书。

▲ 2020 年 1 月 17 日，由中检院和深圳市药品检验研究院共同组织的中药配方颗粒数字标准项目启动会在深圳市召开。

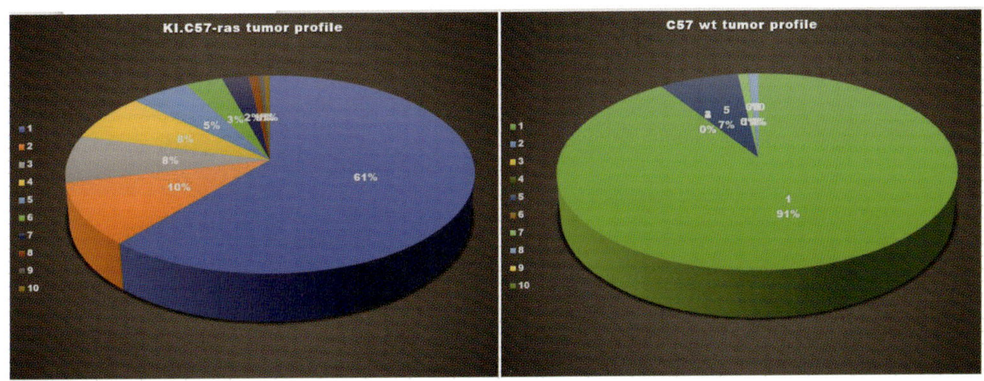

▲ 2020 年 2 月至 8 月，中检院完成了用于药物临床前潜在致癌性评价的遗传修饰动物模型 KI.C57-ras V2.0 验证研究。

▲ 2020 年 4 月 28 日下午，中检院组织召开数字标准物质平台 2020 年第一次阶段网络会议。

▲ 2020 年 5 月 27 日，中检院在北京市组织召开了北京市新冠肺炎疫情应急科研专项中期会。

▲ 2020 年 6 月 12 日，国家药品监督管理局网信办来中检院专题研究与国家药品监督管理局网信工作衔接与网络安全保障工作。

▲ 2020 年 7 月，中检院在大兴院区 7 号楼东侧的绿树花丛中，为实验动物树立“慰灵碑”。

▲ 2020 年 9 月 9 日至 10 日，国家药品监督管理局医疗器械标准管理中心在北京市组织召开 2020 年医疗器械行业标准制修订项目中期汇报会。

▲ 2020 年 9 月 18 日，中检院在上海市召开国家药品监督管理局药用辅料质量研究与评价重点实验室 2020 年第一次学术委员会会议。

▲ 2020 年 9 月 23 日，中检院在北京市举办人源化小鼠模型研究进展研讨会。

▲ 2020 年 10 月 14 日至 15 日，中检院在福建省厦门市举办中药质量标准研究及检验方法培训班。

▲ 中检院医疗器械检验工作科普交流日活动于 2020 年 10 月 22 日在北京市成功举办。

▲ 2020 年 11 月 4 日，2020 年医用增材制造技术医疗器械标准化技术归口单位年会暨行业标准审定会在北京市召开。

▲ 2020 年 11 月 17 日，第一届医用机器人标准化技术归口单位成立大会暨年会在北京市召开。

▲ 2020 年 11 月 26 日，中检院在北京市召开医疗器械质量研究与评价重点实验室 2020 年度年会。

▲ 2020年12月16日，中检院梁争论研究员（右三）获第二十一届吴阶平—保罗·杨森医学药学奖。

▲ 2020 年 2 月 20 日，中检院召开 2020 年第一次党委理论学习中心组（扩大）视频学习会。

▲ 2020 年 7 月 3 日，中检院召开违反中央八项规定精神突出问题专项治理暨廉洁自律警示教育动员大会。

▲ 2020 年 7 月 29 日，中检院党委中心组学习。

▲ 2020 年 9 月 15 日至 17 日，中检院副院长张辉带队赴安徽省砀山县开展党建调研工作。

▲ 2020 年 11 月 9 日，中检院召开 2020 年第五次纪委（扩大）会议。

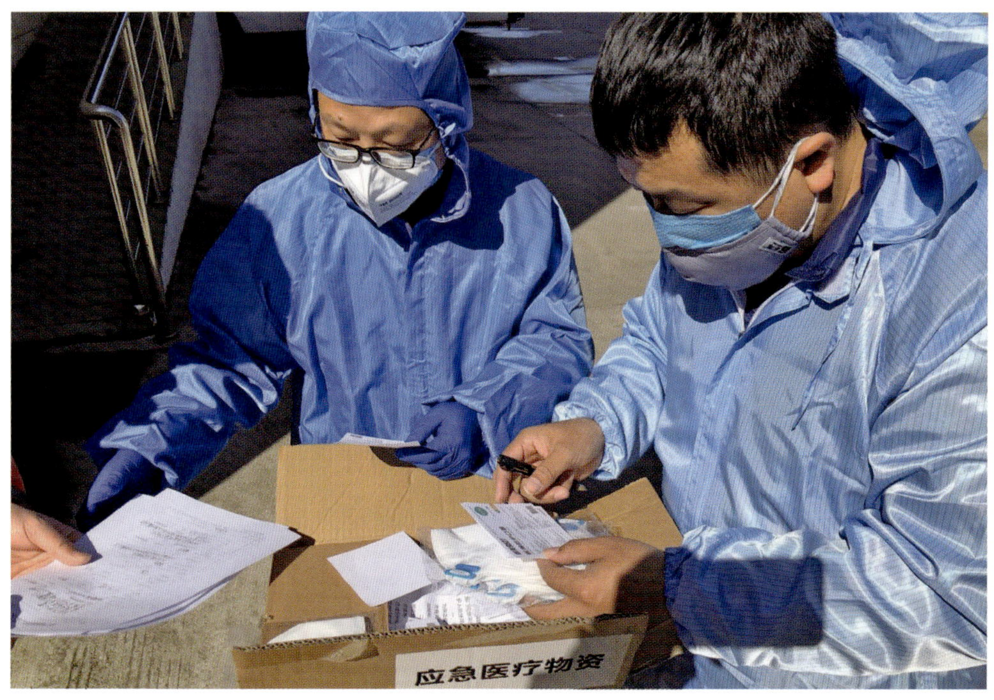

▲ 2020 年 2 月 19 日，湖北省药品监督检验研究院何开勇（左）、刘赵云等在华润湖北医药有限公司执任医用防护用品抽样任务。

▲ 2020 年 2 月 26 日，青海省药品监督管理局党组书记、局长李晓东视察青海省药品检验检测院，指导疫情期间防护用品和药品检验检测工作。

▲ 2020年2月26日，陕西省食品药品检验研究院自主研发成功环氧乙烷残留量快检试剂盒。

▲ 2020 年 4 月 28 日，四川省成都市人民政府副市长刘旭光调研成都市食品药品检验研究院白酒及农畜产品检验检测中心。

▲ 2020 年 4 月 29 日，浙江省人民政府副省长陈奕君赴浙江省医疗器械检验研究院调研医疗器械检验检测工作。

▲ 2020 年 8 月 24 日，浙江省"药品科技活动周"启动仪式暨媒体开放日活动在浙江省医疗器械检验研究院举行。

▲ 2020 年 8 月 27 日，湖南省药品科技活动周暨药品检验公众开放日活动在湖南省药品检验研究院启动。

▲ 2020 年 8 月 27 日至 28 日，青海省药品检验检测院举办全省药品检验技术大比武。

▲ 2020 年 10 月 13 日，国家药品监督管理局局长焦红、副局长陈时飞等，在湖北省人民政府副省长张文兵、省药品监督管理局局长邓小川等陪同下到湖北省药品监督检验研究院调研。

▲ 2020 年 10 月 14 日，安徽省人民政府副省长张红文一行现场调研安徽省食品药品检验研究院药品检验与研究所、医疗器械与药包材检验所，详细了解药品检验检测能力建设等情况。

▲ 2020 年 10 月 24 日，山东省医疗器械产品质量检验中心通过了 CNAS 组织的 GLP 实验室认可的现场评审，为全国医疗器械检验机构首个通过验收的 GLP 实验室。

▲ 2020 年 11 月 12 日至 13 日，国家药品监督管理局副局长陈时飞到安徽省食品药品检验研究院调研生物制品批签发实验室和动物管理中心能力建设情况。

▲ 2020 年 11 月 12 日，成都市食品药品检验研究院和四川大学华西医院共建的“临床药理学与生物样本检测研究联合实验室”正式揭牌。

▲ 2020 年 11 月 19 日，陕西省食品药品检验研究院开展实验室开放日活动。

▲ 2020 年 12 月 23 日，国家药品监督管理局专家组一行在湖北省药品监督检验研究院开展疫苗批签发机构现场评估。

目 录

特 载

第一部分 检验检测

第二部分 标准物质与标准化研究

第三部分 药品、医疗器械、化妆品技术监督

第四部分 化妆品安全技术评价

第五部分 医疗器械标准管理

第六部分 质量管理

第七部分 科研管理

第八部分 系统指导

第九部分 国际交流与合作

第十部分　信息化建设

第十一部分 党的工作

第十二部分 综合保障

第十三部分　部门建设

中药民族药检定所

化学药品检定所

第十四部分　大事记

第十五部分　地方食品药品检验检测

附 录

Contents

Important Notes

Part Ⅰ Inspection and Testing

Part Ⅱ Reference Material and Standardization Research

Part Ⅲ Technical Supervision of Drugs, Medical Devices and Cosmetics

Part Ⅳ Technical Evaluation of Cosmetics Safety

Part Ⅴ Standard Management of Medical Devices

Part Ⅵ Quality Management

Section Ⅶ Scientific Research Management

Part Ⅷ System Guidance

Section Ⅸ International Exchange and Cooperation

Part X Information Construction

Part XI Work of Party Organization

Part XII Comprehensive Support

Part XIII Department Construction

Part XIV Chronicle of Events

Part XV Local Food and Drug Inspection and Testing

Appendix

重要会议与讲话

在中检院抗击新冠疫情学术报告会暨建院（所）七十周年科技成就展上的讲话

李　波

（2020 年 12 月 18 日）

尊敬的各位领导，各位同事，同志们：

2020 年是中检院建院（所）70 周年，同时，2020 年又是极不平凡的一年，在这一年里，以习近平总书记为首的党中央团结带领全国各族人民，举国同心，进行了一场惊心动魄的抗疫大战，取得抗击新冠肺炎疫情斗争的重大战略成果，创造了人类同疫情斗争史上又一个英勇壮举。在这场史无前例的抗疫斗争中，我院全体干部职工，在国家药监局党组的坚强领导下，统一领导，提前介入，指导诊断试剂、药品、疫苗研发企业争分夺秒，尽快推出抗疫产品，为我国取得抗击新冠肺炎疫情斗争重大战略成果做出了我们应有的贡献。

今天，我们隆重召开中检院抗击新冠疫情学术报告会暨建院（所）七十周年科技成就展，表彰我院在抗击新冠肺炎疫情中的先进集体和优秀个人，展示我院 70 年来的发展历程和科研成果，共同庆祝中检院七十华诞，牢记初心使命，履职尽责，大力弘扬抗疫精神，保障公众用药安全，在新时代的新征程上奋勇前进。

回顾历史，我们倍感光荣与自豪。1950 年 8 月，中央人民政府卫生部药物食品检验所成立。同年 12 月，生物制品检定所成立，我国著名的药学专家孟目的和沙眼衣原体的发现者汤飞凡分别担任两所所长。1961 年 12 月，卫生部药品检验所和卫生部生物制品检定所合并为卫生部药品生物制品检定所，中国药检的画卷伴随着共和国医药事业的发展徐徐展开。栉风沐雨七十载，一代又一代药检人肩负起历史责任，无私奉献，一路披荆斩棘，书写着波澜壮阔的时代华章，矢志报国的精神深深植根于我们药检队伍。

——70 年峥嵘岁月，职能不断发展壮大。

从新中国成立初期直至六七十年代，检定所几经调整变迁，在条件相对艰苦的情况下，药检事业创基立业，初步形成了药品和生物制品检定两大核心职能。为应对新中国成立后严峻的医疗卫生形势，保障疫苗供应，控制传染病流行，满足人民群众基本用药需求，保障药品质量，发挥了重要作用。

二十世纪八十年代至九十年代，药品检验检测事业取得了长足的进步，职能逐步扩大。1984 年成立高分子室，标志着中检所医疗器械检验事业的开始，至 1999 年成立国家局中检所医疗器械质量监督检验中心，此后体外诊断试剂与培养基室、光机电室相继成立，我院的检验业务逐步形成了药品、生物制品、医疗器械三大体系的大药品架构。1999 年，在毒理室和药理室的基础上组建国家药物安全评价监测中心，并通过为期五年的中日两国政府间技术合作项目，建成了我国首个符合国际 GLP 标准的非临床安全性研究机构。

进入 2000 年后，随着医药产业的不断发展，药品监管改革不断深入，中检院的职能进一步扩大。2003 年，开始承担国家生物制品批签发工作。组建药用辅料和包装材料室，为后续药用辅料和包装材料检定所的发展奠定了基础。2007 年，增设国家药监局药品市场监督办公室，承担国家药品生物制品抽检职能。2009 年，国家药监局批复加挂“国家药监局医疗器械标准管理中心”牌子，新增国家医疗器械标准管理职能。增设食品化妆品检验管理处，之后发展为化妆品检定所和食品检定所。撤销化药所中药室，增设中药民族药检验管理处，设立中成药室、民族药室、药材室。为适应新形势，谋求新发展，2010年9月，根据中央编办批复，中检所正式更名为“中国食品药品检定研究院”。

进入新时代，中检院职能进一步扩大。2018年随着新一轮机构改革的落地，中检院新增化妆品审评职能，我院新组建了化妆品安全评价中心，开始承担化妆品审评工作。

目前，我院内设机构28个，其中业务所14个，下设85个各类实验室。职能涵盖了药品、医疗器械、化妆品、食品四大业务种类，是国家药监局承担技术支撑工作种类最复杂、范围最广泛、能力最全面、管理职能与技术研究职能兼具的国家级技术支撑机构。

——70年风雨兼程，基础设施不断完善。

岁月无言，春秋有痕。70年来，中检院的基础设施建设日新月异，我们怀念天坛院区的一草一木、一砖一瓦，也欣喜于大兴新址一流的硬件条件。1973年我们在天坛建设了3000平方米的综合检验楼，1979年建成了6000平方米的药检楼，1987年建成了7000平方米的生检楼；1990年我们又在东铁匠营建成2500平方米繁育场动物楼，2002年在亦庄建成2500平方米的国家新药安全评价中心实验楼。2005年，在党中央国务院的亲切关怀下，在国家发改委的支持下，我们启动了中检院新址10万平方米迁建项目，开始了中检院历史上基础设施建设最大的一次跨越。

目前，我院大兴、天坛、亦庄、东铁匠营四址共占地约300亩，合计各类业务用房建筑面积约13万平方米，建成了高等级的P3生物安全实验室、电磁兼容实验室。全院实验仪器装备目前达到了1.8万台（套），价值14.62亿元，实验室基础设施整体达到了国内外一流水平。目前，占地117亩，建筑规模15万平方米的中检院二期建设项目也在抓紧推进中。70年间，中检院的基础设施发生了翻天覆地的变化，为我院的快速发展提供了坚实的硬件保障。

——70年薪火相传，杰出人才不断涌现。

70年来，药检队伍蓬勃发展，人才辈出。孟目的、汤飞凡、李志中等老一辈药检事业的开创者，李河民、周海钧、桑国卫、李云龙等承前启后的引领者，涂国士、孙曾培、郑昌亮、俞永新、王军志、金少鸿、王佑春、胡昌勤、马双成等一代代享誉国内外的知名专家为我们树立了学术研究的典范。在一批批杰出人才和学者的带领下，在南楠、李长贵、母瑞红等一位位全国先进工作者、五一劳动模范、三八红旗手等先进人物的影响下，我们的队伍不断发展壮大，人员素质不断提高。

目前，全院在职人员1500余人，具有高级技术职称和硕士以上学历的人员均超过60%。有中国工程院院士3人，享受国务院政府特殊津贴专家（含退休）73人，突出贡献专家（含退休）15人，国家药典委员会委员32人，国家兼职检查员80余人。1981年，中检所成为国务院首批硕士学位授予单位，2002年，开始招收博士研究生，2008年设立了博士后科研工作站，至今共培养博士31人，硕士434人。目前与中国药科大学、北京协和医学院、沈阳药科大学等28所高校签约联合培养研究生。在读研究生、博士后、进修人员240余人。我们的技术人才不仅仅是检验工作的行家里手，更是医药技术领域的专家，已经成为药品监管领域最重要的人才培养基地，为实现药品全生命周期监管发挥着不可替代的作用。

——70年砥砺奋进，技术支撑能力不断增强。

70年来，我们坚持以人民为中心，勇于担当、履职尽责，始终是习近平总书记“四个最严”要求的积极践行者。我们建立了符合国际要求的多个质量管理体系，具备国家要求的所有相关资质，通过了WHO等国际组织和权威部门的认证认可检查，保障了检验检测、标准物质研制、能力验证，以及药物安全评价等各项工作结果可靠和依规开展。

从1953年第1版《中国药典》到2020年第11版《中国药典》，历版国家标准中均凝聚了我院科技工作者的智慧和汗水。1996年我院编辑出版了第1版《中国药品检验标准操作规范》，至2019年发布第6版，已覆盖药品、医疗器械、化妆品等各业务领域，为全国检验检测工作提供了遵循。

我们几十年如一日，坚持做好注册检验、口岸检验、监督检验等各项检验任务。包括我院在内的全国25个口岸所，严把国门关，为防止伪劣药品流入国内发挥了重要的作用。多年来，承担的国家监督抽检工作坚持以问题为导向，建立了有效的抽检机制、风险信息报送机制，成为发现产品系统风险的有效技术手段之一。自2015年起，每年组织召开年度中国药品质量安全年会，历年参会人数超过1300人，已经成为我院品牌会议，在促进系统内检验机构的检验能力、国内制药企业创新能力方面发挥了积极作用。

我院目前是唯一有能力对所有生物制品进行全面检定的机构，对54种预防用疫苗、9种血液制品和5种体外诊断试剂开展批签发管理工作。每年签发疫苗4000至5000批次、7亿至10亿人份，有效地保障了人民用药安全有效。

我们用10年的时间，建立健全了医疗器械标准管理法规体系，共组织制修订医疗器械标准1344项，现行有效医疗器械标准总数为1761项，国际标准转化率达90%以上，医疗器械标准化（分）技术委员会和技术归口单位数量33个，基本建成覆盖医疗器械各技术领域的标准体系，使我国医疗器械标准管理质量和水平显著提升。

我们高效推进化妆品审评各项工作，仅用一年时间，完成了化妆品安全评价中心筹建、审评职能交接、外审制向内审制转变等多项繁重任务。目前，共完成化妆品受理10725件，完成各品种特殊用途化妆品审评9799件，严守审评时限，实现了审评审批零积压。

我们还承担了化妆品标准委员会秘书处工作，梳理了我国化妆品标准现状，组织开展化妆品安全技术规范的制修订，起草了我国化妆品标准体系建设实施方案，正在稳步推进化妆品标准深化改革。

自新中国成立初期五十年代我们发行第一支标准细菌浊度标准品（比浊管）、青霉素参考品、乙磺酸麦角毒碱，历经70年的发展，如今我院能够提供各类标准物质4027种，标准物质实现了从无到有，从少到多，从散到全的良好局面，实现“三品一械”标准品的全覆盖。近5年中检院国家药品标准物质一直保持年均新增200余个新品种的发展速度，年生产能力达220万支，保证了基本药物目录所需1022个标准物质的供应，为全国药品医疗器械质量控制以及医药产业发展提供了标准物质保障。

——70年攻坚克难，关键时刻显身手。

70年来，我们勇于担当，顶住压力，与时间赛跑，在历次重大安全应急事件中，依靠雄厚的科研积累和技术储备，屡次发挥关键作用，在最短时间内为党和政府快速决策和积极应对提供了重要的技术依据。我们成功应对了甲型H1N1禽流感、塑化剂事件、铬超标胶囊事件、银杏叶事件、山东济南非法经营疫苗案、马兜铃酸应急检验、全氟丙烷眼用气体应急检验，缬沙坦等药品基因毒性杂质应急检验、长春长生疫苗案件等近40项重大药品安全应急事件的应急检验工作，真正做到了召之即来，来之能战，战之必胜。

当2009年甲型H1N1流感突然爆发时，在王军志院士的带领下，我院突破疫苗研发关键技术瓶颈，研究建立了疫苗定量检测的替代方法和参比品，使全球最大规模的临床试验提前了一个月，为我国甲型H1N1流感疫苗在全球率先上市奠定了重要基础，为全球的疾病防控事业做出了突出的贡献。时任国务院副总理李克强和世界卫生组织总干事陈冯富珍女士曾先后亲临视察指导，对中检所的工作给予了充分肯定和高度赞誉。在2011年“塑化剂”事件应急检验任务中，面临着“无检测方法、无标准物质、无经费支持”的境况，我院首次成功地将全国协同机制应用于应急检验实际工作中，建立了大规模样品的应急检验协同机制，为后续药品应急检验获取了宝贵的经验。

——70年开拓创新，科研工作硕果累累。

70年来，我们始终把科研作为事业发展进步的第一推动力，急国家之所急、为人民之所需，实现诸多零的突破，在药品、医疗器械领域涌现出一大批科研成果。截至目前，我院获得国家科技奖30余项，省部级奖200余项，6项科研成果获国家科技进步一等奖；专利、软件著作权58项；专业著作108部。

在重大传染病防治方面，1958年，成功分离出我国第一支麻疹病毒M9，有效控制了中国麻疹的暴发流行。在俞永新院士的带领下，坚持30年，研制出国际上首个乙脑减毒活疫苗，至今在国内已使用超过10亿剂，为我国乙脑的预防控制做出了突出贡献。在俞永新院士的带领下，我们牵头进行科技攻关，成功研制出三种类型出血热灭活疫苗，为控制出血热流行发挥了重要作用。在王军志院士的带领下，在国际上首创EV71疫苗研发和质量评价技术体系，推动了疫苗快速上市，使2019年手足口病死亡数较2010—2015年下降了96%。王佑春首席团队凭借多年的科研积累，前瞻性建立的26种新突发传染病和重要病毒性传染病的假病毒平台，提升了我院对新突发和高致病性传染病防控产品的评价能力。今年面对来势汹汹的重大疫情，率先建立了新冠假病毒中和抗体检测方法，陆续为国内60多个新冠疫苗、药物和诊断试剂研发单位免费提供假病毒毒株以及相应的假病毒中和抗体检测方法。范昌发博士团队建立的ACE2转基因小鼠模型，应急供应科研院所，累计向国内33家单位提供小鼠模型2311只，为保障疫情防控用产品研发发挥了重要作用。

在重大新药创制方面，在桑国卫院士的带领下，建立了符合国际标准的GLP中心，为该领域培育了大批人才，为提高医药行业创新药物研发能力做出了突出贡献。

在创新检验检测技术方面，在金少鸿所长、胡昌勤首席的带领下，药品快检技术的开发与应用经过近20年的发展，创建了国际领先的药品快速分析平台。王军志院士、饶春明主任团队从2010年开始，建立了稳定的转基因细胞活性测定平台技术，已将相关方法转移至多家企业共40余个产品中，并支持了三个抗PD－1单抗药物的上市，所建立的平台技术受到国际同行的认可。

——70年与时俱进，国际交流广泛开展。

长期以来，我们秉持开放理念和国际视野，致力于建立和加强国际的合作与交流，主动融入全球前沿药物、疫苗、检测等相关领域的研究合作，在合作中不断提升科技自主创新能力、提高中国药品检验工作国际影响。目前，我院已与世界卫生组织（WHO）、联合国开发计划署以及美国、英国、加拿大、日本、德国等20多个国际组织、国家的药品医疗器械检验相关机构开展了多渠道、多领域、深层次的合作交流，自1980年起相继成为WHO药品质量保证合作中心，WHO生物制品标准化和评价合作中心，WHO传统医药合作中心和中丹食品药品监管合作中心。多人次应邀出席世界卫生组织（WHO）、亚太经济合作组织（APEC）、国际标准化组织（ISO）、人用药品注册技术要求国际协调会议（ICH）、西太区草药协调论坛（FHH）、国际植物药监管合作组织（IRCH）、欧盟药品质量管理局（EDQM）、国际药学联合会（FIP）、国际化妆品监管合作组织（ICCR）以及美国食品药品监督管理局（FDA）、美国药典委员会（USP）等国际组织和政府组织召开的重要国际会议，并在大会上作专题报告，向世界展示了我国在药品、生物制品和医疗器械等领域的研究成果和科研水平。

回顾70年的发展之路，我们用坚持、坚守、坚定书写着中检院的厚重历史，今年这场与疫情的殊死较量，可以说是对我院管理体系和检验能力70年发展的一次大考，我们用一场硬仗践行了初心和使命。在国家药监局的统一指挥下，我们集中科研中坚力量，全力以赴，提前介入，靠前服务，压缩一切可以压缩的时间，高效完成新冠诊断试剂、新冠疫苗及相关化学药品、生物制品、医疗器械等各项应急检验任务，和兄弟单位勠力同心，全力推进药品疫苗和医疗器械科研攻关，为打赢疫情防控阻击战做出了重要贡献。作为优秀代表，毋瑞红同志在疫情最严重的阶段，逆行武汉，协助指导抗疫工作。王军志院士作为联防联控疫苗专班专家组副组长，顶着巨大压力，为专班决策提供专家意见。为了让抗击疫情的检测产品早日获批上市，我们的同志不眠不休、争分夺秒，诊断试剂所仅用2天就完成制定了新型冠状病毒核酸检测试剂注册检验操作技术指南（试行）；仅用4天就研制出核酸检测试剂的应急用国家标准品。为全力支持新冠疫苗的研发上市，生检所在坚持标准不降的前提下，打破常规，调动所有技术资源，早期介入，主动对接和服务研发单位，沟通指导达1500余次，全力保障新冠疫苗应急检验工作。12月2日，国务院副总理孙春兰、国务委员王勇同志莅临我院，调研指导批签发准备等情况，充分肯定我院在疫苗检定工作取得的成绩。这也正是对我院70年发展能力的一种肯定，我们凭借几代药检人沉淀的智慧、积累的经验，面对突如其来的重大疫情，展现了昂扬的斗志，优良的作风，过硬的技术水平，成为抗击疫情最可靠的技术力量，践行和发扬了“生命至上、举国同心、舍生忘死、尊重科学、命运与共”的伟大抗疫精神。

70年筚路蓝缕，我们逐步走向强大兴旺。检验检测工作之所以取得巨大进步，归根结底在于坚持党的领导，坚持以人民为中心，坚持与祖国同行，坚持科学、独立、公正、权威的工作目标，坚持围绕中心、服务大局，坚持在基础研究、关键领域勇攀高峰。

我们深切缅怀那些开创中检院事业并为之付出毕生精力的已故的老前辈们；我们不会忘记为我们掌舵领路的历任所长、书记、专家，我们由衷感谢那些为中检院事业发展励精图治，呕心沥血的历届老领导、老专家和老同志们；我们对一贯支持、关心中检院事业发展的各级领导、各位专家、国内外朋友以及兄弟单位表示衷心的感谢！对所有虽然已经离开工作岗位却仍在继续支持、关心中检院发展的老领导、老专家和老职工们再次表示崇高的敬意；对所有正在为中检院事业发展勤奋工作、敬业奉献的全体干部职工，表示诚挚的慰问！

七十载惊涛拍岸，九万里风鹏正举。回顾过去，我们充满怀念与感激；展望未来，我们豪情满怀，又深感任重道远。国家发展进入新时代，检验检测事业也开启了新征程，我们满怀强烈的历史责任感和紧迫感，在习近平新时代中国特色社会主义思想指引下，不忘初心，牢记使命，以人民为中心，努力推动检验检测事业开辟新天地，走向更广阔的舞台，为保障人民用药安全有效而不懈努力，为实现“两个一百年”奋斗目标、实现中华民族伟大复兴的中国梦做出新的更大贡献。

最后，再一次对各位领导、各位老同志的莅临表示衷心的感谢！祝大家身体健康，万事如意！

记事

新冠病毒疫苗注册检验

新冠肺炎疫情暴发以来，中国食品药品检定

研究院（以下简称“中检院”）按照国家药监局“统一指挥、早期介入、随到随检、科学审批”的要求，发挥技术优势，创新工作模式，全力以赴对疫情防控急需的疫苗等生物制品开展应急检验工作，积极服务和支持新冠病毒疫苗等生物制品的研发和审评审批。疫情暴发初期，中检院第一时间成立了新冠疫苗应急检验工作组，安排专人对接疫苗研发企业。在标准不降的前提下，通过优化工作程序，采取早期介入、主动服务、精准指导、平行检验、组织科研攻关等多种措施，全力以赴开展新冠疫苗应急检验工作。打破科室界限，合理安排调度人员共同承担有关项目的检测任务，全力开展新冠疫苗的应急检验工作。2020 年全年，中检院共指导和服务了 41 个新冠疫苗研发团队，受理各类检验样品 878 批次，其中包含疫苗临床试验血清 61 批次（33692 人份）；发出各类检验报告 638 份，其中包括疫苗临床血清检测报告 47 份，全年累计对企业进行沟通指导 2000 余次。已完成检验疫苗品种中，有 15 款新冠疫苗已获批临床，其中，3 款灭活疫苗获批紧急使用，1 款灭活疫苗获准附条件上市。

新冠病毒疫苗批签发工作

面对若干灭活疫苗即将上市、大量产品需要批签发的巨大挑战，中检院提前谋划，积极应对新冠疫苗批签发工作的挑战。中检院提出参照武汉抗疫成功模式，举全药检系统之力共同完成批签发任务的工作方案，经国家药品监督管理局（以下简称“国家药监局”）报国务院联防联控机制批准同意后，于 2020 年 11 月 30 日正式印发实施。按照有关工作方案，组织专家制订新冠疫苗批签发相关技术要求和相关培训计划，采用理论和操作相结合、实验比对、盲样考核、现场指导等方式，对相关批签发机构和人员进行专项培训和评估考核工作，推动国家药监局于 12 月 25 日正式授权北京市和湖北省药检所（院）为新冠疫苗批签发机构。在 12 月 30 日晚 9 时，中生集团北京所新冠灭活疫苗获附条件批准上市后，中检院即对其 30 批疫苗完成批签发，实现了国家药监局领导要求的“疫苗批准之日，即是批签发之时”。此外，中检院还通过组织协调调拨技术骨干、向财政部申请专项资金、向发改委申报批签发机构能力建设项目等方式，继续加强我国各药检机构新冠疫苗批签发能力，为接下来完成国家大规模疫苗接种所需新冠疫苗的保质量、保供应工作打下坚实的基础。

新冠诊断试剂检验工作

2020 年初，中检院派员到湖北省武汉市共同参与起草制订了“2019 - 新型冠状病毒核酸诊断试剂评价方案”，对当时由中科院武汉病毒所等三家研究机构研制的五种新型冠状病毒核酸诊断试剂进行了评价并提出了合理化改进建议。

参与国家参考品与标准品的研制，起草制订了核酸检测试剂等 7 种国家参考品和标准品的研制方案并以最快速度进行了研制。仅用 4 天时间就完成了核酸国家参考品的标定、制备和分装。仅用 5 天时间就完成了抗体国家参考品的标定、制备和分装。截至 11 月 30 日，已完成新型冠状病毒检测试剂国家参考品和标准品 9 个共计 1170 套 39350 支（含替换批）。

仅用 2 天时间，在 1 月 24 日，中检院制定完成了“2019 - nCoV 核酸检测试剂注册检验操作技术指南（试行）”，并发给北京所、广东所、山东所和上海所等有关检验机构，以便各单位按统一标准开展应急检验。由于中检院很快研制了国家参考品和标准品，实际上全国的新冠诊断试剂应急检验工作基本由中检院完成（除一个产品外）。

第一批和第二批国家药监局通过应急审批程序批准上市的 10 个诊断试剂产品中，有 9 个产品由中检院利用以上国家参考品进行检验（一个产品的检测方法不适用于国家参考品）。另外，中检院还对中央军委后勤保障部卫生局委托检验的2家核酸检测试剂和1家总抗体检测试剂进行了检验，这些产品后来作为军队特需药已经被军队医疗机构在疫区的雷神山、火神山等医院使用。应急检验期间，在24到36个小时之内，基本出具了应急产品注册/委托检验报告。截至11月30日，已全部完成国家药监局纳入应急审批程序的产品的注册检验，共有73个产品219批次（含13个产品升级再检）。

国家药监局重点实验室申报工作

2020年2月15日，按照《国家药监局综合司关于开展第二批重点实验室申报工作的通知》（药监综科外函〔2020〕92号）要求，中检院受国家药监局委托，组织申报第二批国家药监局重点实验室申报工作。

中检院先后起草了《重点实验室申请材料形式审查方案》《重点实验室申请材料形式审查表》等文件。截至4月24日，共接收到150个实验室的申报材料，按照中药、化药（含辅料包材）、生物制品、医疗器械、化妆品和创新性多领域分成6组。按照国家药监局科技国合司指示，完成申报信息登记及形式审查，起草了《第二批国家药监局重点实验室受理情况报告》和《第二批国家药监局重点实验室申报形式审查情况报告》，并报送国家药监局科技国合司。

2020年4月10日起，协助国家药监局综合司征集并筛选专家，建立561人的评审专家库。参与制定了《第二批国家药监局重点实验室答辩评审工作实施方案》《国家药监局第二批重点实验室现场核查工作手册》。

2020年9月21日至27日，协助国家药监局组织了150个申报实验室的视频答辩评审工作，89个实验室通过答辩评审进入现场核查。

2020年11月17日至12月4日，协助国家药监局组织10组专家分赴26个省、自治区、直辖市对89个实验室开展了现场核查工作。期间，因疫情或路程偏远等原因，按科技国合司安排，对上海、天津、新疆、青海、西藏、内蒙古等地申报的重点实验室的核查工作采用远程视频核查，核查结果报送国家药监局科技国合司。

第一部分 检验检测

2020 年检验检测工作

概 况

中检院 2020 年度受理 20886 批检验检测工作（以批/检样数计），较 2019 年增加 1776 批，增幅为 9.3%。2020 年度完成 17926 份报告，较 2019 年增加 1189 份，增幅为 7.1%。

注：2020 年度统计时间 2020 年 1 月 1 日至 12 月 31 日，其他类别包括细胞、毒种、菌种、人血浆、人血清及其他。环境设施检验与监测自 2018 年度单独分类。进口检验包括常规进口和进口生物制品批签发（生物制品批签发，以下简称“批签发”）。检品受理，指受理检验的样品批数（进口药品按检样数计，批签发除外），包括退撤检批次。检验报告书完成，指授权签字人签发检验报告书的检品批数（检样数），不包括函复结果或出具研究性报告的检品批数。

检品受理情况

2020 年度受理检品 20886 批，同比增长 9.3%。

按检品分类计，2020 年度受理化学药品 2214 批（10.6%），中药、天然药物 861 批（4.1%），药用辅料 161 批（0.8%），生物制品 9499 批（45.5%），医疗器械 977 批（4.7%），体外诊断试剂 2445 批（11.7%），药包材 367 批（1.8%），食品及食品接触材料（以下简称“食品”）1292 批（6.2%），保健食品 146 批（0.7%），化妆品 472 批（2.2%），实验动物 575 批（2.8%），环境设施检验与监测 107 批（0.5%），其他类别 1770 批（8.4%）（图 1－1）。

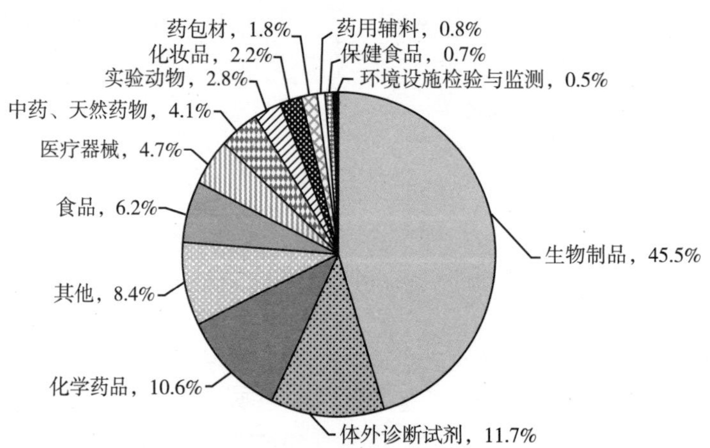

图 1－1 2020 年度各类检品受理情况

2020 年度检品受理同比变化情况：体外诊断试剂增长 63.3%，化学药品增长 34.4%，食品增长 30.6%，药包材增长 24.0%，生物制品增长 16.0%，保健食品增长 7.4%，实验动物增长 7.1%，医疗器械增长 4.3%，其他类别下降 16.0%，化妆品下降 24.0%，药用辅料下降 28.4%，中药、天然药物下降 48.0%，环境设施检验与监测下降 60.8%（图 1－2）。

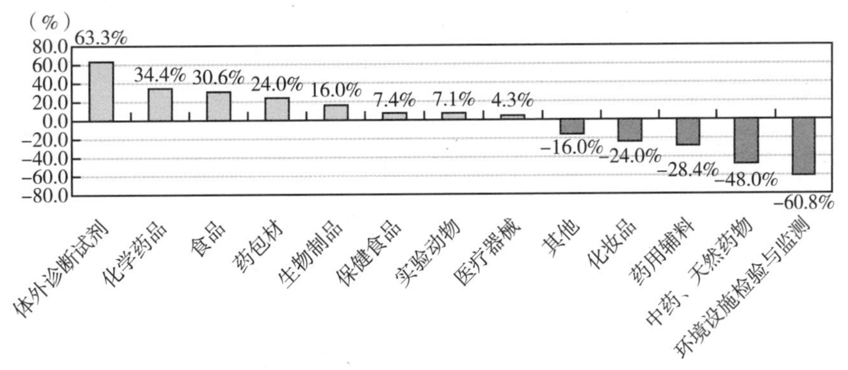

图 1－2　2020 年各类检品受理同比变化情况

按检验类型计，2020 年度受理监督检验 3383 批（占总受理量的 16.2%，包括国家级计划抽验 3271 批，国家级监督抽验/监测 112 批），注册/许可检验 4306 批（20.6%），进口检验 904 批（4.3%，其中进口批签发 353 批），国产生物制品批签发 5815 批（27.9%），委托检验 573 批（2.7%），合同检验 5363 批（25.7%），复验/复检 175 批（0.8%），认证认可及能力考核检验（以下简称"认证认可检验"）367 批（1.8%）（图 1－3）。

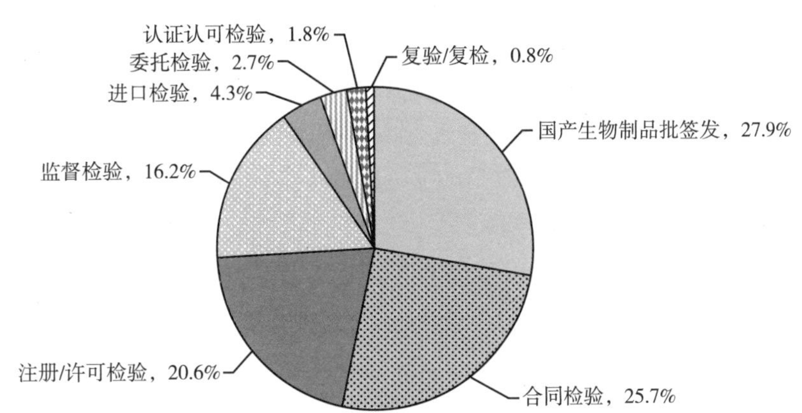

图 1－3　2020 年度各类检定业务检品受理情况

2020 年度检品受理同比变化情况：认证认可检验增长 249.5%，注册/许可检验增长 81.3%，国产生物制品批签发增长 11.2%，进口检验增长 10.0%，合同检验下降 0.5%，监督检验下降 1.9%，复验/复检下降 19.0%，委托检验下降 62.3%。注册检验增长显著，主要是受 2020 年发布实施的新修订《药品注册管理办法》和 2017 年以来国家深化药械审评审批制度改革鼓励创新政策累积效应的影响（图 1－4）。

报告书完成情况

2020 年度完成 17926 份报告，同比增长 7.1%。

按检品分类计，2020 年度完成化学药品检验报告 1387 份（7.8%），中药、天然药物 830 份（4.6%），药用辅料 18 份（0.1%），生物制品 8960 份（50.0%），医疗器械 810 份（4.5%），体外诊断试剂 1997 份（11.1%），药包材 58 份（0.3%），食品 1284 份（7.2%），保健食品 104 份（0.6%），化妆品 440 份（2.5%），实验动物 528 份（3.0%），环境设施检验与监测 127 份（0.7%），其他类别 1383 份（7.7%）（图 1－5）。

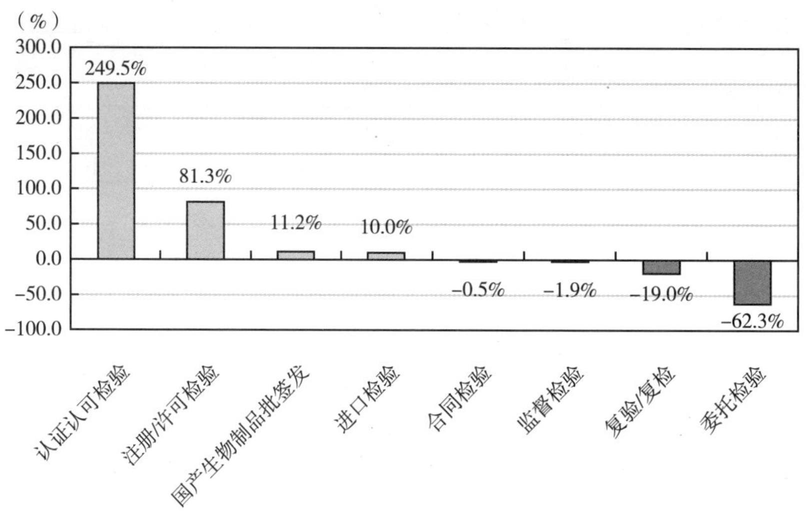

图1－4　2020年度各类检定业务检品受理同比变化情况

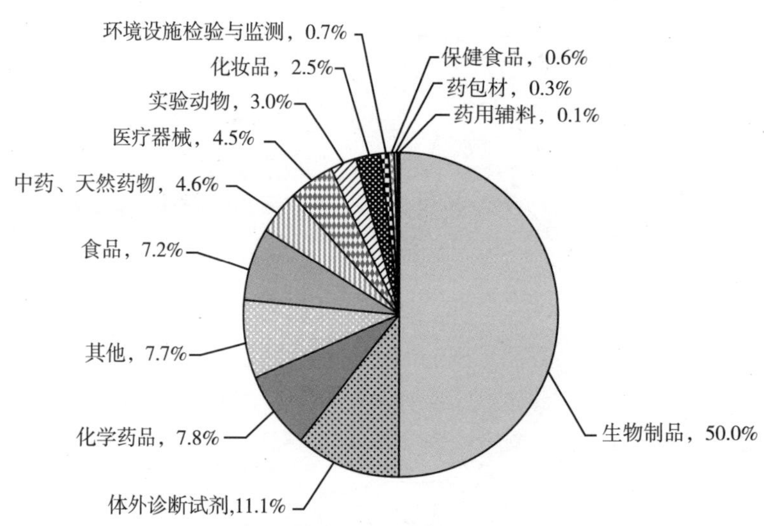

图1－5　2020年度各类检品报告书完成情况

2020年度完成报告同比变化情况：体外诊断试剂增长47.9%，化学药品增长39.7%，食品增长30.9%，医疗器械增长18.8%，生物制品增长17.2%，实验动物增长3.1%，其他类别下降19.4%，保健食品下降25.2%，化妆品下降33.8%，环境设施检验与监测下降47.3%，中药、天然药物下降49.3%，药用辅料下降53.8%，药包材下降56.7%（图1－6）。

按检验类型计，2020年度完成监督检验报告2941份（占总签发量的16.4%，包括国家级计划抽验2891份，国家级监督抽验/监测50份），注册/许可检验3589份(20.0%)，进口检验875份(4.9%，其中进口批签发342批)，国产生物制品批签发5727份（32.0%），委托检验551份（3.1%），合同检验3897份（21.7%），复验/复检179份（1.0%），认证认可检验167份（0.9%）（图1－7）。

2020年度完成报告同比变化情况：认证认可增长307.3%，注册/许可检验增长53.2%，进口检验增长10.5%，国产生物制品批签发增长10.1%，合同检验增长6.5%，监督检验下降6.7%，复验/复检下降16.0%，委托检验下降58.8%。注册检验增长显著，原因详见检品受理情况同比变化说明（图1－8）。

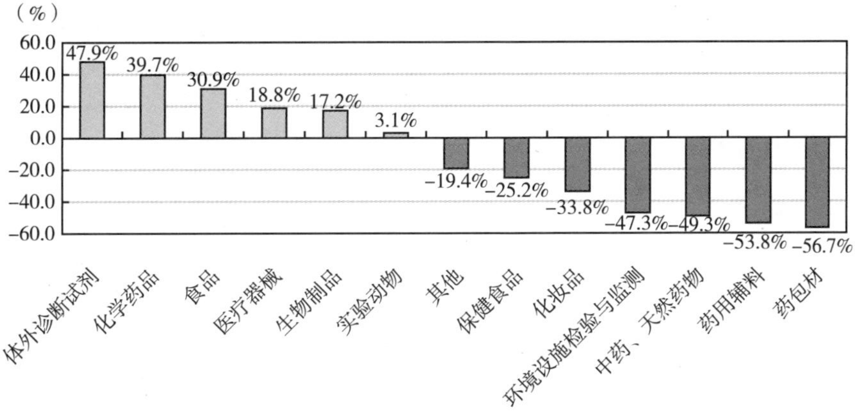

图 1－6　2020 年度各类检品报告书完成同比变化情况

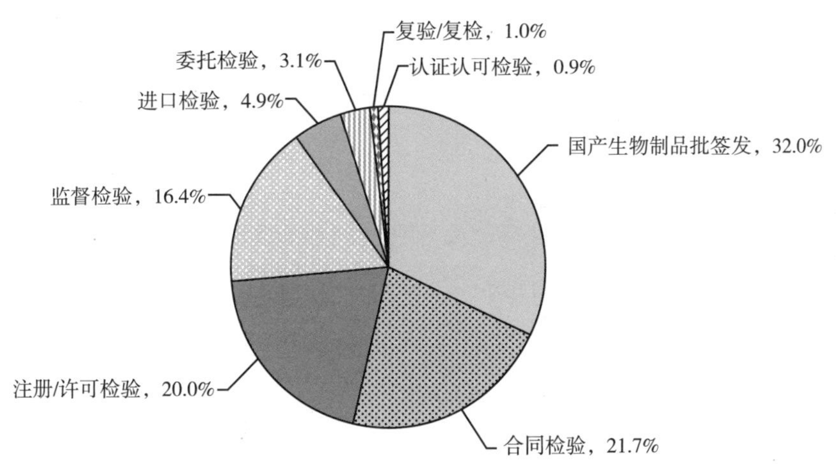

图 1－7　2020 年度各类检定业务报告书完成情况

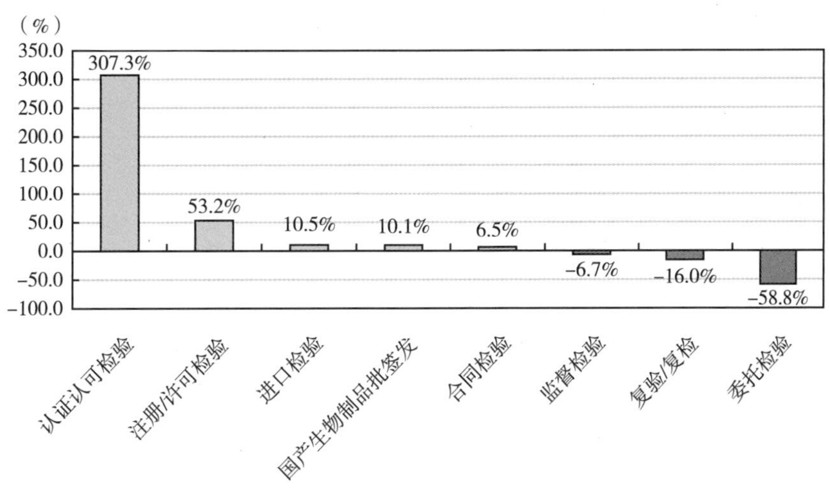

图 1－8　2020 年度各类检定业务报告书完成同比变化情况

生物制品批签发

批签发受理情况

2020年度受理了6168批，同比增长10.6%，包括国内制品5815批，增长11.2%，进口制品353批，增长1.4%；疫苗5313批，增长16.9%，血液制品47批，下降59.1%，诊断试剂808批，下降12.1%（图1-9）。

批签发报告书完成情况

2020年度完成了6069份报告（不合格制品4批），同比增长9.8%。包括国内制品5727批（不合格制品4批），增长10.1%，进口制品342批，增长5.2%；疫苗5218批（不合格制品3批），增长16.0%，血液制品44批，下降63.3%，诊断试剂807批（不合格制品1批），下降11.4%（图1-10）。

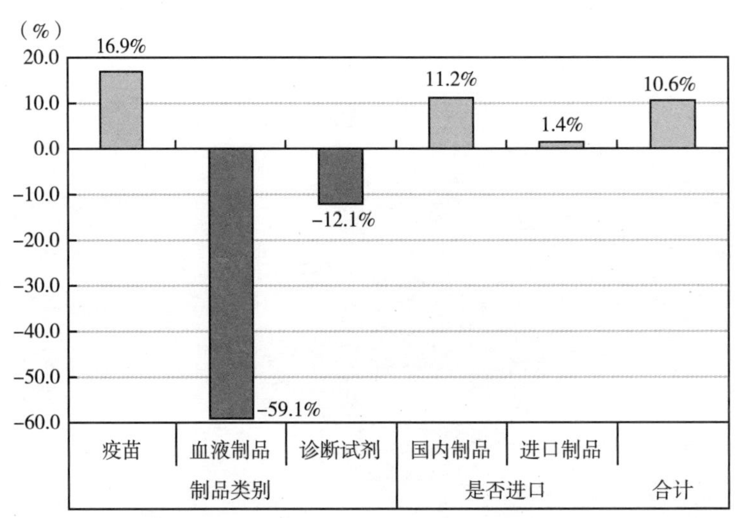

图1-9　2020年度批签发检品受理同比变化情况

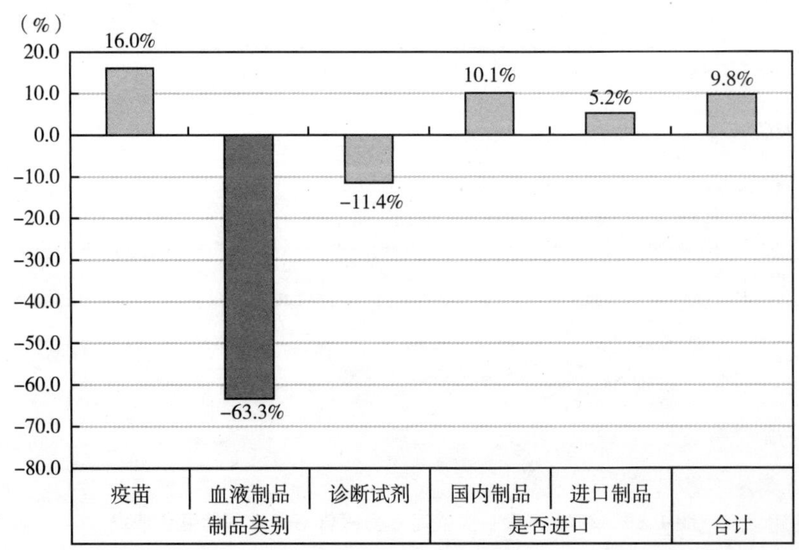

图1-10　2020年度批签发报告完成同比变化情况

专项工作

国家药品评价性抽验

共抽取益心酮片样品78批，检验78批，涉及45个批号，涉及全国范围内全部5家生产企业的产品，占全国益心酮片批准文号总数的100%。探索性研究建立了益心酮片指纹图谱方法、对山楂叶、山楂叶提取物及其制剂益心酮片中的262种农药的残留水平进行测定、显微鉴别研究了是否存在原粉入药问题以及进行了非法添加化学药品的研究。本次抽验的样品共计78批次，按现行质量标准检验合格率为100%，整体质量良好。

本次共抽取舒筋定痛片84批次样品，包括退回2个批次（抽样量不足），6个批准文号涉及5家生产企业6个批准文号。依据执行标准检验，82批次样品全部合格，合格率100%。但在检验中发现现行标准项目设置不统一，含量限度不统一，且缺少安全性检查项目以及整体质量控制项目。开展了重金属及有害元素、黄曲霉毒素、染色、斑马鱼安全性实验研究，骨碎补、松香酸、大黄掺伪情况以及多指标含量测定探索性研究。通过上述标准检验和探索性研究发现，舒筋定痛片存在执行标准质量控制项目不统一，缺乏安全性相关的质控项目，导致产品存在成分含量差异大，安全风险较高的问题。

本次抽验主要对广藿香饮片性状及显微鉴别项进行检验。依据现行标准检验，121批次样品中119批次符合规定，合格率为98.3%；不合格样品2批次，不合格率为1.7%，涉及2家企业，不合格项目为性状。

共对111批巴戟天样品按现行标准检验，检验依据为《中国药典》（2015年版）一部，检验项目为【性状】和【鉴别】。检验结果合格111批，合格率为100%。通过本次专项抽验工作，发现抽取的全部巴戟天饮片样品均合格，表明市场上的巴戟天饮片质量整体较好，质量均符合规定。主要存在的问题是标准不够完善，建议完善和修订巴戟天现行标准方法，优化薄层色谱方法。

共对制川乌107批样品按现行标准检验，检验依据为《中国药典》（2015年版）一部，检验项目为【性状】和【鉴别】。检验结果合格104批，不合格3批，合格率为97%。通过本次专项抽验工作，发现抽取的制川乌饮片合格率为97%，表明市场上的制川乌饮片质量整体较好，但也存在附子和制川乌混用的情况，需要进一步建立稳定、可靠、快速的分析方法更好地区分附子和制川乌，保证用药准确。

医疗器械监督抽验

完成医疗器械国家抽检任务，包括21台无源产品药物洗脱支架及9台有源产品助听器的检验工作，检验全部合格，期间配合完成了电子报告书开发及推送工作。针对2个产品的抽检情况撰写了质量分析报告、填报了质量风险点，完成2个品种的质量结果评价的现场答辩。同时，开展有意义的探索性研究工作，其中助听器产品通过对言语声信号的反馈情况进行测试，有力地说明了助听器产品的言语声测试是十分必要且意义深远。药物洗脱支架利用有限的样品研究在药物释放的过程中不溶性微粒脱落的情况，模拟血管支架在体内的动态模式，采用实时动态微粒脱落测试方法，实时测量及收集脱落的不溶性微粒数量及粒径分布。经过2个月的测试，确实存在微粒脱落的现象，因此，需尽快建立一个心血管支架的微粒风险评价标准。

应急检验工作

黄连上清丸等中成药品种应急检验

国家药监局《关于黄连上清丸等中成药品种开展补充检验方法研究和检验的通知》（药监药

管函〔2020〕204号）提示四川大千药业有限公司生产的黄连上清丸、风寒咳嗽丸、龙胆泻肝丸、香砂养胃丸、九味羌活丸、通宣理肺丸、防风通圣丸等7个品种涉嫌非法添加大米，小活络丸涉嫌非法添加小麦，要求中检院开展相应的补充检验方法研究工作。除香砂养胃丸未检出水稻源性成分外，7个品种均建立了相应的补充检验方法。其中小活络丸（大蜜丸）补充检验方法已批，通宣理肺丸（水蜜丸）和九味羌活丸（水丸）、黄连上清丸（水丸）的补充检验方法在审批中，防风通圣丸（水丸）和风寒咳嗽丸（水丸）、龙胆泻肝丸（水丸）的补充检验方法在四川省食品药品检验检测院复核中。

医疗器械应急检验

本着随到随检的原则，快速完成疫情防控相关检品15个批次，包括3批次“聚丙烯树脂”熔喷布的原材料、5批次“新型冠状病毒2019－nCoV核酸分析软件”等医用软件产品、7批次“恒温扩增微流控芯片核酸分析仪”等用于治疗或医学检验用仪器设备。

按《关于医疗器械应急审批等事项的通知》（药监械注函〔2020〕55号）要求，完成江苏赛腾医疗科技有限公司应急审批产品—体外心肺支持辅助系统的检验工作。“体外心肺支持辅助系统”即体外膜肺氧合（Extracorporeal Membrane Oxygenation，ECMO），在新冠肺炎疫情防控中用于抢救病情危急的患者。基于产品风险和结构特点，针对产品核心流体力学性能、耐久性能、高强电磁场耦合性能、疲劳加速策略等关键问题，建立相关检验平台和方法，为产品评价和科学监管提供了技术支撑。具体包括电气安全性评价、电磁兼容性评价、报警性能评价以及环境可靠性评价的全部实验，完成了国内首创ECMO产品的质量评价。

防控化学药品应急研制

组织开展防控药品标准物质的应急研制工作，完成药品克力芝（洛匹那韦利托那韦）首批标准物质的应急研制工作，加紧换批研制了临床辅助用药胸腺法新、亮氨酸、盐酸组氨酸、乙酰半胱氨酸、酪氨酸标准物质。为后续国内生产企业上市及企业的稳定生产做好保障工作。对用其他防控药品涉及标准物质全面的梳理排查，确保标准物质的稳定供应。

hACE2－KI/NIFDC人源化小鼠模型助力新冠肺炎抗疫工作

2020年，全力扩大生产，保障新冠小鼠模型hACE2－KI/NIFDC小鼠模型（人源化血管紧张素转化酶动物模型）应急供应，满足国家新冠疫苗研发、药物筛选等应急项目任务对模型小鼠的需求。在新冠疫情暴发早期新冠小鼠模型“一鼠难求”的非常时期，中检院及时扩繁并免费向国家新冠疫情防控动物专班供应hACE2－KI/NIFDC小鼠模型共计358只。2020年全年累计向国内33家单位提供hACE2－KI小鼠模型2504只，支持科技部、省市级新冠抗体或者疫苗应急项目17项；直接支持我国5条疫苗管线中的3条管线研发；据不完全统计，目前得到本模型支持的新冠抗体产品至少2个，2个疫苗产品进入临床研究，还支持发表Science、Nature等国际高水平论文。目前，本模型已经成为我国CDE认可的、评价疫苗或者抗体体内效力的标准模型动物之一。

新冠诊断试剂应急检验

2020年1月10日，按照中检院安排，诊断试剂所派出所负责人带领一名专家前往武汉疫区，积极配合国家卫生健康委员会（以下简称“国家卫健委”），指导防控试剂研制并分析了其质量状况。在武汉共同参与起草制定了“2019－新型冠状病毒核酸诊断试剂评价方案”，对当时由中科院武汉病毒所等三家研究机构研制的五种新型冠状病毒核酸诊断试剂进行了评价并提出了合理化改进建议。做到早期介入、早期指导。

1 月 24 日，制定完成了“2019 - nCoV 核酸检测试剂注册检验操作技术指南（试行）”由中检院发给北京所、广东所、山东所和上海所等有关检验机构，以便各单位按统一标准开展应急检验。截至 4 月 16 日共研制完成并向社会提供新型冠状病毒检测试剂国家参考品和标准品 9 个（含替换批），已在“注册检验用体外诊断试剂国家标准品和参考品目录（第八期）”中发布。为贯彻落实国家药监局关于提高省级医疗器械检验机构新冠病毒诊断试剂检验能力的指示，先后对 13 个省级医疗器械检验机构 52 人开展线上培训、对 4 个省级医疗器械检验机构 9 人开展了现场短期培训。

为进一步规范新冠病毒检测试剂盒的生产和质量评价要求，承担制定了 5 个新冠检测试剂国家标准；2020 年 12 月 31 日，已将上述 5 个新冠检测试剂国家标准的报批稿及相关材料通过全国医用临床检验实验室和体外诊断系统标准化技术委员会（TC136）报国家标准化管理委员会。

牵头承担了科技部第一批课题“2019 - nCoV 检测试剂研发”项目和北京市“新冠肺炎诊断试剂科技攻关技术平台”项目。5 月 27 日，组织召开了“新冠肺炎诊断试剂科技攻关技术平台”项目中期会。全面整合资源以提高相关机构的应急保障能力，提高企业研发高质量应急产品速度，完善提高相关企业的质量体系，保证产品质量控制水平和能力，促进研发产品尽快获批上市，确保应急所需。以国家参考品技术要求为依据，通过与企业的沟通交流，指导其提高和改进新型冠状病毒诊断试剂的灵敏度和特异性等性能指标。可以说国家参考品的快速研制和使用，既保证了更快审批，又保证了高质量审批。

第二部分　标准物质与标准化研究

概　况

2020 年国家药品标准物质生产与供应

2020 年，中检院全年分装 646 个品种共 303 万支；包装 597 个品种共 330 万支（表 2－1）；2012 年版基本药物目录中所需的 1022 个品种的供应率为 100%；全院 3606 个必供品种的全年平均保障供应率 96.38%，满足监管基本需要。处理用户订单 77143 个（同比增长 32%），分发供应 215 万支。

表 2－1　2015—2020 年度国家药品标准物质分装及包装

年度	分装		包装	
	品种数（个）	分装量（万支）	品种数（个）	包装量（万支）
2015	677	205	563	168
2016	582	237	672	237
2017	445	265	470	243
2018	589	300	600	310
2019	635	328	590	290
2020	646	303	597	330
同比	1.7%	－8.2%	1.2%	12.1%

2020 年度国家药品标准物质品种总数与分类

截至 2020 年底，中检院能够提供各类标准物质 4492 种，与 2019 相比增加 227 个品种，其中生物制品标准物质 230 种，化学对照品 2871 种，对照药材 859 种，医疗器械及体外诊断试剂标准物质 201 种，药用辅料对料对照品及药包材对照物质 301 种，食品标准物质 30 种（表 2－2，图 2－1）。

表 2－2　2015—2020 年度国家药品标准物质分类品种数　（单位：个）

年度	生物制品标准物质	化学对照品	对照药材/对照提取物	医疗器械及体外诊断试剂标准物质	药用辅料对照品及药包材对照物质	食品与化妆品标准物质	合计
2015	204	2520	762	64	130	/	3680
2016	197	2665	767	99	158	/	3886
2017	202	2691	798	107	188	/	3986
2018	196	2724	825	147	197	4	4093
2019	205	2768	845	183	254	10	4265
2020	230	2871	859	201	301	30	4492
同比	10.7%	3.6%	1.6%	9.0%	15.6%	66.7%	5.1%

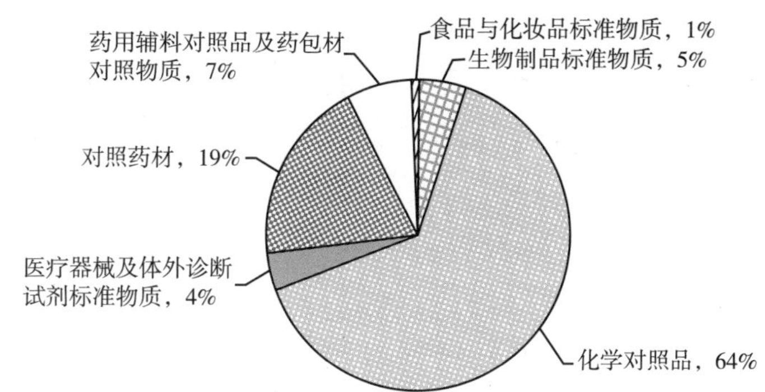

图 2－1　2020 年度国家药品标准物质品种分类占比情况

2020 年国家药品标准物质报告审核

2020 年共审批 738 份国家药品标准物质报告，其中，首批标准物质报告 237 份，换批标准物质报告 501 份。与 2019 年相比，标准物质报告总量增长 4.3%（表 2－3，图 2－2）。

表 2－3　2015—2020 年度国家药品标准物质报告审核数　（单位：份）

年度	首批标准物质数	换批标准物质数	合计
2015	298	274	538
2016	263	444	707
2017	97	373	470
2018	121	472	593
2019	205	501	706
2020	237	501	738
同比	13.5%	0%	4.3%

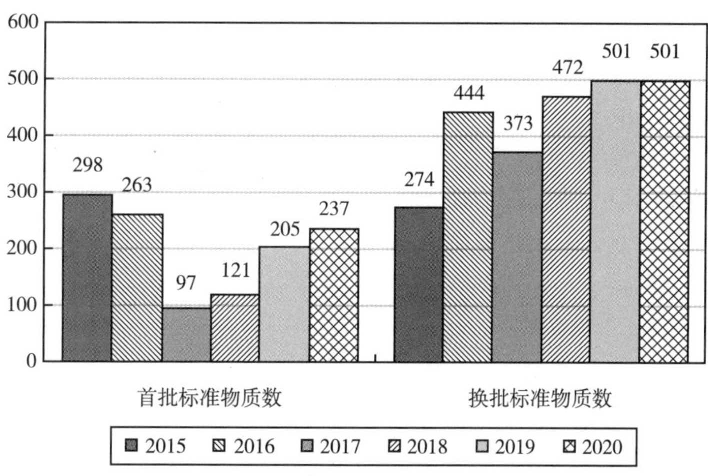

图 2－2　2015—2020 年度首批和换批国家药品标准物质报告受理情况

重点专项

质量体系建设

2020 年完成了 9 个质量文件的制修订工作，内容涉及标准物质生产控制、分装工具的洗刷及灭菌、外包委托、分包装管理、报告的编制、报告的审查审评、包装运输、库房配货和客户服务等 2 个程序文件和 7 个 SOP。此外，还起草了《药品注册检验工作程序和技术要求规范（试行）》中的《药品标准物质原料申报备案细则》。

新型冠状病毒检测试剂用国家参考品的审评审批

协调相关研制、审评专家，整合工作流程，

前后共召开了5次专家会，在审评标准不降的前提下，确保应急审批相关试盒用国家标准物质。目前，已批准10个新型冠状病毒相关检测试剂用国家参考品，为疫情防控贡献力量。

标准物质生产能力与管理

冻干工作的突破进展，研究了包括新冠检测假病毒在内的16个品种的冻干曲线，全年无菌分装和无菌冻干17个品种，6万余支，是去年同期生产量的8.5倍，为下一步生产积累了经验。

包装材料的改进研究，经过对不同的包装材料比对研究，确定采用聚乙烯和聚丙烯作为内包装材料，外加玻璃安瓿密封，预期解决部分样品的沾壁问题。

委托生产的统一管理，通过建立相应的信息化模块，实现对128个委托外分外包品种审批，完成96个外分品种分装记录审核，完成48个外包品种包装记录审核。上述工作利于对于标准物质对外委托生产工作的管理。

标准物质供应

标准物质供应预测新模型上线应用，按季度提供品种预测结果并逐步优化，采用标准物质订购平台中近10年的数据，研究选取7种统计学方法，提升了预测的准确度与精确度，并每季度对全品种的售罄时间与年度销售量进行预测，为2021年度标准物质研制和生产计划提供数据支持。

标准物质质量监测

为保障库存在售的国家药品标准物质的质量，中检院每年开展药品标准物质质量监测工作，按照国家药品标准物质质量监测的有关操作规范，2020年中检院对566个药品标准物质品种进行质量监测。通过对影响标准物质质量的关键因素进行测定和分析，对质量发生变化的品种即时采取停用并发布公告等措施，有效保障库存在售药品标准物质的质量。经过近七年质量监测工作的实施，质量发生变化需要停用药品标准物质的品种数量明显减少，为药品标准物质的质量安全建立了一道有效的“防护网”（表2-4，图2-3）。

表2-4 中检院2015—2020年药品标准物质质量监测情况

时间	2015年	2016年	2017年	2018年	2019年	2020年
品种数	273	245	411	562	408	566
停用数	12	3	9	5	8	10

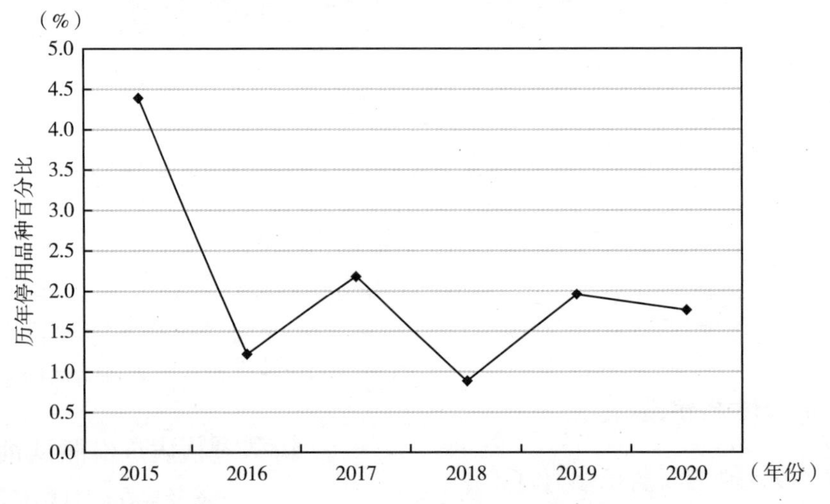

图2-3 2015—2020年国家药品标准物质质量监测情况

课题研究及检验能力扩项工作

承担国家药典委员会（以下简称“国家药典委”）课题，在“低分子量肝素系列产品核磁共振波谱鉴别法”课题研究中，完成了达肝素钠、依诺肝素钠和那屈肝素三个品种的核磁共振氢谱鉴别法草案，并通过国家药典委专家会审议。

完成核磁共振波谱法的 CNAS 检验检测能力扩项，核磁共振波谱法在 ChP、USP、EP 和 BP 等药典中均有收载，随着技术进步，该方法在药品质量控制中使用越来越广泛。目前已顺利通过了 CNAS 检验检测能力扩项评审，提升我院核磁共振波谱法在药品标准中检验能力。

研制标准物质新品种，标物中心全年共完成 36 个化学对照品的研制，其中 26 个为首批对照品（15 个为遗传毒性杂质对照品），10 个为换批对照品，首批研制量与去年相比增长 19.2%，其中遗传毒性杂质对照品包括 *N*-亚硝基二正丙胺（NDPA）、*N*-亚硝基-*N*-乙基异丙胺（NEIPA）、苯磺酸异丙酯、苯磺酸丙酯等。

标准物质对外信息的发布工作

按照《国家药品标准物质协作标定管理程序》的要求，对国家药品标准物质协作标定实验室名单予以更新。截至目前，共协作标定实验室共计 177 家。

发布了三期《注册检验用体外诊断试剂国家标准品和参考品目录》，在最新的第十期目录中，共包含 204 个体外诊断试剂国家标准物质。

对外发布 12 期《国家药品标准物质供应新情况》，告知用户新品种和换批品种的预计上市时间、即将换批品种上一批次的有效使用期限、停用品种及停用时间等信息，引导用户按需、有序、合理购买国家标准物质。

客户服务及投诉受理

2020 年在线客服共接待咨询 20959 人次，同比增长 27%，接听热线电话 16724 个，同比增长 10%。客户服务工作中力求做到工作作风严谨、服务态度热情、业务知识熟练、耐心向客户解释，虚心听取客户意见。同时，开展客服反馈信息收集整理工作。收集日常工作中接听来电和在线咨询等途径记录客户的基本资料，包括单位名称、咨询问题的类型以及处理结果等，通过阶段性的总结梳理和发现问题，查找并解决问题的本质和根源，使收集数据成为促进供应水平和服务客户的有效途径。

第三部分　药品、医疗器械、化妆品技术监督

制度建设

内部工作管理管理程序建设

2020年度，为规范国家药品医疗器械化妆品抽检工作，加强抽检工作组织管理，规范抽检产品的抽样方案、检验方案、质量分析报告编写，中检院对58件内部工作程序文件进行增修订，制修订《国家药品抽检抽查和调研工作程序》《国家药品抽检检验报告书推送和风险预警工作程序》《国家医疗器械质量抽查检验品种遴选工作程序》《国家医疗器械质量抽查检验异议申诉处理工作程序》《国家化妆品监督抽检数据核对工作程序》《国家化妆品监督抽检数据抽查工作程序》《抽检工作专家库管理工作程序》《经费管理与报销工作程序》等27件文件，废除7件。

协助国家药监局完成工作

2020年，根据国家药监局工作要求，为保证国家医疗器械化妆品抽检工作规范，修订《国家医疗器械质量抽查检验工作程序》，印发《国家医疗器械抽检产品检验数据填写范例》；制定国家化妆品监督抽检数据抽查和待公告数据核对标准工作规程，拟定《化妆品国抽承检机构考核办法》，修订《化妆品抽样检验管理规范》。

药品技术监督

国家药品抽检

根据《国家药监局关于印发2020年国家药品抽检计划的通知》（国药监药管〔2020〕1号）和《国家药监局关于进一步加强国家药品抽检管理工作的通知》（国药监药管〔2020〕18号），2020年国家药品抽检品种共146个，分为中央补助地方经费项目和中检院预算项目，包括化学药品65个、抗生素8个、生化药4个、中成药48个、生物制品3个、中药饮片8个、药包材4个、药用辅料6个，其中属于国家基本药物品种45个。根据抽检品种的临床用药特点和存在的共性问题，共设立新药专项、亚硝胺专项等11个专项检验项目。

2020年实际抽到品种146个18464批次样品。其中，检验并出具报告书的制剂产品与中药饮片，符合规定18360批次，不符合规定104批次，合格率99.4%。报送6期104批次不符合规定药品信息，处理33个品种48个方面的质量风险信息。根据国家药监局药品监管司工作要求，报送2020年拟公告数据6期，共104批次。

2020年，国家药品抽检第一次使用电子报告书，为及时发现并改正电子报告书中出现的问题，中检院技术监督中心按照5%的比例对报告书进行抽查，发现检验项目结果与检验结论不一致、复验报告未体现复验、缺少查询真伪的二维码、检验目的不规范、检验报告书名称不规范等问题，及时联系相关承检机构，要求予以修改并重新传递。

《国家药品抽检年报（2019）》和《国家药品质量状况报告（2019年）》（白皮书）

《国家药品抽检年报（2019）》总结2019年度制剂产品与中药饮片抽检的抽样品种、检验批次，合格率与不符合规定项目，并根据检验中发现的问题向有关企业提出监管建议。同时，从查

控假劣药品、做好政策支撑、打击违法违规、落实主体责任、促进社会共治、推进制度建设等方面介绍药品监管部门与检验机构对国家药品抽检结果的综合利用。本报告于2020年3月23日在中检院官网进行公开。

《国家药品质量状况报告（2019年）》在总结2019年度制剂产品、中药饮片、药包材与辅料等各类别产品抽检情况的基础上，从评价性品种入手，分别总结分析法定标准检验、探索性研究、产品设计合理性、生产工艺及生产过程控制等方面发现的问题，并提出相应的监管建议。

医疗器械技术监督

国家医疗器械计划抽验

根据《国家药监局综合司关于开展2020年国家医疗器械监督抽检工作的通知》（药监综械管〔2020〕28号）要求，2020年国家医疗器械抽检共对49种产品开展监督抽检，对7种产品进行风险监测。监督抽检产品中，有源器械19种，无源器械19种，诊断试剂11种。风险监测产品中，有源器械3种，无源器械4种。抽样范围涵盖全国31个省区市和新疆生产建设兵团。抽样环节覆盖生产、进口代理、一般经营、使用单位。31家医疗器械检验机构承担检验工作。

监督抽检样品中，有源器械680批，无源器械1513批，诊断试剂245批。经过检验，共发现不合格医疗器械产品96批，不合格检出率3.94%。其中，有源器械不合格61批，不合格检出率8.97%；无源器械不合格31批，不合格检出率2.05%；诊断试剂不合格4批，不合格检出率1.63%。

监督抽检样品中，共包含三类医疗器械1157批，二类医疗器械1277批（另有部分按照一类备案的产品共4批）。三类医疗器械不合格30批，不合格检出率2.59%，二类医疗器械不合格66批，不合格检出率5.17%。

监督抽检样品中，国产医疗器械2114批，不合格80批，不合格检出率3.78%；进口医疗器械（含港澳台进口产品）324批，不合格16批，不合格检出率4.94%。

国家诊断试剂监督抽验

2020年完成了kras基因突变检测试剂盒（2批次）、恶性疟原虫抗原检测试剂盒（胶体金法）（7批次）、梅毒螺旋体抗体检测试剂盒（胶体金法）（34批次）、亚甲基二氧基甲基苯丙胺检测试剂盒（胶体金法）（10批次），并撰写了质量分析报告。

根据国家药监局要求，5月11日中检院拟定了新冠病毒诊断试剂国家专项抽检方案。经国家药监局批准后，完成了新冠病毒检测试剂国家专项抽检检验指南的制定和新冠病毒IgM、IgG抗体检测试剂评价性样本的制备。并于7月23日召开视频交流培训会，对各相关省级医疗器械检验机构开展新冠病毒检测试剂的抽检评价进行能力培训和技术指导，中检院还承担并完成8家企业、8个批次的新冠病毒检测试剂专项抽检的检验任务。负责撰写了新冠病毒检测试剂国家专项抽检全国检验质量分析报告。并协助湖北省药监局完成湖北省新冠病毒诊断试剂专项监督抽检（4个产品）。同时为5个省级医疗器械检验机构办理样本准运证。

截至12月31日，共完成新冠病毒诊断试剂注册检验工作并发出报告238个产品（共715批次），其中纳入新冠病毒应急审批程序及中科院加速审批的已获证产品56个。

《国家医疗器械抽检年报（2019年度）》《国家医疗器械抽检产品质量安全风险点汇编（2019年度）》《2019年全国省级医疗器械抽检数据分析报告》

根据国家药监局医疗器械监管司工作要求，

中检院组织对2019年国家医疗器械抽检结果开展深入的汇总分析，将各品种《质量分析报告》整理汇编，形成《2019年国家医疗器械抽检产品质量分析报告汇编》。在此基础上，对每个抽检品种质量分析报告所涉及的产品质量风险点进行提炼汇总，并进一步挖掘分析，编写完成《国家医疗器械抽检年报（2019年度）》及其附件《国家医疗器械抽检产品质量安全风险点汇编（2019年度）》。《国家医疗器械抽检年报（2019年度）》分为四部分：第一部分“抽检基本概况”，主要介绍当年度抽检各项统计数据；第二部分“系统性成效”，以抽检结果为基础，从宏观的视角概述我国医疗器械行业发展与监管现状；第三部分“专题”，对抽检发现的典型品种、典型问题进行分类、归纳和比较分析；第四部分“品种综述”，分品种概述当年抽检情况，分析主要不合格情形和可能造成的危害，对近年来多次抽检的品种质量状况纵向对比，对一些存在地域集中性的品种专门分析。《国家医疗器械抽检产品质量安全风险点汇编（2019年度）》从体系、注册、标准等方面对监督检验、探索性研究中发现的可能影响产品安全性、有效性的风险因素进行逐条汇总、整理、分类，共查找到21类问题，2000余个质量安全风险点，供有关部门根据监管实际参考使用。

《2019年全国省级医疗器械抽检数据分析报告》为中检院对各省级药品监督管理部门通过国家医疗器械抽检信息系统上传2019年省级医疗器械抽检数据开展的汇总分析，从品种规模、抽样环节、品种分类等方面介绍省级医疗器械抽检品种的质量状况，与国家医疗器械抽检互为补充、有机结合，进一步提出医疗器械监管的有关建议，切实保障公众用械安全。

化妆品技术监督

化妆品监督抽检

根据《国家药监局关于开展2020年国家化妆品监督抽检工作的通知》（国药监妆〔2019〕52号）要求，2020年国家化妆品共对11种产品（染发类、防晒类、婴幼儿护肤类、宣传祛痘/抗粉刺类、面膜类、爽身粉类、宣传保湿滋润的国产非特一般护肤类、宣传紧致抗皱的国产非特一般护肤类、祛斑/美白类、养发育发类、护唇及唇部彩妆类）开展监督抽检。

2020年，共抽取16163批次，全部完成检验，其中15860批次符合规定，303批次不符合规定，合格率98.13%。根据国家药监局化妆品监督管理司工作要求，按假冒、非法添加和其他不合格三种类别分类报送不合格产品信息，报送2020年拟公告数据5期，共293批次。

2020年国家化妆品监督抽检年度报告、2020年国家化妆品监督抽检产品质量分析报告汇编

2020年国家化妆品监督抽检年度报告从基本情况、抽样情况、检验结果分析、近三年结果比较、发现的问题和对策建议等六个方面对2020年国家化妆品监督抽检工作进行全面的阐述分析。通过深入分析国家化妆品监督抽检数据，了解化妆品总体质量状况，挖掘化妆品质量安全风险。同时，针对不合格产品反映出的问题、研究现行标准检验方法存在的问题以及影响抽样检验效能发挥的制约因素，为监管部门和检验机构提供针对性的对策和建议，发挥监督抽检在监管中的重要技术支撑作用。

2020年国家化妆品监督抽检产品质量分析报告汇编由中检院组织8家检验单位共同撰写完成，包括11个类别产品的质量分析报告。每个类别产品的质量分析报告均包括摘要和正文两部分，摘要从宏观角度介绍2020年该类别产品的总体质量状况；正文在深入分析抽检数据的基础上，从基本情况、检验结果分析、相关性分析、两年结果比较、发现的问题以及对策建议共六个方面进行阐述分析。本报告汇编以抽检数据为基

础，通过对2020年度监督抽检数据进行汇总整理和统计分析，结合近三年抽检数据的横向和纵向对比，开展多维度的相关性分析，实现多层次交互的深入研究和分析，挖掘每个类别产品更深层次的质量风险和趋势性规律，为化妆品监管工作提供重要依据。

第四部分　化妆品安全技术评价

概　况

化妆品受理情况

2020年共计受理化妆品各类业务（包括备案、备案凭证变更、备案凭证延续、补充资料后延期再审、补发批件、更改批件、换发批件、申请复核、首次申报等）共计12277件，补正资料1364件，接收资料19705件，审核进口非特产品资料1229件，审核进口非特用户名3275个，接听咨询电话4240个。

化妆品技术审评

完成化妆品注册审评共11379件，其中国产产品8778件，进口产品2601件。对293件延续承诺制特殊用途化妆品开展的事后技术审查，其中15件特殊用途化妆品存在不符合产品安全性相关规定要求等违法违规情形，国家药监局已发布公告依法予以撤销批准文号；完成新原料审评32件，其中国产新原料6件，进口新原料26件，其中建议批准3个，国家药监局已对外公开征求意见。

特殊用途化妆品技术审评工作程序

按照中检院外审转内审的分步实施方案和培训计划，制定了《特殊用途化妆品技术审评工作程序（内审）》和4个技术指导原则，通过对内审员有计划地开展理论与实践相结合的培训。截至2020年底，已初步具备理化微生物、毒理、标签三个专业组开展内审的审评能力，2020年度内审员作为主审参与完成审评的近1000件。

国际化妆品监管合作组织

2020年，中检院积极参与国际化妆品监管合作组织（ICCR）相关工作。对ICCR历史以来关注议题以及发布的技术文件进行全面梳理研究，完成技术结论和差异分析研究报告，并进一步推进相关工作。参照ICCR各工作组架构，结合中检院已有技术基础，研究形成中检院ICCR工作组组建方案。2020年12月，中检院派员随国家药监局参加由欧盟主办的ICCR第14届年度会议，并正式加入“安全评价整合策略”“消费者交流”等工作组，参与ICCR学术研究和技术交流相关活动，进一步提高我国化妆品审评工作的技术水准和国际化水平。

第五部分　医疗器械标准管理

为疫情防控提供标准技术支撑

紧急研制疫情防控相关重点标准

紧急组织制定 YY/T 1799－2020《可重复使用医用防护服技术要求》，并及时公开标准文本。组织申报新冠病毒核酸检测试剂和高流量呼吸治疗设备专用安全等疫情防控相关6项国家标准立项，正按计划制定。紧急组织制定《医用防护口罩技术要求》《医用一次性防护服技术要求》《心肺转流系统　热交换水箱》《心肺转流系统　滚压式血泵》《气囊式体外反搏装置》《一次性使用静脉输液针》等6项疫情防控重点医疗物资国家标准英文版。

积极申请疫情防控国际标准立项

在申报国家标准立项的基础上，组织同步申报新冠病毒核酸检测试剂和高流量呼吸治疗设备专用安全等疫情防控相关国际标准立项。其中《医用电气设备 第2－90部分　高流量呼吸治疗设备基本安全和基本性能》项目，国际电工委员会（IEC）和国际标准化组织（ISO）分别以94.4%和94.7%支持率高票获得通过，并由中国专家担任该项目负责人，这是由我国提出并成功立项的首个新冠疫情防控相关医疗器械国际标准项目。

开展疫情防控医疗器械标准技术研究

系统梳理报送医用防护口罩、医用防护服、重症呼吸机、体外膜肺氧合器（ECMO）等26种疫情防控重点保障物资国内外标准关键技术指标比对分析报告；开展医用防护产品应急灭菌技术研究，组织起草《医用一次性防护服辐照灭菌应急规范（临时）》《医用防护用品环氧乙烷灭菌后加速解析应急参考方法（临时）》，缩短了应急情况下医用防护服、医用口罩等投入使用的时间；组织开展新冠疫情防控科研攻关，积极参与国家“新型冠状病毒感染的肺炎疫情应急项目”专项中“医用防护服技术研究和产品开发评价”课题研究。

医疗器械标准组织体系管理

医疗器械标准关键环节管理程序完善

2020年，组织制定《医疗器械行业标准立项原则（试行）》《医疗器械行业标准经费预算原则（试行）》《医疗器械国际标准化相关工作流程》，修订《医疗器械标准审核要点》，印发医疗器械国际标准转化原则及要求，提出医疗器械强制性标准制定新要求，进一步规范、完善医疗器械标准关键环节工作流程和要求。

医疗器械标准制修订工作稳步推进

国家药监局、国家标准化管理委员会批准下达2020年医疗器械国家标准制修订计划27项、医疗器械行业标准制修订计划87项，组织完成156项2021年医疗器械行业标准立项申请征求意见及审核。2020年11月9日至12日组织召开2021年医疗器械行业标准制修订项目立项工作会网络会议，经与会专家的认真讨论和深入交换意见，研提2021年医疗器械行业标准制修订建议项目。根据国家药监局下达的医疗器械标准制修订经费调减情况，分别于2020年12月30日和12月31日组织召开2次网络视频会议，对2021年标准制修订项目及预算进行调整并达成一致意见，形成79项2021年医疗器械行业标准制修订项目建议及经费预算。根据国家药监局的要求，补充报送17项经专家会议讨论通过的2021年行业标准立项建议。2020年，审核报送医疗器械国家标准21项、行业标准111项，配合发布医疗器械国家标准24项、行业标准125项、行业标准修改单10项。截至2020年12月31日，医疗器械标准总数1758项（国标226项，行标1532项）。2020年，在国家药监局医疗器械标准管理中心网站对外公开322项医疗器械强制性标准文本和808项非采标推荐性标准文本，公开率100%。

医疗器械标准现状梳理

开展医保目录和一类医疗器械产品标准覆盖情况调研，为医疗器械标准立项奠定基础。组织对2009年12月31日前发布的86项医疗器械强制性标准开展标准实施评价，组织研提各技术领域医疗器械强制性标准制定原则，系统梳理存量医疗器械强制性标准并制定5年修订计划。

标准组织体系管理强化

配合国家药监局批复同意医用机器人标准化技术归口单位成立和全国医疗器械临床评价标准化技术归口单位筹建。按程序审核医疗器械标准化技术委员会/技术归口单位筹建（组建）申请3份，审核标准化技术委员会换届申请材料3份，技术委员会（技术归口单位）委员（专家组成员）调整申请材料7份。试点开展4个标准化技术委员会的考核评估。

医疗器械通用名称命名、编码等相关工作

医疗器械通用名称命名指导原则研究

组织起草并完成第二批11个领域医疗器械通用名称命名指导原则，配合国家药监局发布8个领域医疗器械通用名称命名指导原则。第三批8个领域已完成起草、征求意见，将陆续分批开展技术审查。

医疗器械编码相关工作

审核并配合发布《医疗器械唯一标识基本数据集》和《医疗器械唯一标识数据库填报指南》两项医疗器械行业标准，申报《医疗器械唯一标识与载体表示》行业标准立项。协助开展医疗器械唯一标识（UDI）试点工作，组织举办UDI政策解读与咨询交流研讨会，来自省级监管部门、医疗机构、生产经营企业等相关单位共80余人参加会议。

药械组合产品属性界定

受理药械组合产品属性界定申请75个。其中，70个已办结，2个报国家药监局核定，3件已完成专家意见咨询。研究完善属性界定工作机制，提出典型产品属性界定指导原则的基本思路；探索属性界定快速工作机制尤其是函询联络机制建设。

第六部分　质量管理

能力验证提供者体系的运行与维护

能力验证持续为政府监管提供技术支撑

在2016年《食品药品监管总局办公厅关于加强检验检测能力验证工作的通知》（食药监办科〔2016〕127号）的基础上，应国家药监局科技和国际合作司要求，中检院起草了《关于加强和改进药品检验检测能力验证工作的通知》（药监综科外〔2020〕67号）文件，该文件对全系统能力验证工作进行了布局，对指导十四五期间系统检验检测实验室能力验证工作具有重要的指导意义。按照药监综科外〔2020〕67号文件要求，中检院认真组织落实国家药监局2020年能力验证。组织有关部门及部分省所，开发了10个能力验证计划，包括中药1项，化药3项，生物制品1项，医疗器械1项，临床检验1项，辅料包材1项，诊断试剂1项，化妆品1项。共有235家单位报名，10个能力验证计划累计参加达到531项次。

通过CNAS能力验证提供者资质（PTP）复评审

2020年8月18日至19日，中检院接受了中国合格评定国家认可委员会（CNAS）能力验证提供者认可复评审，评审结论为中检院PTP体系符合认可准则CNAS－CL03《能力验证提供者基本要求》。通过对本次复评审所开不符合项的整改工作，对能力验证报告内容全面性、专家实验室定值、人员授权、分包管理、能力验证样品管理、环境监测等要素进行了改进，全体能力验证人员对《能力验证提供者基本要求》准则有了更深入地理解，促进了PTP质量管理体系建设及组织能力验证水平的提高。

持续完善PT服务，提高服务水平和效率

利用中国药检能力验证服务平台，对能力验证收费、报告、项目管理、信息发布及报告单匹配等流程实施全面信息化管理。截至2020年底，平台注册用户突破2000家，覆盖“三品一械”检验检测系统实验室。

2020年，除国家药监局委托开展的10个项目外，中检院还组织实施了41个系统能力验证计划，51个项目总报名单位共960家，参加项次累计数量达到3160项次。继续开展测量审核服务，全年收到320个测量审核申请，比2019年增加38.53%，签发296份测量审核报告，其中满意结果259份，不满意为33份，满意率为87.5%。

全院质量管理体系的运行与维护

实验室认可复评审及扩项评审暨资质认定扩项评审

2020年8月20日至21日，CNAS派出16名评审员对中检院进行了实验室认可复评审及扩项评审暨资质认定扩项评审的二合一现场评审检查。本次评审涉及7个业务所能力扩项以及中药所从天坛旧址搬迁到新址的能力变更。评审专家对中检院全部技术能力，体系覆盖的范围进行了全要素检查，评审组一致认为中检院的质量管理体系文件层次分明、条理清楚，下层文件能够支持上层文件运行；质量体系各要素均能得到有效控制，能够保障检验检测工作的正常运行。

通过本次评审，完成了中药所实验室搬迁工作。目前，中检院获得 CNAS 认可情况是：天坛共 224 个检测对象，1927 个项目/参数；大兴共 247 个检测对象，1386 个项目/参数。获得 CMA 情况是：大兴 1765 项目/参数，天坛 2385 个项目/参数。获认证认可授权签字人 17 名。

通过质量检查及内审，持续改进质量管理体系

根据 2020 年度质量体系内部审核计划，检验机构能力评价研究中心（质量管理中心）制订 2020 年内审工作方案，经院质量负责人批准，全院成立 12 个内审小组，分为上半年和下半年两个时间段，对与质量管理体系相关的所有部门开展内部审核，上半年 5 月下旬至 6 月上旬对食品化妆品检定所、中药民族药检定所、实验动物资源研究所（天坛旧址和顺四条）、包装材料与药用辅料检定所以及体外诊断试剂检定所进行了内审；下半年 10 月中旬至 11 月上旬对化学药品检定所、生物制品检定所、医疗器械检定所、标准物质与标准化研究所技术研究室、实验动物资源研究所（大兴新址）、院职能部门以及食品药品安全评价研究所进行了内审。除外请一位 GLP 检查员担任食品药品安全评价研究所内审组长，其余组长均由我院 CNAS 资深主任评审员或评审员担任，内审中除了关注 17025 的各项要素外，还采取回头看的方式关注质量控制、外审发现的不符合项整改完成情况，针对内审发现的不符合项，被审核部门均按照要求在规定的时限内完成了整改。

推进管理评审改革

2020 年首次尝试分级管理评审制度，对中检院进行管理评审改革。将管理评审划分为部门管理评审和院级管理评审两个层级。组织 9 个业务所分别进行部门管理评审，形成部门管评报告并提交检验机构能力评价研究中心（质量管理中心）汇总备案。2020 年 4 月 16 日，李波院长主持召开 2019 年度院级管理评审会议，本次管理评审覆盖我院检验检测、能力验证提供者（PTP）、标准物质生产者（RMP）、GLP 及实验动物生产和使用五个管理体系。相关部门负责人分别就文件管理、内部质量控制、内外审、偏离变更、投诉处理、全院检验情况、客户服务、机构及人员培训、设备管理、后勤保障、实验室安全、信息管理及能力验证等方面内容做了汇报。李波院长肯定了 2019 年度中检院质量管理的巨大进步，并提出了下阶段 7 点工作要求。通过分级管理评审的实施，大幅提高了管理评审工作的针对性和有效性。

质量管理体系文件的制修订

2020 年新制订质量体系文件 672 个，其中检验检测体系 584 个，能力验证体系 11 个，标准物质提供者体系 18 个；新建立化妆品行政许可质量管理体系，制订文件 59 个。修订改版文件 311 个，其中检验检测体系新增 283 个，能力验证体系 8 个，标准物质提供者体系 20 个。完成 140 个文件的定期审核，作废文件 28 个。将安评所体系文件纳入电子化管理，该体系现有文件 635 个。截至 2020 年底，全院体系文件共计 10338 个。为配合 P3 实验室的启用，检验机构能力评价研究中心（质量管理中心）配合生物制品检定所组织建立 P3 实验室生物安全管理体系，对相关体系文件进行审核。

检验检测结果的质量控制

2020 年，组织各业务所制定并报送质量控制活动计划共 146 项，其中外部质量控制活动计划 64 项，内部质量控制活动计划 82 项。组织业务所报名参加外部能力验证及测量审核共计 42 项，包括市场总局、WHO、FAPAS、LGC 以及中检院内部组织的能力验证等，比 2019 年增加 9 项。其中，24 项返回满意结果，10 项未出结果，3 项

正在实验中，2 项未发样，3 项不满意结果。结果不满意项目包括 FAPAS 组织的“奶粉中黄曲霉毒素 M1”和中国家用电器研究院组织的“电器产品的爬电距离与电器间隙试验”均已整改完毕，且再次就相同项目参加测量审核获得满意结果。市场总局组织的“化妆品中铅和汞含量的测定”项目整改正在进行。

不符合工作的有效控制

2020 年，通过内审、外审及日常体系运行，共识别质量管理体系运行中 110 个不符合项，主要涉及文件管理 14 项，发生率 12.73%；人员管理 5 项，发生率 4.55%；设备管理 28 项，发生率 25.45%；设施管理 9 项、发生率 8.18%；记录管理 19 项，发生率 17.27%；结果报告 20 项，发生率 18.18%；质量监督 1 项，发生率 0.91%；样品管理 7 项，发生率 6.36%；方法确认 1 项，发生率 0.91%；数据控制和信息管理 4 项，发生率 3.64%；风险管理 2 项，发生率 1.82% 等 11 个要素。相比 2019 年，增加了 9 个不符合项；各不符合项所占比重与 2019 年基本一致。通过不符合项的识别、督促问题部门整改等活动，推动了质量体系的改进，降低了质量风险。

标准物质生产者（RMP）质量管理体系建设和改进

标准物质生产者质量管理体系文件的更新

应 CNAS 发布新版《标准物质提供者认可准则》的需要，对院《药品标准物质质量手册》进行了升级改版，并于 2020 年 5 月 26 日发布实施。2020 年标准物质生产者体系文件变更共 44 份，其中修订文件 20 份，包括程序文件 3 份、SOP 4 份、记录格式 13 份；新制定文件 18 份，其中 SOP 15 份，记录格式 3 份；废止文件 6 份，其中 SOP 1 份，记录格式 5 份。

标准物质生产者质量管理体系内审

2020 年 11 月，组织开展标准物质生产者体系（RMP）年度内审。本次内审聘请 CNAS 标准物质生产者认可评审员担任内审组长和内审员，按照 CNAS－CL04：2017 等要求，对标物中心进行了现场审核，并对相关业务所提供的 2020 年生产的标准物质原研报告进行了文件审查。本次内审重点关注了 RMP 体系原料采购、验收的合规性、标准物质均匀性和稳定性检验，以及标准物质协作标定等内容，开出了 9 个不符合项报告。通过内审及整改，从质量管理的角度推动了中检院 RMP 体系的持续改进。

质量管理体系持续培训

2020 年，针对中检院运行的多个质量管理体系，共举办 10 次线上和线下的培训，内容包括：检验检测质量管理体系的简介、基本要求；标准物质生产者体系（ISO 17034）关键技术要求介绍、标准物质溯源性相关技术探讨；能力验证提供者体系能力验证的组织实施及常见问题；实验动物体系内审员培训；疫苗国家监管体系批签发和实验室板块培训；测量设备的管理及测量结果计量溯源性要求；我国实验室管理的基本制度及认证认可现场评审的基本要求等方面的内容，旨在加强对全院人员进行系统化的质量管理培训。每次培训至少包含（但不限于）外部法律法规或认可准则要求、对应的中检院体系文件、实际工作中案例三个部分，同时制订一份相应的考卷，采取笔试形式对培训效果进行考核。

参加培训共计 1739 人次，参会人员涉及：各相关所、处（室）、中心的主要负责人、质量负责人、内审员、质量监督员、仪器设备管理员、仪器工作站使用管理人员以及相关管理人员等；PTP 体系覆盖部门的质量负责人、内审员、2020 年 PT 计划负责人；标准物质研发、生产及分发人员等。

推动 WHO－NRA 疫苗质量控制实验室自评估

开展 WHO－NRA 疫苗监管体系实验室板块自评估工作，更新机构发展计划（IDP）。按照国家药监局要求，更新实验室板块自评估报告，依据 NRA 评估工具，更新相关证据附件材料，包括法律法规，组织机构、人事信息、人员培训、人员资质、质控活动、绩效考核等指标。2020 年 10 月 23 日至 2020 年 10 月 30 日期间，组织开展生物制品检定所范围内的迎接 NRA 评估专项内审。确定了仪器设备、试剂管理、环境、数据控制及信息管理、实验室安全、质量监督等方面持续改进点。

针对省级批签发机构培训方面，2020 年 4 月 24 日，组织开展疫苗国家监管体系评估实验室/批签发板块省级工作培训视频会，共计 200 多人参加培训；12 月 20 日，应国家药监局要求，派出人员对省级机构进行了有关实验室板块内容集中讲授。通过培训，帮助省级机构掌握 GBT 评估工具的使用和评估方法，熟悉两个板块的相关要求，促进了实验室、批签发两个板块自评估工作开展，达到了预期目的。

承担 CNAS 实验室技术委员会药品专业委员会工作

2020 年，CNAS 实验室专门委员会第四届药品专业委员会进行了多名委员调整，并分别于 2020 年 10 月和 12 月召开了 2 次全体委员会议。药品专委会制定完成了《中国药典》（2020 年版）转版认可能力变更确认的政策和方案，并对药品实验室和药品领域评审员进行了新版药典的培训。另外，组织开展了药物代谢试验生物样本分析实验室认可关键技术研究，组织了 1 项能力验证计划。

承担中国药学会药物检测质量管理专业委员会工作

组织“二品一械”系统实验室质量管理人员参加中国药学会第七届药物检测质量管理学术研讨会，会议共征集 77 篇学术论文。2020 年 7 月 17 日至 18 日，于线上召开第七届中国药学会药物检测质量管理学术研讨会。邹健副院长作了题为“新形势下药品检验机构实验室质量管理的挑战与应对”大会特邀报告，从药品监管新形势、资质认定新要求、检验机构新情况、质量管理新应对等四个方面作解读，详细分析了药品检验检测机构在新形势下面对的挑战及应对措施。本次线上研讨会云集了我国药物检验检测领域的专业人士，为实验室质量管理升级及信息化发展提供了理论及实践层面的深入研讨，为新时代药物检验检测质量科学管理能力建设提供了有力的支持，为促进药物创新和药品质量的提高搭建了高端合作交流平台。本次会议，我院获得优秀论文二等奖 1 名。

国家药监局药品检验机构资质认定条件及检验规范的持续推进

2020 年，检验机构能力评价研究中心（质量管理中心）继续承担国家药监局科技和国合司任务，组织《药品检验机构资质条件与检验工作规范》及相应专业检验技术规范等系列文件的制修订。完成了《药品检验机构资质认定条件和检验工作规范》《中药检验工作规范》《化学药品检验工作规范》《药品包装材料及辅料检验工作规范》《生物制品检验工作规范》《药品安全评价（GLP）检验工作规范》等系列文件的核稿工作，确保了系列文件之间的一致性和协调性。受国家药监局委托，组织了 2 次全国范围内公开征求意见，收集了 543 条意见，采纳 274 条，上报国家药监局。该系列文件，将为药品检验机构资质认定“放管服”改革背景下的药品检验机构管理提供指导。

第七部分　科研管理

概　述

2020 年中检院在研课题 171 个，科研经费到账 12616.30614 万元，其中 2020 年立项课题 43 个（表 7－1），获得专利授权 9 项（表 7－2），获得科学技术奖 8 项（表 7－3），主编出版专著 10 部、译注 1 部，公开发表论文 596 篇（见附录）。制定发布了《中检院科研课题绩效分配细则》，启动中检院国家重点实验室申报工作。

表 7－1　2020 年立项课题

序号	项目（课题）名称	负责人	专项经费（万元）	起止日期	经费来源	备注
1	多应用场景主动健康产品质量评价平台及体系研究	李　澍	1406	2020.12—2023.11	国家重点研发计划	承担
2	新型冠状病毒疫苗质量评价技术研究	徐　苗	300	2020.6—2020.9	国家重点研发计划	承担
3	新型冠状病毒抗体类药物质量控制技术研究	王　兰	200	2020.7—2021.6	国家重点研发计划	承担
4	2019－nCoV 检测试剂研发	王佑春	200	2020.1—2020.12	国家重点研发计划	承担
5	新冠肺炎诊断试剂科技攻关技术平台	杨　振	200	2020.2—2020.12	北京市科技计划	承担
6	BC 佐剂系统对疫苗免疫早期唤起与远期记忆作用研究	赵爱华	28	2020.12—2023.12	北京市自然科学及基金－海淀原始创新联合基金	承担
7	COVID－19 产品研发用假病毒平台研究	黄维金	148.271796	2020.5—2021.5	比尔和梅琳达·盖茨基金会项目	承担
8	面向智能化快速部署医院的人工智能医疗器械标准研究	王　浩	20	2020.4—2020.12	国防科技创新特区 163 计划 12－27 重点项目课题	承担
9	动脉瓣介入瓣膜及输送系统动物实验模型的建立与评价方法研究	王召旭	70	2020.7—2022.6	国家重点研发计划	参加
10	重大疾病治疗药物制剂质量研究评价技术联合研究	许鸣镝	180	2020.6—2023.6	国家重点研发计划	参加
11	医用防护技术研究和产品开发评价	余新华	2.4	2020.2—2020.5	国家重点研发计划	参加
12	2019－nCoV 动物模型构建	吴　勇	40	2020.1—2020.12	国家重点研发计划	参加
13	多孔钽植入物的体内修复功能评价	许建霞	33	2020.7—2022.6	国家重点研发计划	参加
14	SUGP2 基因及其突变在遗传性血色病中的致病作用及其机制研究	刘甦苏	13.2	2020.1—2023.12	国家自然科学基金	参加
15	基于何首乌中二蒽酮类成分致其肝毒性假说的炮制减毒机制及质量控制关键技术研究	马双成	55	2020.1—2023.12	国家自然科学基金	主持
16	国家菌种资源库医学菌种资源分库运行与服务	叶　强 张　辉	61	2020.1—2020.12	平台专项	参加
17	国家生物医学实验细胞资源库共建	孟淑芳	45	2020—2021	国家科技基础条件平台	参加

续表

序号	项目（课题）名称	负责人	专项经费（万元）	起止日期	经费来源	备注
18	基于CRISPR碱基编辑器快速即时检验检定标准技术体系研制	黄　杰	50	2020.11—2023.10	国家科技基础条件平台	参加
19	国家病原微生物资源库	徐　苗	30	2020.1—2020.12	国家科技资源共享服务平台	参加
20	胶原基角膜再生修复材料的工程化研究及产品开发	韩倩倩	30	2020.1—2022.12	广东省重点领域研发计划	参加
21	2019新型冠状病毒快速核酸检测试剂及新冠流感分型试剂盒的研发	麻婷婷	10	2020.8—2021.7	广州市重点研发计划	参加
22	冬奥团体专用运动心肺功能监测评估技术和应用示范	李佳戈	15	2019.5—2020.12	河北省科技厅科技冬奥专项	参加
23	基于GeXP系统对基因治疗产品毒种库多种特定外源病毒同时检测的方法研究	王光裕	8	2020.11—2022.11	院中青年发展研究基金	承担
24	小鼠胚胎干细胞体外生殖发育毒性模型的建立、优化及验证	赵曼曼	8	2020.11—2022.11	院中青年发展研究基金	承担
25	马钱子中毒性生物碱在不同炮制条件下的转化及代谢研究	高　妍	8	2020.11—2022.11	院中青年发展研究基金	承担
26	洋葱伯克霍尔德菌群实时荧光定量PCR检测方法的建立	余　萌	8	2020.11—2022.11	院中青年发展研究基金	承担
27	手持拉曼光谱仪在抗体类药物快速鉴别中的应用研究	段茂芹	8	2020.11—2022.11	院中青年发展研究基金	承担
28	基于体外消化/MDCK细胞模型测定中药材及其水煎液中重金属的生物可给性及风险评估研究	左甜甜	7.8	2020.11—2022.11	院中青年发展研究基金	承担
29	药用气雾剂抛射剂四氟乙烷有关物质对照品的研制	赵燕君	8	2020.11—2022.11	院中青年发展研究基金	承担
30	50种疑难菌株MALDI-TOF-MS数据库的建立	刘　娜	8	2020.11—2022.11	院中青年发展研究基金	承担
31	建立鱼肉及鱼肉制品的腐败程度的检测与评价方法	罗娇依	8	2020.11—2022.11	院中青年发展研究基金	承担
32	基于同位素指纹分析技术的羊肉产地溯源模型研究	李梦怡	8	2020.11—2022.11	院中青年发展研究基金	承担
33	间充质干细胞成软骨分化能力的标准化定量评价	贾春翠	8	2020.11—2022.11	院中青年发展研究基金	承担
34	LC-MS/MS法进行蛋白类药物生物分析的方法建立和验证	王晓霞	8	2020.11—2022.11	院中青年发展研究基金	承担
35	基因组学应用于医疗器械免疫毒性的检测	连　环	8	2020.11—2022.11	院中青年发展研究基金	承担
36	变性胶原的评价方法研究	陈丽媛	8	2020.11—2022.11	院中青年发展研究基金	承担

续表

序号	项目（课题）名称	负责人	专项经费（万元）	起止日期	经费来源	备注
37	人源细胞培养液安全性评价	李　琳	7	2020. 11—2022. 11	院中青年发展研究基金	承担
38	假药劣药检验工作机制研究	张炜敏	4. 756	2020. 11—2022. 11	院中青年发展研究基金	承担
39	药械组合产品属性界定的科学管理机制研究	董　谦	8	2020. 11—2022. 11	院中青年发展研究基金	承担
40	药检机构在贯彻新版药管法中风险及应对机制研究	乔　涵	5. 23	2020. 11—2022. 11	院中青年发展研究基金	承担
41	RFID 技术在中检院仪器设备资产管理中的应用	耿　琳	8	2020. 11—2022. 11	院中青年发展研究基金	承担
42	标准物质销售预测模型的建立与应用研究	邵俊娟	3. 9	2020. 11—2022. 11	院中青年发展研究基金	承担
43	GLP 规范下 LIMS 管理体系的建立	张　曦	8	2020. 11—2022. 11	院中青年发展研究基金	承担
44	银行到款管理的信息化研究	苗心瑜	2. 3	2020. 11—2022. 11	院中青年发展研究基金	承担

表 7－2　2020 年获得专利授权项目

序号	专利名称	授权专利号	公告号	授权日期	专利类型	专利权人	发明人
1	小鼠短串联重复序列的复合扩增体系及检测试剂盒	ZL201610177489. 9	CN 105648100 A	2019. 1. 11	发明专利	中检院，北京阅微基因技术有限公司	孟淑芳，樊金萍，徐苗，吴雪伶，吕悦心，陈初光，赵翔，冯建平
2	乙型脑炎减毒活疫苗株 SA14－14－2 在人二倍体细胞 2BS 上的适应株及其疫苗	ZL201610180176. 9	CN 105695424 B	2019. 6. 14	发明专利	中检院	李玉华，俞永新，余凝盼，刘欣玉，徐宏山，贾丽丽
3	一种脊髓灰质炎Ⅰ型病毒单克隆抗体及其应用	ZL 2016 1 0515718. 3	CN 106119210 B	2019. 6. 11	发明专利	中检院	李长贵，徐康维，英志芳，王剑锋，江征（生检所/呼吸道病毒疫苗室）
4	一种脊髓灰质炎Ⅱ型病毒单克隆抗体及其应用	ZL 2016 1 0515716. 3	CN 105907724 B	2019. 6. 11	发明专利	中检院	李长贵，徐康维，英志芳，王剑锋，江征（生检所/呼吸道病毒疫苗室）
5	一种用于细菌性疫苗菌种的质量控制的方法	ZL 2014 10617618. 2	CN 105628773 B	2019. 7. 16	发明专利	中检院	王军志，徐颖华，张金龙，辛晓芳
6	一种制备 GGTA1 和 iGb3S 双基因敲除的非人哺乳动物的方法及应用	ZL 2015 1 0122581. 0	CN 104894163 B	2019. 1. 18	发明专利	中检院	徐丽明，邵安良，范昌发

续表

序号	专利名称	授权专利号	公告号	授权日期	专利类型	专利权人	发明人
7	一种两法联合标定氧气透过量标准膜及其制备方法	ZL201710452697. X	CN107271345B	2019. 7. 19	发明专利	中检院	孙会敏，谢兰桂，赵霞，窦思红，贺瑞玲
8	一种基于hSCARB2基因敲入的肠道病毒71型感染模型的构建方法及所述感染模型的用途	ZL 2015 1 0622357. 8	CN106554972B	2019. 5. 31	发明专利	中检院	范昌发，周舒雅，刘强，吴星，陈盼，吴曦，王佑春，毛群颖，刘甦苏，左琴，黄维金，李保文，梁争论，李文辉，贺争鸣
9	一种利用相关系数进行药品库数据处理的方法	ZL201710389822. 7	CN106979934B	2019. 4. 5	发明专利	中检院	胡昌勤，戚淑叶，邹文博，冯艳春，尹利辉，赵瑜

表7－3　2020年获得科技奖励项目

序号	项目名称	获奖等级	主要完成人（获奖人）	完成单位
1	动物源性医疗器械质量评价关键技术与标准化研究	北京市科学技术进步奖二等奖	徐丽明，邵安良，陈亮，王春仁，史新立，凌友，范昌发，魏利娜，张勇杰，赵鹏，徐斌，屈树新，柴媛，段晓杰，吴勇	中检院，国家药品监督管理局医疗器械技术审评中心，冠昊生物科技股份有限公司，陕西佰傲再生医学有限公司，西南交通大学，北京大学口腔医学院口腔医疗器械检验中心
2	全球脊灰病毒根除阶段关键疫苗sIPV和bOPV的研发及应用	北京市科学技术进步奖二等奖	杨晓明，王军志，王辉，李长贵，许文波，魏树源，赵玉秀，王红燕，徐康维，杨云凯，江征，张晋，李爱灵，梁宏阳，于守智	中国生物技术股份有限公司，中检院，北京生物制品研究所有限责任公司，中国疾病预防控制中心病毒病预防控制所，上海楚鲲生物科技有限公司
3	创新型疫苗质控和评价技术体系的国际化和标准化研究	中国药学会科学技术奖二等奖	毛群颖，徐苗，梁争论，高帆，王一平，卞莲莲，郝晓甜，吴星，贺鹏飞，张洁	中检院
4	戊型肝炎病毒的传播途径新发现与检测技术研究	河北省科学技术进步奖二等奖	耿彦生，黄维金，赵晨燕，张宏馨，王佑春	河北大学，中检院
5	胃癌发生发展多维度调控新机制及其临床前瞻性防控研究	重庆市科学技术奖—自然科学一等奖	邹全明，庄园，曾明，肖斌，吴超	中国人民解放军陆军军医大学，中检院
6	重组细胞因子基因衍生蛋白注射液的研制和产业化	青岛市科技进步奖二等奖	刘龙斌，王海涛，王敏荣，吕秋军，王军志	杰华生物技术（青岛）有限公司，北京杰华生物技术有限责任公司，中检院，中南大学湘雅医院，中南大学湘雅二医院

续表

序号	项目名称	获奖等级	主要完成人（获奖人）	完成单位
7	结核杆菌变态反应原研究与应用	中国防痨协会科学技术奖一等奖	王国治，徐苗，赵爱华，都伟欣，卢锦标，陈保文，蒲江，卢水华，陆伟，田家伦，沈小兵，高孟秋，杨蕾，苏城，张凯	中检院，安徽智飞龙科马生物制药有限公司，上海公共卫生中心，江苏省疾病预防控制中心，北京祥瑞生物制药有限公司，首都医科大学附属北京胸科医院
8	戊型肝炎病毒抗体以及利用所述抗体检测戊型肝炎病毒的方法和试剂盒	中国专利奖优秀奖	王佑春，李秀华，张峰，乔杉	中检院，北京万泰生物药业股份有限公司

课题研究

2020年度中检院“中青年发展研究基金”“学科带头人培养基金”课题验收工作

2020年5月19日至21日，科研管理处组织召开院“中青年发展研究基金”“学科带头人培养基金”课题验收答辩会，对2017年立项及之前立项申请延期的20个课题进行验收。5月19日为食品、安评、实验动物和诊断试剂领域的7个课题验收，评审专家组由王佑春、母瑞红、耿兴超等八位专家组成，王佑春首席专家担任专家组组长。5月20日为中药、化药和包材领域的5个课题验收，评审专家组由孙会敏、范慧红、魏锋等七位专家组成，孙会敏研究员担任专家组组长。5月21日为生检和生物安全领域的8个课题验收，评审专家组由王佑春、陈国庆、王兰等九位专家组成，王佑春首席专家担任专家组组长。20个课题均通过验收（表7－4）。

表7－4　2020年度院“中青年发展研究基金”“学科带头人培养基金”验收课题

序号	课题名称	课题负责人	验收得分	基金类别
1	直接多肽法（DPRA）在化妆品终产品致敏性评价中的应用研究	刘　婷	90.83	中青年发展研究基金
2	脆性X综合征检测试剂盒方法学评价及国家标准品的研制	高　飞	92.67	中青年发展研究基金
3	不同HPV核酸（分型）检测试剂的比较	田亚宾	88.33	中青年发展研究基金
4	药物成瘾的潜在性安全评价方法的建立及应用	李芊芊	91.33	中青年发展研究基金
5	四翼无刺线虫环介导等温扩增（LAMP）技术鉴定方法的建立和应用	黄　健	85.83	中青年发展研究基金
6	Hartley豚鼠SPF级核心种群的建立与生物学数据测定	范　涛	89.17	中青年发展研究基金
7	不同来源人诱导多能干细胞分化心肌细胞模型在药物心脏毒性早期筛选中的应用技术研究	王三龙	95.50	学科带头人培养基金
8	体内及计算机模拟模型（in vivo/in silico）评价化学药品结构与毒性关系的探讨	韩　莹	90.40	中青年发展研究基金
9	聚丙烯类药包材中正己烷不挥发物的风险评估	谢兰桂	91.00	学科带头人培养基金
10	中成药质量评价创新模式研究	聂黎行	92.40	学科带头人培养基金
11	黄体酮共晶的质量控制研究	熊　婧	92.60	学科带头人培养基金
12	化学药品的热分析应用性研究	刘　毅	88.40	学科带头人培养基金
13	食品药品检验机构生物安全实验室运维管理模式初探	裴云飞	84.43	中青年发展研究基金
14	RGA法检测重组可溶性gp130－Fc融合蛋白生物学活性研究	于　雷	91.57	中青年发展研究基金

续表

序号	课题名称	课题负责人	验收得分	基金类别
15	负链 RNA 定量 PCR 法检测甲型肝炎减毒活疫苗病毒滴度	高　帆	91.71	中青年发展研究基金
16	微生态制品中肠球菌生产菌株安全性标准研究	鲁　旭	89.86	中青年发展研究基金
17	血液系统人源化小鼠模型的建立与初步应用	王　萌	92.71	中青年发展研究基金
18	结核病疫苗免疫原性检测方法的建立	杨　蕾	86.29	中青年发展研究基金
19	流感减毒活疫苗质量评价相关技术的建立	赵　慧	92.00	学科带头人培养基金
20	利用 CRISPR－Cas9 建立重组蛋白药物活性检测的细胞模型及技术平台	秦　玺	90.29	学科带头人培养基金

2020 年度中青年发展研究基金课题申报工作

2020 年度中检院中青年发展研究基金课题申报工作于 7 月 29 日启动，截至 8 月 23 日共收到申报书 28 份。形式审查结果反馈申报人并提交答辩评审专家作为评分为参考。10 月 22 日中检院学术委员会组织了答辩评审，28 个课题申报人参加了汇报答辩。中检院学术委员会委员和中检院学术骨干 21 位专家担任评委，在听取了 28 位课题负责人的报告和答辩后，根据中检院中青年发展研究基金的支持方向和汇报情况进行评审打分。评审结果经主管院长、院长批准，给予“基于 GeXP 系统对基因治疗产品毒种库多种特定外源病毒同时检测的方法研究”等 22 个课题立项支持，专项经费 158.986 万元。

学术交流

2019 年度中检院科技评优活动

按照中检院 2019 年度科研管理工作安排，2019 年度科技评优活动按所、院两级进行，所级科技评优在 13 个业务所、中心进行，各业务所在总结 2019 年度各项工作的基础上，分别开展了学术交流和评优活动，并推荐 24 个报告参加院科技评优活动。2020 年 1 月 10 日，中检院学术委员会组织召开院级科技评优活动，由院学术委员会委员和 4 个分委会委员的 29 位专家担任评委，通过报告、答辩，评选出院级一等奖 3 项，二等奖 10 项，三等奖 9 项（表 7－5）。

表 7－5　2019 年度院科技评优结果

序号	报告题目	报告人	推荐单位	奖励等级
1	免疫细胞治疗产品非临床评价研究体系的建立	霍　艳	安评所	一等奖
2	EV71 疫苗国际抗原标准品的研制	毛群颖	生检所	
3	人乳头瘤病毒 L1 基因变异对免疫保护影响的研究	聂建辉	生检所	
4	转基因细胞法建立及其在重组药物活性测定中的应用	于　雷	生检所	二等奖
5	不同来源人诱导多能干细胞分化心肌细胞心脏毒性早期筛选模型的验证及应用	王三龙	安评所	
6	何首乌体内成分蓄积及潜在毒性作用探讨	汪　祺	中药所	
7	医用电子内窥镜检测装置的研究	李　宁	器械所	
8	CART 细胞中慢病毒整合位点分析方法研究	吴雪伶	生检所	
9	牛源生物制品外源病毒检测技术研究	王　吉	动物所	
10	溶出技术在化药制剂质量研究中的应用	庾莉菊	化药所	

续表

序号	报告题目	报告人	推荐单位	奖励等级
11	洋葱伯克霍尔德菌群鉴别技术研究及应用	余 萌	化药所	二等奖
12	吸入气雾剂用抛射剂四氟乙烷质量与安全性评价研究	赵燕君	辅料包材所	
13	定量蛋白质组学技术在乳制品营养成分检测中的应用	孙珊珊	食品所	
14	建立基于小鼠模型的 EV71 疫苗效力直接评价方法	吴 勇	动物所	三等奖
15	动物源性医疗器械戊二醛溶出体外生物反应和代谢机制的研究	史建峰	器械所	
16	地龙中可溶性砷形态价态研究及潜在的安全性风险分析	李耀磊	中药所	
17	生物源性材料——贻贝粘蛋白的体外降解性能评价研究	杜晓丹	械标所	
18	B 族链球菌国家参考品的研制	沈 舒	诊断试剂所	
19	化妆品中防晒剂的测定与风险监测	张伟清	食品所	
20	注射液中可见异物的成因分析与控制研究	刘 博	化药所	
21	标准物质销售预测模型的建立与研究	邵俊娟	标物中心	
22	国家药品标准物质质量监测模块的建立	朱雪坤	标物中心	

2020 年度中检院科技周活动

为提升中检院科技能力，带动和促进学术发展。中检院于 2020 年 10 月 26 日至 29 日举办 2020 年度科技活动周。本次科技周采取线上线下交流的形式，由中检院学术委员会各分委会组织。主要以国内专家、中检院专家和优秀青年人才为主，开展报告交流。

理化分析分会场，来自北京大学、中国医学科学院等高校和研究机构的 4 位专家以及中检院的 8 位学者，分别从中药质量控制、药物及辅料的研发、质控以及监管角度做了精彩的学术报告。北京大学药学院管晓东教授、中国医学科学院药物研究所王琰研究员分别作题为“中国仿制药质量差异研究”、“隐形器官肠道菌与慢病治疗药物相互作用的整合分析技术”的学术报告。其他特邀专家也分别从中药质量评价、化妆品质量控制、食品快检等方面做了深入浅出的报告。

生物分会场，院内从事生物制品检定、体外诊断试剂检定、实验动物和食品检定的 7 位专家，分别以“假病毒技术在传染病产品评价中的应用”“生物技术药物质量控制研究”“新冠诊断试剂国家标准品的建立和标准制修订”“新技术在抗体药物活性测定中的应用进展”“新冠病毒动物模型的建立”“食品中双歧杆菌的精准鉴定研究”“质谱在微生物鉴定中的应用”为题进行了报告和交流。

药理毒理分会场，中检院邀请的药品审评中心王庆利部长、中国医学科学院王琰研究员分别作题为“ICH 系列指导原则实施考虑”“难吸收天然药物的药代动力学研究与思考”学术报告。中检院专家围绕药品安全评价技术作题为“纳米药物的非临床安全性评价策略”“先进医疗产品非临床安全性评价研究”“化妆品安全评估技术要求”等报告交流，展示了最新研究成果。

医疗器械分会场，中检院专家围绕医疗器械质量评价分别作题为“新兴有源医疗器械质控研究进展”“医疗器械软件产品质量问题与解析”“ECMO 在中国，研发及检测概述”“用于病毒灭活验证的 ICC－qPCR 方法研究”“基于三维表皮模型的纳米材料皮肤毒性研究”“动物源性医疗器械戊二醛残留毒性研究”学术报告。

通过组织院内外专家学者做学术报告、开展学术交流，集中交流科研成果，使不同学科之间相互学习，相互促进，增强互补优势，扩大合作空间，开拓了学术视野、促进了技术交流、扩大学术影响，同时锻炼了专家队伍、促进年轻人成长。本次科技活动周邀请地方药检所、高校、相关企业等相关人员参加交流活动，中检院学术委员会委员、各部门负责人、有关业务所科技人员共计500余人次参加了本次科技周活动。

建院70周年成就展

中检院组织各部门及特邀专家，梳理建院70年重要科研成果及技术成果，编制了中检院成立70周年科技成就展。成就展由五部分构成，分别为科研成果、支撑监管、国际合作、人才队伍建设、科技奖励概览。

科研成果部分介绍了“流行性乙型脑炎减毒活疫苗的研制”等13项重要的科技成果；支撑监管部分介绍了包括“符合国际GLP标准的药物安全评价技术体系的建设”在内的13项中检院支撑监管而开展的技术、设施、平台以及应对药品安全应急事件的成就；国际合作部分介绍了中检院的3个WHO合作中心；人才队伍建设和科技奖励概览部分则介绍了现有杰出科研人才和中检院获得各级科技奖励的情况。

2020年12月18日，中检院成立70周年科技成就展在中检院抗击新冠疫情学术报告会暨建院（所）七十周年科技成就展大会上展出。当天上午中国工程院院士王军志、中检院首席专家王佑春和体外诊断试剂所所长杨振分别作题为“大力宏扬科学家精神——学习十九届五中全会精神的体会”“假病毒平台技术的建设及其在新冠疫情防控中的应用”“新型冠状病毒诊断试剂国家标准品研制和国家标准制定”的报告。

国家药监局2020年“监管科学　创新强国”科技周开放日活动

2020年8月27日，国家药监局2020年“监管科学 创新强国”科技周开放日活动在中检院举办。此次活动由国家药监局主办，中检院、中国健康传媒集团、中国药学会承办。活动由科研管理处负责人主持。

受疫情影响，今年的开放日采用线上直播方式，带大家走进中药民族药检定所和医疗器械检定所重点实验室，路勇副院长在活动致辞中介绍了中检院的基本情况，并表示“药品科技活动周”开放日是一年一度重要的科技宣传活动，通过本次“开放日”活动，将向大家展示中检院在药品、医疗器械监管领域发挥的技术支撑作用。

中检院中药所马双成所长、器械所李静莉所长分别介绍了本所的概况，相关技术人员在实验室介绍了各自领域在保证药品医疗器械质量安全方面进行的研究工作。并演示了人工心脏瓣膜、人工智能等产品质量控制方面的研究进展。

本次公众开放日活动交流内容丰富，不仅加深了公众对中药和医疗器械检验检测了解，起到了很好的科学监管知识普及效果，同时也对加强药品和医疗器械监管，确保人民群众用药用械安全起到了良好的推动作用。

第八部分　系统指导

系统交流

国家中药饮片抽验专项检验问题研讨会网络会议召开

2020 年 3 月 23 日，由中检院组织召开了 2020 年国家中药饮片抽验专项检验问题研讨会网络会议。承担抽验任务的中检院以及安徽省、山西省、重庆市、大连市、深圳市等 5 个省市检验院（所）的项目工作人员参加此次会议。

会议就 2020 年国家药监局中药饮片专项抽验工作有关问题进行了交流讨论。会议期间，中检院中药所中药材室负责人介绍了 2020 年中药饮片专项检验原则，统一了检验思路和基本原则。中检院、山西省食品药品检验所、安徽省食品药品检验研究院分别就 2019 年淡豆豉、防风、补骨脂 3 种中药材及饮片品种专项交流了工作经验。中检院、安徽省食品药品检验研究院、山西省食品药品检验所、重庆市食品药品检验检测研究院、大连市食品药品检验所、深圳市药品检验研究院的代表分别就承担的 2020 年中药饮片专项介绍了检验和研究方案，对检验有关问题进行了交流和讨论。

国家疫苗批签发机构体系建设

配合国家药监局药品监管司研究起草了《国家药监局关于进一步做好国家疫苗批签发机构体系建设工作的通知》（国药监药管〔2020〕4 号）并于 2020 年 2 月正式发布。积极推进“国家疫苗检验检测平台建设”项目。2020 年 5 月 21 日，中检院组织 7 家疫苗批签发省级检验机构通过网络视频形式召开了“国家疫苗检验检测平台建设”项目的启动会，以该项目作为能力建设的抓手，加快推进各批签发检验机构的实验室硬件建设。2020 年 10 月以来，按计划针对 B 型流感嗜血杆菌疫苗、百白破疫苗、Sabin 株疫脊髓灰质炎苗、乙型脑炎减毒活疫苗、人用狂犬病疫苗和新冠疫苗等疫苗品种，开展批签发专项培训工作，对北京、湖北、四川、甘肃、吉林、云南、辽宁、广东和深圳共 9 家药品检验机构的实验室技术人员、73 人次进行了培训。

系统培训

中检课堂、中检云课网络培训平台启用

为加快培训网络化进程，2020 年 4 月正式投入使用了中检课堂网络培训平台，极大地方便了本院职工接受培训。为了适应疫情对培训提出的新挑战，应急开发完成了面向社会培训的中检云课平台，8 月起正式面向社会实现线上网络培训，实现了全员线上报名、缴费、申请培训发票、观看培训课程、测评培训效果和发放电子培训证书的培训全过程。

2020 年中国药品质量安全年会暨药品质量技术网络培训

2020 年 12 月 15 日至 22 日，由中检院主办的“2020 年中国药品质量安全年会暨药品质量技术网络培训”在“中检云课”开播，共有 1832 人参加了培训。本届培训以“确保药品安全 维护公众健康”为主题，来自各行业各领域的专家学者挖掘质量安全问题，开展质量安全风险警示，介绍药械检验新技术新方法，搭建检验检

测、生产研发机构信息交流平台，助推药械产业创新发展，对药械安全相关技术问题和安全风险进行分析，介绍药械检验和质控新技术新方法。设置了中药民族药、化学药品、生物制品、医疗器械、体外诊断试剂、化妆品、药用辅料和包装材料7个主题，共70多个培训课程，针对国家、省级日常检验中发现的药品医疗器械质量问题，对药品、医疗器械、化妆品等质量安全进行深入分析，更好地服务监管，服务产业发展，充分发挥了检验检测技术支撑作用。

新冠病毒检测试剂专项抽检工作视频培训

为加快推进新型冠状病毒检测试剂专项抽检工作，加强对省级医疗器械检验机构能力建设的技术指导，2020年7月23日体外诊断试剂检定所举办新型冠状病毒检测试剂专项抽检工作线上培训。承担本次新冠病毒检测试剂专项抽检工作的各省级医疗器械检验机构的主管领导、相关检验人员、业务人员，以及诊断试剂所有关人员一百多人参加了培训。此次培训介绍了专项抽检工作有关情况，培训了新型冠状病毒检测试剂检验检测技术，包括新型冠状病毒检测试剂注册检验要求、生物安全防护。CMA/CNAS能力认证认可及病原微生物实验室及实验活动资质备案等相关规定。同时承担本次新冠病毒检测试剂专项抽检工作任务的诊断试剂所相关人员讲解新型冠状病毒检测试剂检验技术要点，检验报告撰写要求等内容。通过此次培训，与会者更加深入、完整地了解了新型冠状病毒检测试剂专项抽检工作的要求，从检验检测质量体系、实验室备案要求和生物安全防护，以及新型冠状病毒诊断试剂检验技术要点等方面系统地进行了系统的学习，本次培训达到了预期目的，为加快省级医疗器械检验机构能力建设、推进本次新冠病毒检测试剂专项抽检工作奠定了良好的基础。

第九部分　国际交流与合作

概　况

总体情况

2020年，受全球新冠疫情影响，国际交流活动的重点已由“线下”转为“线上”。本年度共选派1人赴英国生物制品检定所研修，接待美国个人护理品协会代表团一行9人来访交流，其他国际交流与合作活动主要通过“线上”方式开展。全年，共选派专家、技术骨干60余人次远程在线参加了世界卫生组织、国际标准化组织、国际药品监管机构联盟、全球监管科学峰会、美国药典委员会等国际组织和学术机构举办的国际会议，在大会上作专题报告8个，向世界展示了我国在药品、生物制品和医疗器械等领域的研究成果和科研水平，宣传了我国政府为保障人民用药安全采取的有效措施，扩大了中检院在国际上的影响。

国际交流与合作

美国个人护理品协会代表团一行来访

2020年1月7日，琼·麦肯蒂女士携美国个人护理品协会（PCPC）代表团一行来访中检院。双方就化妆品原料安全性、防晒美白产品功效测试及拟开展的技术合作等议题进行了座谈。中检院介绍了中国化妆品产品功效测试的相关标准和法规，并表示将逐步与国际接轨。美国PCPC的专家介绍了《INCI字典》收录原料的程序、原则及意义。双方表示将就化妆品原料的风险评估、化妆品替代试验、标准及法规的解读等工作开展进一步的交流与合作。

江征赴英国参加Sabin株脊髓灰质炎灭活疫苗标准化和质量控制研修班

2020年1月12日至23日，获国际卫生科学技术组织PATH支持，英国生物制品检定所组织召开了Sabin株脊髓灰质炎灭活疫苗标准化和质量控制的研修班，参加培训的学员包括来自俄罗斯、韩国、马来西亚、印度尼西亚和中国的生产研制企业代表和国家质控实验室专员。中检院生物制品检定所呼吸道病毒疫苗室江征助理研究员受邀参加学习和交流。通过培训，进一步掌握了sIPV疫苗大鼠效力试验检测中和抗体的体内效力试验技术和通过测定有效性抗原成分D抗原含量的ELISA法即体外效力检测技术，以及统计计算和分析方法；学习了国际标准品研制标定使用的原则和思路；加深理解了灭活疫苗质量控制的关键点。

王军志院士参加WHO“2019新型冠状病毒全球研究与创新论坛”

2020年2月11日至12日，受国家药监局委派，中检院王军志院士远程参加了世界卫生组织（WHO）在日内瓦首次举办的新型冠状病毒（SARS－CoV－2）研究与创新论坛。此次论坛汇集了来自世界各地的300余名临床专家、流行病学专家、病毒学专家、疫苗专家和公共卫生专家以及政府官员在现场参加了会议，另有部分学者在线参加了会议。会上，总干事谭德赛博士做了会议开幕致辞，他提出，当前人类正在面对没有边界的共同的敌人，全球科学界应该团结起来，摒弃政治、地域和专利等分歧，合作研发，抗击2019新冠疫情。会议分为全体会议和工作组会议（一共10个工作组）。王军志院士主要在线远程参加了两天的全体会议，特别关注关于药品的研发和疫苗研发相关的内容。

王军志院士等参加国际药品监管机构联盟新型冠状病毒候选疫苗开发专题网络研讨会

为了推动全球新型冠状病毒（SARS－CoV－2）疫苗的研发工作，2020年3月18日国际药品监管机构联盟（ICMRA）组织全球药品监管机构召开了针对SARS－CoV－2疫苗临床前评价的研讨会。国家药监局委派王军志院士等专家参加了会议。此次会议由来自欧洲药品管理局的Marco Cavaleri博士和来自美国食品药品监督管理局的Mario Gruber博士共同主持。会议的主题是支持SARS－CoV－2疫苗Ⅰ期临床试验的临床前研究数据和Ⅰ期临床试验之前阐明疫苗增强性疾病风险的必要性。会议共分为会议报告、圆桌讨论和会议总结3个部分。

许明哲参加WHO国际药典与药品标准专家委员会视频工作会议

由于新冠肺炎疫情的影响，原定于2020年4月27日至29日在瑞士日内瓦召开的WHO国际药典与药品标准专家委员讨论会改为以线上系列会议的形式召开，分别于2020年5月18日至27日期间分5次召开。中检院化学药品检定所许明哲主任药师作为WHO国际药典与药品标准专家委员会委员，应邀全程参加了会议。会议由WHO药品标准专家委员会秘书处技术官员Herbert Schmidt博士主持，WHO药品标准相关部门的同事和秘书处工作人员以及WHO国际药典和药品标准专家委员会的18位专家委员参会，这些专家分别代表中检院、英国药典、欧洲药典、英国药监局、加拿大卫生部、新加坡卫生科学局、澳大利亚治疗用产品管理局、巴西药监局、津巴布韦药监局以及南非药监局。与会专家就6项议题进行了集中讨论并充分发表了意见，涉及国际药典最新进展、国际药典2020—2021工作计划、国际药典各论起草、国际化学对照品和对照光谱、世界药典大会筹备等内容。

王军志院士等4人参加WHO EV71疫苗指南制订非正式磋商网络国际会议

应WHO邀请，经国家药监局批准，中检院王军志院士、王佑春研究员、徐苗副所长、毛群颖研究员四位专家于2020年6月8日至10日参加了WHO关于《EV71疫苗质量、安全性和有效性指南》制订非正式磋商网络国际会议，会期3天。来自瑞士、英国、日本、韩国、泰国、埃及、菲律宾和中国等国家的28位专家参加了该网络会议，其中包括来自WHO总部和该指南起草小组成员、各国监管机构代表，以及EV71疫苗生产和研发相关企业的代表。会议的主题是对该指南草案以及相关公开咨询得到的意见进行沟通、讨论，并进一步修订完善该指南草案。会议在前期工作的基础上，针对该指南草案以及公开征求反馈意见进行公开讨论和修改。与会专家经过为期三天的讨论，对草案内容，包括简介、疫苗生产和质控、临床前评价、临床评价和国家疫苗监管建议等方面，在充分沟通的基础上，逐一提出修订意见。特别是针对疫苗关键生产工艺和质控点的要求，结合不同企业的生产工艺特点进行了规范，形成了统一修改意见。会议同时确定拟于2020年10月将该指南草案提交WHO生物制品标准化专家委员会（ECBS）审议，推动正式指南文件的颁布。

王佑春参加英国动物实验替代、减少和优化国家中心视频会议

2019年10月，WHO生物制品标准化专家委员会（ECBS）同意独立于WHO以外的第三方机构对WHO生物制品技术指导原则中涉及的动物实验进行梳理，并提供相关的替代建议，同时也

建议在由WHO总部专家、各国检测或监管机构专家以及相关国际组织和企业专家共27人组成的工作组中邀请ECBS的专家参加。英国动物实验替代、减少和优化国家中心（NC3Rs）承担了这项工作，并邀请国家药监局批准，中检院王佑春研究员应邀参加了该工作组并于2020年6月29日下午参加了NC3Rs视频会议，会期两个半小时。共有15位专家参加了视频会议，包括来自WHO总部和美国、欧盟、英国、法国、德国、加拿大、中国、日本、韩国、泰国等国家的专家，以及GSK、IFPMA、IABS等企业和国际组织的专家。会议的主题是对WHO生物制品技术指导原则中有关动物实验的内容进行梳理，并向WHO ECBS提出动物替代实验的建议。本次视频会议是该工作组的第一次会议，主要报告了工作计划。该工作分为两个阶段，第一阶段是对世卫组织关于生物制品和疫苗的指导原则以及实验动物标准进行审查，以确定在产品质量控制、批签发以及标准物质制备方面动物实验使用的总体程度，充分考虑整合3Rs原则的可能性，并提出接受3Rs原则可能存在的障碍。以此为依据，最终形成研究报告，并提交WHO ECBS。第二阶段是WHO ECBS对报告的审议和执行阶段。工作组主要完成第一阶段的任务，为期3年。本次视频会议主要对已制定的每年工作计划进行讨论，包括审核的范围，是对生物制品通用的技术指导原则还是对某一制品的技术指导原则进行审核，是对所有生物制品还是对疫苗制品的指导原则进行审核；为发挥工作组成员的作用，如何分工承担相应的工作；目前动物替代实验存在的主要障碍是什么，以及如何保障动物替代实验的实施；目前有哪些比较成熟的可以替代动物实验的技术和方法；哪些动物实验是应该优先替代，等等。会上，各位专家对上述问题进行了广泛讨论并结合各自的工作特点发表了相关意见，会议组织者将会根据大家讨论的情况最后确定具体的工作计划，以便尽快开展相关工作。

王军志、王佑春参加WHO新冠病毒病（COVID－19）检测方法工作组视频会议

WHO新冠病毒病（COVID－19）检测方法工作组视频会议于2020年7月22日晚8：30至9：30召开，历时1个小时。来自全球从事新冠病毒检测的专家80余人参加了此次会议，中检院生物制品检定首席专家王军志院士和王佑春研究员作为专家组专家参加了会议。会议内容主要是听取三个学术报告，并围绕着三个学术报告进行讨论。会上，伦敦国王学院的Katie Doores博士作了题为“SARS－CoV－2感染过程中的抗体反应”的报告；美国纽约西奈山伊坎医学院的Florian Krammer教授作了题为“SARS－CoV－2感染诱导的抗体反应可维持至少三个月”的报告；中检院王佑春研究员应邀作了题为“新冠病毒S蛋白变异对病毒感染性和抗原性的影响”的报告。

王军志院士等3人参加第71届WHO生物制品标准化专家委员会特别网络会议

第71届WHO生物制品标准化专家委员会特别会议于2020年8月24至28日以视频会议的方式召开。此次会议是WHO生物制品标准化专家委员会每年10月份年会以外增加的一次会议，主要讨论与COVID－19有关的生物制品标准化方面的一些紧急事项。参加人员有生物制品标准化专家委员、各国管理部门代表、国际组织代表、企业代表等。中检院王军志院士、王佑春研究员和徐苗研究员应邀参加会议。会议分为两部分，第一部分是24日至27日的开放性会议，所有参会人员均参加会议，第二部分是28日的闭门会议，主要表决指导原则、标准物质是否同意采纳，并讨论专家委员会的下一阶段工作以及向WHO的建议事项。闭门会议只有WHO的官员和WHO生物制品标准化专家委员参加。中检院王

军志院士和王佑春研究员作为WHO生物制品标准化专家委员会的委员参加了28日的闭门会议。

王佑春等5人参加全球卫生学习中心中国毕业生和WHO合作中心网络研讨会

2020年9月23日，经国家药监局批准，中检院王佑春、马双成、许明哲、聂黎行、贺鹏飞通过线上形式参加了WHO驻华代表处及国家卫健委国际合作司举办的全球卫生学习中心中国毕业生和WHO合作中心网络研讨会。该研讨会以“面向未来：携手共创更健康、更安全的世界”为主题，旨在面向全球健康学习中心毕业生和WHO合作中心，就新冠肺炎应对的思考与学习进行对话，以加强未来的合作。该网络研讨会的主要议题包括：①在中国建立全球卫生学习中心和WHO合作中心的网络，以支持WHO在西太区的“面向未来”愿景，并加强合作；②在WHO全球卫生学习中心和CC网络之间创建一个支持和团结平台，以应对COVID－19疫情；③促进与全球卫生学习中心和CC网络的继续学习和协作。WHO西太区主任葛西健（TakeshiKasai）博士、国家卫健委国际合作司司长张扬出席研讨会。WHO在华多个合作中心及来自国家卫健委、陕西省中医药管理局、广东省疾病预防控制中心、广西壮族自治区卫健委等单位的WHO全球卫生学习中心毕业生代表110余人参加了线上会议，并作交流研讨。WHO在华多个合作中心的代表们分享各自单位在国内新冠肺炎疫情防控中快速有效应对及助力国际疫情防控中取得的成效和经验，并就进一步努力防控新冠肺炎疫情达成共识。

耿兴超、文海若参加2020年全球监管科学峰会线上会议

经国家药监局批准，中检院安评所耿兴超研究员和文海若研究员随国家药监局科技与国际合作司毛振宾巡视员（团长）、周乃元处长、药品审评中心王涛研究员、器械审评中心彭亮研究员等一行6人，于2020年9月28日至30日以线上参会的形式参加了原定于美国华盛顿市举办的2020年全球监管科学峰会，共同参与讨论全球监管科学发展的问题。本次大会的主题是“新兴技术及其在监管科学中的应用”，主要会议内容包括食品、药品和个人护理产品的安全性评估，用于监管应用的新兴技术的标准化和验证方法，以及新兴技术的挑战和机遇以及决策的替代方法等。本届峰会为期3天，来自欧洲各国、美国、中国、日本、加拿大等政府、高校、研发机构、企业的专家代表共进行约50个报告，所有报告内容均通过网络视频形式观看。在会议上，中检院安评所文海若研究员作了题为“应用NSG小鼠评价嵌合抗原受体修饰的抗CD19 T细胞的临床前安全性”的大会报告。

马双成、聂黎行参加WHO国际植物药监管合作组织（IRCH）第4次指导小组网络会议

应WHO邀请，经国家药监局批准，中检院马双成所长、聂黎行研究员于2020年9月30日参加了国际植物药监管合作组织（International Regulatory Cooperation for Herbal Medicines，IRCH）召开的第4次指导小组网络会议。会上，马双成作题为“中国中药质量控制进展及WHO IRCH未来发展建议”报告。会议的主要议题包括各国植物药监管现状试点调查、植物药名词术语定义、植物药在抗击新冠肺炎疫情中的认识与实践、国际植物药典（international herbal pharmacopeia，IHP）编制工作进展等。会议介绍了相关工作的最新进展。目前WHO已制定了IHP的组织、责任及工作程序，IHP专家委员会成员的遴选标准和程序、IHP各论、通则、分析方法起草/复核WHO合作实验室的要求、IHP用标准物质

WHO 合作中心的要求，并从巴西、中国、中国香港、英国、日本、韩国、印度、美国、欧洲、非洲、加拿大、澳大利亚、加拿大、德国等国家和地区的药典和数据库中初步遴选了 291 个草药及草药制品，拟对其各论开展研究，收录入 IHP 第一版。

许明哲参加 WHO 第 55 届药品标准专家委员会视频工作会议

经国家药监局批准，应 WHO 邀请，2020 年 10 月 12 日至 16 日，中检院化学药品检定所许明哲主任药师以专家委员的身份参加了 WHO 第 55 届药品标准专家委员会会议。受新冠肺炎疫情的影响，本次会议以线上系列视频会议的形式召开，这也是该专家委员会成立 70 年以来首次以视频的方式全程召开正式工作会。参加此次专委会的有来自美国、英国、德国、加拿大、中国、日本、巴西、瑞士、意大利、澳大利亚、印度、叙利亚、南非、坦桑尼亚、津巴布韦、突尼斯等国家的药品监管部门（NRAs）、国家药品质量控制实验室和科研院所的 18 位 ECSPP 专家委员、22 位临时专家顾问以及来自国际组织、制药企业协会和国家药典等机构的共 47 位代表。其中相关的国际政府间组织有：国际原子能机构（IAEA）、欧洲药品健康管理局（EDQM）、联合国人口基金（UNFPA）、联合国儿童基金（UNICEF）、世界海关组织（WCO）、联合国工业发展署（UNIDO）、联合国开发计划署（UNDP）和世界贸易组织（WTO）。相关的国家药典机构有：中国药典、日本药典、印度尼西亚药典、韩国药典、巴西药典、俄罗斯药典、阿根廷药典、英国药典、欧洲药典、墨西哥药典和乌克兰药典。另外，WHO 基本药物司有关部门的同志也列席了会议。本次会议召集人为 WHO 基本药物司药品质量保证组负责人 Sabine Kopp 博士，会议推选澳大利亚药监局的 Adrian KRAUSS 博士为会议主席，推选南非的 Adrian J. VANZYL 博士为会议记录员。会议重点集中讨论了国际药典各论品种制修订、平衡溶解度国际协作课题和药品质量保证相关规范和技术文件。其他内容（包括：世界药典大会、原料药 INN 命名、质量控制术语、第九期和第十期能力验证、国际药典标准物质和红外对照光谱等）均采用秘书处与委员之间通讯方式来完成。会上，许明哲对中检院牵头起草的 5 个国际药典质量标准进行大会发言。

何兰等 3 人参加 2020 年核磁共振工业实际应用网络会议

2020 年 10 月 19 日至 21 日，由核磁共振工业实际应用组委会（PANIC）组织的 2020 年核磁共振工业实际应用会议以线上形式召开。经国家药监局批准，中检院化学药品检定所化学药品室何兰主任、刘阳研究员和张才煜副研究员应邀参加会议。PANIC 由董事会和科学组织委员会组成。每年组织年度会议，会议旨在解决核磁共振技术的瓶颈以及推广应用。2020 年举办第八届核磁共振工业实际应用年会。参加本次会议的有从事核磁共振研究的学术界、工业界以及监管领域的 100 多位专家学者。会议主题包括核磁共振定量、分子结构表征、痕量成分和混合物分析以及药物质量控制研究。本次会议囊括了多个学科，来自食品、化工、医疗、药品等领域专家介绍了采用核磁共振仪和便携式核磁共振仪在相关领域的应用研究情况，深入讨论了核磁共振实验的技术难点，提出了解决问题的最佳途径。会议还就核磁共振定量技术对辅料、痕量杂质、多组分成分的定量分析及氟谱在医药工业等领域的应用进行了热烈的、卓有成效的交流。会上，化学药品室作了题为“核磁共振定量技术（qNMR）在中国药品质量控制中的应用”的海报报告，内容涵盖氢谱、氟谱、碳谱定量技术的最新研究进展和应用中关键技术参数设置、图谱分析等技术要点。

王军志院士等 3 人参加第 72 届 WHO 生物制品标准化专家委员会网络会议

第 72 届 WHO 生物制品标准化专家委员会会议于 2020 年 10 月 19 日至 23 日以视频会议的方式召开，每天 4 小时。参加人员有生物制品标准化专家委员 15 人、临时顾问 15 人，各国管理部门代表 44 人、国际组织代表以及 WHO 官员和专家等，共计 100 余人。中检院王军志院士、王佑春研究员和徐苗研究员应邀参加会议。会议分为两部分，第一部分是 19 日至 22 日的开放性会议，所有参会人员均参加会议，第二部分是 23 日的闭门会议，主要表决指导原则、标准物质是否同意采纳，并讨论专家委员会的下一阶段工作以及向 WHO 的建议事项，中检院王军志院士和王佑春研究员作为 WHO 生物制品标准化专家委员会的委员参加了 23 日的闭门会议。会上审议通过了 WHO 肠道病毒 71 型（EV71）灭活疫苗的质量、安全性及有效性指导原则。王军志院士作为 WHO 起草工作组 7 名核心专家成员之一，研究员王佑春、徐苗、梁争论、毛群颖作为受邀专家，全程参加该指导原则编写和讨论。

徐丽明、陈亮参加国际标准化组织 ISO/TC150/SC7 网络视频会议

国际标准化组织外科植入物和矫形器械标准化技术委员会组织工程医疗产品分技术委员会（ISO/TC150/SC7）于 2020 年 10 月 26 日至 27 日以网络远程会议形式召开了年度工作会。参加本次国际会议的成员国有 4 个，包括：中国、美国、日本、巴西，合计 11 人参加会议。中检院全国外科植入物和矫形器械标准化技术委员会组织工程医疗器械产品分技术委员会（SAC/TC110/SC3）秘书处的徐丽明、陈亮 2 人参加了本次年度工作会议。本年度中检院组织主导制定和提出国际标准立项项目合计 3 项，成为本次会议的主要讨论内容，其中，我国主导制定的国际标准（ISO TS 24560－1 组织工程医疗产品 软骨核磁评价—第 1 部分：采用 dGEMRIC 和 T2Mapping 技术的临床评价方法）由开始立项时的技术报告（TR）形式转变为技术规范（TS）形式，已经通过了成员国投票，将进入工作组草案阶段，并邀请其他成员国专家组建标准工作组，会后开始工作组内征求意见和召开工作组会议。另外，针对我国 SAC/TC110/SC3 秘书处组织提出的 2 项国际标准立项项目（组织工程医疗产品—脱细胞基质支架材料的残留 DNA 定量检测方法和组织工程医疗产品—牛 Ⅰ 型胶原蛋白定量检测：液相色谱—质谱法），在会上 ISO/TC150/SC7 秘书长汇报了立项项目进展情况，已通过成员国投票，一致同意在本技委会立项。我国参会代表回答了技术专家的意见。决议确定为：会后由项目负责人针对成员国技术专家的意见进行收集和处理，修改完善标准草案后提交秘书处，组织成员国对立项标准草案稿投票和征求意见。

许明哲、尹利辉参加第 7 届 WHO 药品质量控制实验室国际网络研讨会

经国家药监局批准，应 WHO 邀请，2020 年 11 月 10 日至 12 日，中检院化学药品检定所许明哲主任药师和尹利辉主任药师参加了第七届 WHO 药品质量控制实验室网络研讨会。按照 WHO 工作计划，本次会议原定于 2020 年春季在巴西圣保罗召开，但受新冠肺炎疫情的影响，最终采用线上系列视频会议的形式进行。会议分别于北京时间 2020 年 11 月 10 日、11 日和 12 日 20 点至 23 点召开。本次会议的主题为“复杂多变的药品监管环境下的药品质量控制实验室建设和管理”。会期三天，每天安排两个议题。第一天的会议由 WHO 基本药物司实验室认证负责人 Rutendo KUWANA 博士主持，第二天会议由巴西国家卫生质量控制研究院 Thiago Novotny 博士主持，第三天会议由中检院许明哲博士主持。受

WHO委托，会议的最后许明哲还代表WHO主持了WHO实验室认证检查员团队与参会人员之间现场问答和讨论（Panel Discussion）。会议期间，共安排了6个议题共21个报告和一个现场问答和讨论。这六个议题分别为：WHO认证实验室区域网络工作、实验室抗击新冠疫情工作最新进展、药品中亚硝胺杂质检测和分析、新技术在药品打假和质量控制中的应用、药品质量控制实验室能力验证以及WHO药品质量控制实验室良好操作规范最新进展。中检院尹利辉主任受邀在会议第二天检验检测技术议题部分作了题为“药品快检技术在中国的应用（China Experience with New Technologies）”的技术报告并对相关问题进行了回答，主要从技术层面介绍了我国药品快检技术中三个技术的研究和应用情况，分别是近红外光谱技术、拉曼光谱技术和离子迁移谱技术，并且对今后药品快检技术的研究和应用情况进行了展望。

王佑春参加英国动物实验替代、减少和优化工作组第二次视频会议

英国动物实验替代、减少和优化（3Rs）工作组于2020年11月以视频会议的方式召开今年的第二次工作会议。由于时差问题，此次会议于2020年11月16日和19日两个时间段分别召开。王佑春研究员参加了16日北京时间晚上10点召开的视频会议，会期两个小时。这次视频会议共有14位专家参加，包括来自WHO总部、美国、中国、欧盟和加拿大监管部门的专家，以及生物制品标准化国际联盟和相关企业的代表。会议的主题分为四个部分：一是对上次工作组专家内部的问卷调查情况进行分析；二是根据工作组各位专家的专业背景，对下一步工作进行分工；三是对WHO生物制品技术指导原则中有关动物实验内容进行梳理和讨论；四是就下一步对企业和监管部门进行问卷调查的内容进行讨论。

许明哲等4人参加USP定量核磁共振和数据应用概述与展望视频会议

应美国药典会（USP）邀请，经国家药监局批准，中检院化学药品检定所许明哲副所长、何兰主任、刘阳研究员、张才煜副研究员于2020年11月17日至19日参加了USP组织的新兴技术研讨会——定量核磁共振和数据应用概述与展望。会议采用网络视频的形式召开。本次参会者主要来自工业界、学术界、政府和监管机构，监管机构的人员主要包括美国、欧洲、日本等国家监管部门、药典部门和国家实验室专门从事核磁定量研究的专家。会议主要讨论定量核磁技术（qNMR）在药物质量研究和质量控制、标准物质标化定值等方面的应用，以及定量核磁技术方法学验证研究，对当前国际药品质量标准中定量核磁技术的应用进行了梳理总结，并对今后的进一步发展应用进行了展望和评估，会议最后还讨论了对美国药典附录中收载的核磁共振法进行进一步修订的思考和计划。会议由USP分析方法研发部门负责人主持，在第一天的研讨会中主要由Federico Casanova博士、Travis Gregar博士、Prabhakar Achanta博士等专家介绍了台式核磁共振仪在原料药和制剂生产过程质量控制中的应用，具体由Federico Casanova博士与Travis Gregar博士介绍了台式核磁共振仪在药品生产中的应用，由布鲁克公司的Eduardo Nascimento博士介绍了核磁共振仪的远程分析技术。在第二天的会议中主要由USP的Steven Walfish博士和Christina Miki博士等人介绍了qNMR方法学验证研究以及美国药典附录<761>与<1761>核磁共振波谱学的修订建议，由Charlotte Corbett博士介绍了qNMR在药品生产中的验证。在第三天的会议中，主要由来自USP、FDA、NIHS的专家以及中检院何兰主任研究团队介绍了qNMR在药品质量控制中的应用。

马双成、聂黎行随国家药监局团组参加WHO国际植物药监管合作组织（IRCH）第十二届网络年会

2020年11月25日至27日，WHO国际植物药监管合作组织第十二届年会以线上形式召开。由国家药监局药品注册管理司王海南副司长为团长，国家药监局科技和国际合作司国际组织处王翔宇处长，中国食品药品国际交流中心翁新愚副主任，中检院中药民族药检定所马双成所长、聂黎行研究员，国家药典委中药处石上梅处长、何轶研究员、申明睿主管药师，国家药品审评中心申向荣、杨娜助理研究员一行10人组成的中国代表团参加了此次会议。

第十二届年会由IRCH秘书处主办，来自WHO、中国（包括中国香港、中国澳门特别行政区）、南非、坦桑尼亚、乌干达、津巴布韦、阿根廷、巴西、加拿大、智利、古巴、墨西哥、秘鲁、美国、阿曼、巴基斯坦、沙特阿拉伯、亚美尼亚、德国、匈牙利、意大利、荷兰、波兰、葡萄牙、瑞士、印度尼西亚、印度、泰国、澳大利亚、文莱、日本、韩国、马来西亚、欧洲药品管理局（EMA）、东南亚国家联盟（ASEAN）等37个成员国/地区/组织，以及博兹瓦纳、科摩罗、刚果、伊朗、马达加斯加、缅甸、纳米比亚、土耳其等8个观察国的126名官员及专家出席了本次会议。大会主要包括IRCH秘书处报告、IRCH新成员报告（波兰、瑞士、乌干达、津巴布韦）、IRCH新观察员报告（博兹瓦纳、科摩罗、刚果、伊朗、马达加斯加、缅甸、纳米比亚、土耳其）、IRCH成员报告（古巴）、植物药在抗击新型冠状病毒肺炎（COVID－19）中的认识与实践研讨会（中国、印度、巴基斯坦、韩国、津巴布韦）、各国植物药监管现状调查工作介绍和讨论、植物药名词术语定义介绍和讨论、WHO技术文件中《关于草药与其他药物相互作用的关键技术问题》编制工作进展介绍和讨论、MedNet信息交流平台使用培训、IRCH管理、下届年会议题征集等内容。马双成所长代表中国汇报了IRCH第二工作组“中药材及产品（包括标准物质）”的工作进展，主要汇报了第二工作组的章程、药用植物用化学对照品、对照药材、对照提取物研制、保存、发放技术指导原则，植物药用化学对照品、对照药材信息和实物库的建立，植物药基原鉴定技术指导原则、植物药中农药残留风险评估技术指导原则、中药安全检测和风险控制平台、中药质量控制和评价体系、中药掺伪检测平台等。

王军志、王佑春参加第73届WHO生物制品标准化专家委员会网络会议

第73届WHO生物制品标准化专家委员会会议于2020年12月9日至10日以视频会议的方式召开，会期为每天4小时。参加人员有生物制品标准化专家委员15人、临时顾问13人、各国管理部门代表20人、国际组织代表以及WHO官员和专家等，共计70余人。会议分为两部分：第一部分是9日至10日上半场的开放性会议，所有参会人员均参加会议；第二部分是10日下半场的闭门会议，主要表决指导原则、标准物质是否同意采纳。中检院王军志院士和王佑春研究员作为WHO生物制品标准化专家委员会（ECBS）委员应邀参加第73届WHO生物制品标准化专家委员会会议及闭门会议。

王佑春等5人参加WHO合作中心全球（线上）研讨会

应WHO邀请，中检院王佑春研究员、马双成所长、许明哲副所长、聂黎行研究员和江征助理研究员于2020年12月16日参加WHO合作中心全球（线上）研讨会。会上，WHO总干事谭德赛博士在致辞中回顾了WHO合作中心的起源与发展过程，赞扬了WHO CC在帮助WHO为各成员提供科学、技术和教育等服务，促进和带动

区域卫生健康水平发展等方面发挥的重要作用，并肯定了 WHO CC 在抗击新冠肺炎疫情方面的贡献。WHO 计划未来每两年召开一次合作中心科学大会。WHO 首席科学家 Soumya Swaminathan 博士介绍了 WHO CC 的工作机制，号召 WHO CC 在应对全球卫生挑战，特别是在实现 WHO 第 13 个工作总规划“三个 10 亿”中发挥积极作用。在重点问题讨论环节，WHO 东地中海区域（EMR）代表介绍了本区域的合作机制，伊朗国家公共管理中心介绍了该合作中心围绕健康系统管理开展的培训和研究，AMR 监督和质量评估合作中心网络则介绍了该网络针对全球范围抗生素耐药性研究所做的工作。除此之外，也有代表发言指出了当前 WHO CC 工作中待改进的部分。如非洲地区（AFR）的代表提出，该地区合作中心的地理分布十分不均匀，期待进一步改善。

马双成、聂黎行参加 WHO 国际植物药监管合作组织（IRCH）第十二届年会

2020 年 11 月 25 日至 27 日，马双成所长、聂黎行研究员代表国家药监局参加了 WHO IRCH 第十二届年会。大会主要包括 IRCH 秘书处报告、IRCH 新成员报告（波兰、瑞士、乌干达、津巴布韦）、IRCH 新观察员报告（博兹瓦纳、科摩罗、刚果、伊朗、马达加斯加、缅甸、纳米比亚、土耳其）、IRCH 成员报告（古巴）、植物药在抗击新型冠状病毒肺炎（COVID－19）中的认识与实践研讨会（中国、印度、巴基斯坦、韩国、津巴布韦）、各国植物药监管现状调查工作介绍和讨论、植物药名词术语定义介绍和讨论、WHO 关于草药与其他药物相互作用的关键技术问题技术文件（Key technical issues on herbal medicines with reference to interaction with other medicines）介绍、IHP 编制工作进展介绍和讨论、MedNet 信息交流平台使用培训、IRCH 管理、下届年会议题征集等内容。马双成所长代表中国汇报了 IRCH 第二工作组的工作进展包括第二工作组的章程、药用植物用化学对照品、对照药材、对照提取物研制、保存、发放技术指导原则，植物药用化学对照品、对照药材信息和实物库的建立，植物药基原鉴定技术指导原则、植物药中农药残留风险评估技术指导原则、中药安全检测和风险控制平台、中药质量控制和评价体系、中药掺伪检测平台等。

第十部分　信息化建设

信息化基础建设与运维

推进整合系统基础服务功能建设

搭建基于面向服务架构的应用系统整合项目是中检院2020年度重点工作之一，其建设目标是以面向服务设计原则建立中检院用于系统互联互通、业务协同和信息共享的一体化服务管理平台、应用支撑框架和标准开发体系，提高中检院信息化系统建设和运维管理的标准化、规范化水平。2020年项目已完成应用支撑平台、主业务数据库、应用集成框架等重点功能组件的建设，以及院公文管理等验证系统的开发工作。2020年9月项目进入试运行阶段。

建设电子签章软硬件服务系统及检验报告书管理系统改造

检验报告书电子化工作是中检院2020年度重点工作之一。它的实现将提高检验效率，缩短检验报告审签周期，满足监管部门的电子报告书需求。同时，电子报告书具有防伪、防篡改、方便传输等特点，对两法的推动起到重要作用。报告书电子化的工作也将带动公文电子化的建设，是中检院信息化发展中的重要一步。2020年中检院建立了电子签章服务系统，完成了新版检定管理系统、国家药品抽验信息系统改造升级工作，实现了监督检验类、注册检验类报告书电子化。2020年5月9日发出了中检院了第一份具有法律效力的药品电子报告书。截至2020年11月，新版检定系统中生成监督检验类电子报告书1220份，成功向国家药品抽验信息系统推送1216份。注册检验类报告书电子化流程正在试运行中。

中检院网站页面改版上线

2020年完成中检院网站发布平台的安全升级。主要包括发布平台升级及移动互联技术支持，并对网站进行已有功能优化和新功能扩展。从目前WBPP3.0平台升级为HISICOM4.0，升级后平台优势体现为以下三方面：

对网站安全性全面的升级，也是本次网站升级的重点建设目标。发布平台技术框架和中间件的升级，避免由于技术落后而出现的安全漏洞；发布平台调整部署方式，前后台分离部署，并增加防篡改软件。公众只能访问前台负载的应用服务器，前台任意一台服务器出现问题不影响另外一台前台服务器的运行，可以马上进行服务器切换或进行快速重新发布部署；发布平台增加了实时监控软件，可以随时查看硬件使用情况、网络带宽情况、访问用户情况等。

增加了H5技术，支持移动互联网访问是本次升级亮点、支持手机移动页面自适应。

升级后的发布平台操作简化、文章发布审核流程的优化、权限管理优化。

新版网站于2020年10月完成部署，并通过第三方测评。经过不断完善和优化，于2020年11月13日上线运行。新版网站实现了“信息公开、办事服务、数据查询”三大主体功能。实现了网站信息资源的科学布局、简洁明了、重点突出了信息公开和办事服务的功能，进一步提升网站政务服务水平。

2020年外网稿件数量756篇，内网稿件数量920篇。

建立国家啮齿类实验动物资源库

2020年完成国家啮齿类实验动物资源库平台

网站的版面设计、实验动物拍摄、网站搭建、实验动物种子销售模块等。其中包括：

开发信息发布管理模块。建立一个信息发布管理模块，一是对该板块的信息发布实施单独的全面管理，同时可对网站页面的运行及访问情况进行监测和统计，统计结果显示在主页面及管理模块页面。

实现国家啮齿类实验动物资源库（在线服务系统）网站搭建。栏目涵盖科技资源及相关信息、动态资讯、服务案例、在线订购、标准规范、用户帮助、关于我们及英文简介等内容栏目。具体项目实施工作涵盖需求调研、网站设计和程序开发。

实现与中国科技资源共享网数据对接。完成与中国科技资源共享网有效对接和互联互通，确保资源信息合格，信息更新及时。

与国家药监局开展相关工作

与国家药监局进行系统对接

根据国家药监局的相关要求，中检院相关业务系统需要与国家药监局信息中心的信息系统进行系统对接，以便满足业务流转、数据传输、信息共享的要求。2020 年度系统对接工作包括：与国家药监局互联网 + 政务及智慧监管系统对接工作、涉企信息对接工作、药品品种档案系统对接工作。

完成与国家药监局互联网 + 政务及智慧监管系统对接。互联网 + 政务服务平台是国家药监局开发的信息平台，保证每个企业办理药监局相关业务时从一个入口进行访问，同时可以查询事件办理状态以及证照发放情况。智慧监管平台是国家药监局、省药监局以及各事业单位的统一入口平台，保证药监局内部工作人员的统一访问及办公。

中检院涉及互联网 + 政务服务对接的系统包括以下五个，生物制品批签发管理系统、新版检定网上送检系统、国家特殊药品信息管理系统、化妆品行政许可系统以及医疗器械标准管理中心信息系统。其中除化妆品行政许可系统外其他四个系统已经完成了统一身份认证对接、办件数据实时交互对接工作正在开展。中检院涉及智慧监管平台对接的系统包括四个：生物制品批签发管理系统、国家特殊药品信息管理系统、化妆品行政许可系统以及医疗器械标准管理中心信息系统，2020 年已全部完成对接工作。

完成与社企信息对接。生物制品批签发信息公示数据已推送至国家药监局信息中心。

完成与药品品种档案系统对接工作，实现药品注册检验报告书数据自动推送功能，已成功推送 15457 批次；实现生物制品批签发公示数据自动推送功能，已成功推送自 2010/5/31 至 2020/11/13 的数据，共计 55932 批。

特殊药品生产流通信息报告系统

现已开展对 8000 家特药生产、流通企业的技术支持工作，并且在现有系统功能基础上完善统计分析功能，建设大屏分析和灵活统计报表功能，从生产企业、经营企业、省份、药品品种、时间等多个维度去灵活分析特药数据。同时按照国家药监局和中检院要求开展系统安全与数据归集工作，并和国家药监局统一登录平台进行系统整合，实现系统单点登录。目前总体数据量已突破一千万条。

信息安全

网络安全与运维工作

网络信息安全是贯穿全年、覆盖全网络的持续性系列性工作，作为疫苗检验和防疫用品检测的重点保障单位，网络信息安全更成为重中之重。

加强网络安全工作的部署。依据中检院领导分管工作发生的变化，及时调整更新信息安全领导小组成员名单；完成信息系统等级保护第三级的核心业务系统和第二级的门户网站两个系统的年度信息安全等级保护测评工作。

配合国家网络安全周活动，组织两次针对全院职工的年度信息安全培训；完成网络防护专项任务，立足现有技术条件和安全防护水平相关要求对信息系统安全等级进行了再次提升，修补漏洞、强化口令、拒绝钓鱼等工作。

开展安全意识教育，加强用户安全使用电子邮箱的意识；利用管理手段提高安全防护能力，提升了中检院邮件系统安全防范能力。

为全院提供“7×24”小时网络运维服务，保障新旧址及灾备机房、网络专线、园区无线网络正常稳定；加强网络监控，严防境内、外服务器对中检院外网进行暴力破解、木马程序等攻击行为，全力保障重点涉疫系统及网络系统安全；加大桌面运维巡检力度，微信公众号“中检院掌上助手”接收各类网络及系统问题 3579 件，问题解决率 100%，有力保障疫情期间网络的稳定运行和正常办公。全院共计维护台式计算机 2086 台，便携式计算机 810 台，内网瘦客户机 800 台，实验用工作站 239 台，各类外接设备 1393 台，其中打印机 870 台，复印机 93 台，传真机 86 台，扫描仪 204 台，多功能一体机 104 台。

信息系统建设与维护

建设教育培训的网络视频课程管理系统

本项目在 2020 年内实现在线视频和教材资源、在线考试、师资、课程、评价等管理功能，以及数据统计分析功能；网络培训视频课程管理系统取得良好效果。利用网络技术实现在线培训，是中检院一项创新。今年通过培训系统二期和培训系统三期两期项目的推动，建设了面向内部员工的“中检课堂”和服务于公众的“中检云课”。

中检课堂自 2020 年 4 月 9 日上线以来，已上架课程 161 套（视频课件 444 个，必修课程 27 个）；师资力量 54 人（院内讲师 44 人，院外讲师 10 人）；全院职工累计学习 35345.5 学时，课程观看 33321 人次；累计测验卷 118 套，推送考绩学时数据 31051 份。应对今年疫情线下培训的实际困难，中检课堂对完成中检院培训工作目标起到了技术支撑作用。

中检云课自 2020 年 7 月 10 日上线以来，累计完成免费培训班 3 期、收费培训班 18 期、累计参训学员 23545 人次。中检云课线上培训模式的建立较好地应对了今年新冠疫情的影响，也获得了全国检验检测机构、行业企业用户的普遍好评。

建设化妆品行政许可系统

新版《化妆品监督管理条例》于 2020 年 6 月正式发布，2021 年 1 月 1 日起正式实施，监管政策和技术要求发生多项重要变化，且技术审评工作由外审制转为内审制，信息系统需进行重大调整，以保障特殊化妆品产品、新原料的注册审评及新原料备案工作的顺利开展。化妆品行政许可系统建设工作有序加速推进，为《化妆品监督管理条例》顺利实施提供有力保障。

本项目于 2020 年 2 月完成公开招标，2020 年 3 月中旬至 8 月底开展了需求调研、界面原型制作、需求文档编写等工作，在与各方业务专家多次交流讨论的基础上，确定了化妆品新产品首次申报、承诺制延续、产品变更、新原料注册及备案等业务的工作流程，并完成界面原型的制作。2020 年 8 月底至 10 月底，完成新产品首次申报全流程的系统开发工作，于 11 月 16 日组织 10 家企业开展用户测试。系统在完成产品变更、新原料注册及备案申报等业务的开发、测试及系统部署工作后将于 2021 年 1 月 1 日启动系统试运行工作。

建设新版物资采购系统（阳光采购平台）

中检院每年物资采购涉及数亿元，为保证采购工作的阳光透明、便捷、快速，需利用信息化技术手段确实落实权责清晰、流程规范、风险明确、措施有力的工作要求。本项目的建设能够充分满足物资采购各环节的工作要求，本年度已完成了基本功能流程的开发，实现了供应商、物资产品等信息的标准化和统一化工作，2020 年 11 月召开了全院相关科室采购人员及审批人员的培训，现正在开展办公用品物资采购试运行工作。

生物制品批签发管理系统升级改造

为保障新冠疫苗批签发工作的顺利开展，需提前做好系统技术改造工作。《生物制品批签发管理办法》于 2020 年 12 月 11 日颁布，自 2021 年 3 月 1 日起施行，根据办法修订情况需提前对系统进行改造。增加新冠疫苗批签发相关功能，沟通协调其他需参与新冠疫苗检测的检测机构进行系统技术调整。开发与各地方授权检验机构批签发数据自动交换接口，保障数据及时传输。增加山东省食品药品检验研究院、重庆市食品药品检验检测研究院生物制品批签发系统权限并提供系统使用技术指导。按照综合业务处、生物制品检定所、体外诊断试剂检定所要求进行系统功能完善。完成与国家药监局信息中心网上办事大厅、智慧监管平台、药品品种档案等系统的对接工作。生物制品批签发管理系统升级改造工作火速推进，保障了新冠疫苗批签发工作顺利开展。

图书档案管理和服务

档案管理工作

为迎接中检院建院 70 周年纪念，编纂《70 年大事记》，已刊印成册。全书 40 余万字 500 余页，以求真存实的历史态度将中检院 70 年大事按照时间顺序汇编成册，客观、准确、详实地记录了 70 年坚韧创业、拼搏进取的发展历程。

完成国家药监局委托的进口药档案管理工作。2020 年妥善保管进口药档案 65241 册，提供涉及 139 册 10175 页资料复印的档案利用服务。新装订档案 5468 册，为国家药监局及各直属单位履行进口药品审批、境外核查等职能中提供数据和经验支撑。

库存档案数字化初步完成。今年完成档案数字化扫描 271.6 万页。2020 年是中检院三年内完成库存档案数字化的收官之年，2019 年前库存纸质档案基本完成电子化，为在线档案查借阅充实了数据基础。

除经档案系统移交档案 10056 册外，接收财务凭证 147816 件，财务账本 98 册。组织全院各部门档案资料销毁 4 次，共销毁资料 19680 公斤。

疫情期间为继续推进档案培训和宣传工作，制作 4 套课程，利用院内网络平台，开展线上课堂的培训和宣传。截至目前共计 1380 人/次观看了课程。

在档案整理装订工作上既是管理者又是服务者。通过购买社会服务为各部门装订档案，截至 11 月共为 21 个部门装订档案 9646 册，中检院档案工作人员对档案服务人员进行统一培训和日常指导，既保证了档案的归档质量，同时又减轻了一线检验人员的工作压力。

今年档案管理系统功能不断完善，数字化图像更加充实。截至 11 月底，全院有 28 个部门通过档案系统移交 10056 册档案归档，档案系统共有 14586 人/次登陆查看，其中 323 人借阅档案 1942 册。

图书期刊工作

2020 年图书馆订购 11 种 13 个数据库，分布在内外网及移动端，全年均维持正常运行。图书馆以服务科研，增强图书期刊服务功能为宗旨，继续加强数字资源建设。2020 年增订了科研人事论文诚信档案管理系统，用于期刊论文发表前的查重；新订购读秀学术搜索，超星学习通（移动端）数据库，以中文电子图书在线阅读为主，解决了中检院图书资源只有专业图书缺少其他类别图书问题。另外持续试用电子数据库。根据中检院资源分布情况，开通免费试用的数字资源包括 Web of Science 核心合集数据库、电子图书读秀学术搜索及学习通、药学专业数据库——药渡、百度文库等，并在试用基础上选订了读秀及学习通，电子图书没有学科限制，不断开阔读者的视野，丰富读者的生活。

杂志编辑工作

《药物分析杂志》和《中国药事》

重塑机制，确保杂志编辑出版质量。完善"三审三校"制度，保障期刊出版质量。《药物分析杂志》和《中国药事》始终坚持把内容建设放在第一位，把提高质量放在第一位，本着对社会和读者高度负责的态度，进一步树立质量观念，强化精品意识。每期杂志出版前，编辑部严格执行主编定期会商机制，会议每月召开一次；进一步完善了三审三校中的稿件录用制度，促进出版质量的提高。组织专栏，关注热点问题，提高期刊质量。捕捉学科的热点，发掘优质稿源，组织具有学科前瞻性、科学性、实用性的专栏，扩大杂志影响力，提高杂志的生存能力，提高论文被发现和被引用的可能性，增强出版的价值。根据今年的突发事件和新形势下出现的药品行业发展需求与监管风险防控之间难以协调发展的问题，完成"疫情防控专题""非处方药管理制度研究专栏""基因治疗制品质量分析专栏""多肽缓释注射剂分析专栏""核磁共振波谱在药物分析中的应用专栏"等专栏的选题策划。

《药物分析杂志》编辑部于 2020 年 9 月 17 日在湖南省长沙市召开了《药物分析杂志》第九届编辑委员会第二次会议。9 月 18 日至 19 日在湖南省长沙市召开了 2020 年《药物分析杂志》第九届优秀论文评选交流会和"2020 年中国药学会药物分析专业委员会学术年会"，推进了期刊的发展和科研成果的交流。

2020 年，中检院期刊编辑部编辑出版的两本学术期刊《药物分析杂志》《中国药事》持续被评为中国科技核心期刊，证书编号分别为 2019 - G087 - 1691、2019 - G913 - 2134。《药物分析杂志》获 2020 年"中国精品科技期刊"证书，证书编号：2019 - G087 - JP195。《药物分析杂志》持续入围《中国学术期刊影响因子年报》的第一区—Q1 区。

第十一部分　党的工作

党务工作

巡视工作

根据中央统一部署，2020 年 5 月 13 日至 6 月 30 日，中央第二巡视组对国家药监局开展了常规巡视，对中检院进行了延伸巡视。2020 年 8 月 20 日，中央第二巡视组向国家药监局党组反馈了巡视意见。中央巡视期间，按照巡视要求按时报送报告，提供相关材料，并做好中央巡视组到中检院现场调研的配合工作。扎实做好中央巡视反馈意见的整改工作，成立了中央巡视整改工作领导组织机构，强化巡视整改工作的组织领导。建立《中检院 2020 年中央巡视反馈问题整改台账》，按照国家药监局巡视办要求，强化督办，严格落实国家药监局巡视办定期报送进展制度。

11 月 20 日，国家药监局党组第一巡视组对中检院党委开展了常规巡视。2020 年 12 月 15 日，国家药监局党组第一巡视组正式向中检院党委反馈了巡视意见。中检院党委制定《院党委配合国家局党组内部巡视工作方案》，做好配合国家药监局内部巡视工作领导小组统筹协调工作，组织相关会议、座谈会。做好相关巡视材料的报送、备案留档等工作，共计 125 份。

组织建设

在建立的院党委落实全面从严治党主体责任清单基础上，将主体责任清单各项具体任务明确到人，形成落实全面从严治党主体责任细化清单，并持续完善。印发《关于制定党组织落实全面从严治党主体责任细化清单的通知》，全院各党总支、支部均已建立落实全面从严治党主体责任清单，明确责任并细化到人。11 月底，各党小组按要求建立了责任清单，明确了党小组及党小组组长的职责任务。

推进党支部标准化规范化建设。7 月 10 日，制定印发《中检院全面推进党支部标准化规范化建设工作实施方案》，组织各党总支、支部对标《国家局党支部标准化规范化建设情况自查表》，查找短板弱项，开展整改。8 月 12 日，制定印发《中检院基层党组织档案建设若干标准（试行）》，结合党组织近 30 项经常性工作，从党员、党小组、党总支支部三个层面，明确规范示例，规范党组织档案。以党支部换届改选为契机，督促党组织补全建强支委班子。

稳步推进发展党员工作，火线发展了奋战在应急检验一线的许四宏、周海卫 2 名同志入党，确定了杨振、余新华 2 名同志为入党积极分子。按程序推进 6 名拟转正预备党员按期转正，8 名发展对象发展成为中共预备党员。

2 月底，组织开展党员为疫情防控一线自愿捐款工作，半天时间全院 628 人捐款共计 66373 元。

思想政治建设

为贯彻落实习近平总书记关于疫情防控的重要指示和党中央决策部署，国家药监局党组关于打赢疫情防控攻坚战的工作要求，及时印发《关于充分发挥党支部的战斗堡垒作用，坚决打赢疫情防控阻击战的通知》，2020 年 1 月底至 2 月底间，两次发出《致中国食品药品检定研究院全体党员干部职工的一封信》，号召党员职工强化政治意识，提高政治自觉，为打赢疫情防控阻击战贡献力量。以视频会议的形式召开院党委理论中心组学习（扩大）会、党支部书记工作会，要求各党组织在全力抓好疫情防控的同时，做好中心工作，把初心使命见诸在实际工作中。收集制作《疫情防控有关政策汇编》电子书，供全院党员职工学习。

深入学习贯彻习近平新时代中国特色社会主义思想。2020年9月至10月、12月至2021年4月，分别开展十九届四中、五中全会精神学习宣传贯彻工作，组织副处级以上党员领导干部参加国家药监局党校党的十九届四中、五中全会精神网络培训。购买党的十九届四中、五中全会辅导读本供各党组织学习。开展“七一”讲党课活动，院领导带头在分管部门讲党课，院党委书记、纪委书记多次到重点部门讲党课，全年院领导、各党组织书记讲党课共45次。落实党委理论中心组学习制度，全年召开5次党委理论中心组学习（扩大）会议。开辟打造学习教育新阵地，以网络平台为自学课堂，设立院内外网“深入学习贯彻习近平新时代中国特色社会主义思想”专栏，落实“学与健”活动，特别是在院内网“中检课堂”网络培训平台设置政治理论培训模块，已更新32套培训材料，供党员干部学习，不断增强党员干部学习贯彻落实的政治自觉、思想自觉和行动自觉，推动职工思想理论水平和身体健康素质的双提升。6月至7月，组织498名党员参加国家药监局党校“庆七一”专题党课学习网络培训。

组织召开两次院职工思想动态管理工作领导小组办公室专题会议，研究讨论职工反映问题。相关部门反馈办理情况后及时公布院内网，切实解决群众反映和关心的问题。

作风建设

开展违反中央八项规定精神突出问题专项治理有关工作。2020年7月至12月，制定《中检院开展违反中央八项规定精神突出问题专项治理暨廉洁自律警示教育工作实施方案》，组织召开全院动员大会和4次专项治理领导小组办公室会议，有序推进动员部署、学习提高、自查自纠、集中抽查、整改提高五个阶段工作。对自查督查出发现的问题立行立改、限时整改。

2020年9月，开展小金库治理工作，制定《中检院深入开展“小金库”治理工作方案》，开展全院自查自纠工作。7月，开展创建“让党中央放心、让人民群众满意的模范机关”工作，制定《院创建“让党中央放心、让人民群众满意的模范机关”工作方案》，抓好开展强化政治机关意识教育、全面推进党支部标准化规范化建设、“灯下黑”问题专项整治等3项重点工作，推动党的建设高质量发展。

群团工作

开展青年理论学习小组读书活动，强化思想政治引领，按照国家药监局青年理论学习小组学习清单，为每个青年理论学习小组配备购买了必学书目。整理形成《中检院青年理论学习小组学习材料》，组织青年开展《习近平谈治国理政》（第三卷）专题网络学习。选派2名青年入党积极分子参加国家药监局青年干部培训班，选派1名青年代表赴江西参加国家药监局“根在基层”调研实践活动，进一步提升青年干部思想理论水平，推动青年了解基层、深入基层。表彰奖励2019年度“学与健”优秀集体和优秀个人。

慰问执行新冠肺炎疫情应急检验任务的一线工作人员89人。采购疫情防疫用品，保障职工身体健康。加强人文关怀，慰问在职困难职工17人，慰问工会会员或亲属37人，帮扶补助职工残疾重病子女，发放慰问金、帮扶补助共计22万余元；组织职工向局机关人事司温世宏同志捐助医疗救治善款，向“幸福工程——救助贫困母亲行动”捐款共计7万余元。举办2020年迎新春联欢会演出及工会表彰工作；组织职工参加“恒爱行动——百万家庭亲情一线牵”公益活动，编织爱心织品106件；动员职工积极参加“公益捐步扶贫”活动；荣获“走向小康生活 畅享新时代”迎国庆摄影展活动优秀组织奖。

开展党建扶贫工作，与砀山县朱楼镇党委结成对子，去砀山调研、交流党建工作，走访慰问困难群众。落实中检院2020年消费扶贫的工作任务，定向采购安徽省临泉和砀山的特色农产品，超额完成全年消费扶贫任务。

积极表先进、树榜样，激励担当作为。中检院母瑞红、生检所分获抗击新冠肺炎疫情全国三八红旗手、全国三八红旗集体；体外诊断试剂所和许四宏、徐苗分获全国市场监管系统抗击新冠肺炎疫情先进集体和个人；中检院还对18个集体和58人给予记功和嘉奖奖励。

纪律建设

强化疫情防控中纪检工作。2020年2月，印发《关于疫情防控期间强化责任担当落实相关要求的通知》和《关于进一步做好疫情防控中纪检工作的通知》，进一步做实做细监督工作。针对安评所个别干部及个别研究生违反疫情防控管理问题进行全院通报。

落实党风廉政监督责任。制定《中检院纪委落实党风廉洁建设监督责任清单（试行）》，积极发挥党内监督专职机关作用。制定《中检院纪委委员及纪检监察机构负责人分片联系指导基层支部工作实施办法（试行）》，发挥纪委委员职责作用，推动全院党风廉政建设工作。制定《中检院党风廉政建设联席会议制度若干规定》，加强党风廉政建设的组织协调，增强党风廉政建设的整体效应。

加强廉政教育。全年，共召开五次纪委扩大会，组织制定工作计划，学习上级精神，讨论有关问题，认真履职尽责。重新修订了《中检院工作人员廉政手册》，编印《基层党组织落实第一种形态工作须知》。编发《党风廉政教育材料》专刊4期，转发总局警示教育学习材料10期。节假日前向院中层领导干部发廉政短信，发布《关于做好春节期间紧盯“四风”问题工作的通知》《关于做好五一、端午期间工作　坚决遏制“四风”问题的通知》《关于做好中秋、国庆期间党风廉政建设工作的通知》等，加强督促提醒，防止发生问题。党委副书记、纪委书记姚雪良同志先后到生物制品检定所、化学药品检定所、食品化妆品检定所、医疗器械检定所、标物中心、化妆品评价中心和信息中心等部门讲授廉政教育课。主要围绕2020年以来药品监管领域发生的三起职务犯罪为蓝本，分析案例特点、发案成因和主要教训，并结合院存在的主要廉政风险，从认清形势、严格自律、完善制度、做好第一种形态工作，以及落实违反中央八项规定精神突出问题专项整治工作，进行讲解辅导。

严肃查处违规违纪行为。全年，共受理群众来信29件，转有关部门8件，本级初核21件，其中函询2件、转立案1件。以第一形态处理11人，其中批评教育2人、深刻检查1人、提醒谈话6人、诫勉谈话2人；以第二种形态处理7人，其中警告1人、记过4人、记大过1人、免职1人；以第三种形态处理1人（解除劳动合同）。

加强日常监督和审计评估工作。聘请第三方审计机构，对院属企业领导开展了经济责任审计。针对中检院资金运行管理中的薄弱环节，聘请专业机构对2019年度经济活动开展风险评估。

干部工作

领导干部任免

免去唐建蓉生物制品检定所综合办公室副主任职务，并按要求办理退休手续。

经2020年4月23日第6次党委常委会研究，并报分管局领导及国家药监局人事司备案，任命：

李冠民为实验动物资源研究所所长；

柳全明为人事处处长。

同时免去上述 2 名同志的原任职务。（中检党〔2020〕28 号）

经 2020 年 6 月 11 日第 10 次党委常委会研究决定：免去李佐刚食品药品安全评价研究所药物代谢动力学室副主任职务，并按要求办理退休手续。（中检党〔2020〕32 号）

袁力勇为生物制品检定所百白破疫苗和毒素室副主任，免去其原任职务。（中检党〔2020〕44 号）

王斌为生物制品检定所细菌多糖和结合疫苗室副主任，免去其原任职务。（中检党〔2020〕45 号）

经 2020 年 8 月 4 日第 15 次党委常委会研究决定：免去岳秉飞实验动物研究资源研究所实验动物质量检测室主任职务。（中检党〔2020〕51 号）

经 2020 年 8 月 4 日第 15 次党委常委会研究决定：付瑞任实验动物资源研究所实验动物质量检测室临时负责人。（中检党〔2020〕63 号）

经 2020 年 7 月 7 日第 14 次党委常委会研究，任命：

仲宣惟为办公室主任；

余新华为医疗器械标准管理研究所所长；

于欣为检验机构能力评价研究中心（质量管理中心）主任；

试用期一年，免去以上同志原任职务。（中检党〔2020〕76 号）

2020 年 9 月，配合国家药监局人事司，完成了肖学文书记试用期满考核工作。

经 2020 年 10 月 23 日第 24 次党委常委会研究，任命：

崔生辉为食品检定所生物检测室主任，曹进为食品检定所理化检测室主任；

于健东为中药民族药检定所综合办公室主任，魏锋为中药民族药检定所中药材室主任，戴忠为中药民族药检定所中成药室主任，金红宇为中药民族药检定所天然药物室主任，郑健为中药民族药检定所民族药室主任；

王岩为化学药品检定所综合办公室主任，陈华为化学药品检定所麻醉和精神药品室主任，梁成罡为化学药品检定所激素室主任，马仕洪为化学药品检定所微生物室主任，牛剑钊为化学药品检定所仿制药质量研究室主任；

黄维金为生物制品检定所艾滋病性病病毒疫苗室主任，叶强为生物制品检定所细菌多糖和结合疫苗室（医学细菌保藏研究中心）主任，赵爱华为生物制品检定所结核病疫苗和过敏原产品室主任，侯继锋为生物制品检定所血液制品室主任，孟淑芳为生物制品检定所细胞资源保藏研究中心主任；

陈鸿波为医疗器械检定所综合办公室主任，徐丽明为医疗器械检定所质量评价室主任；

邢书霞为化妆品检定所安全评价室主任；

赵霞为药用辅料和包装材料检定所包装材料室主任；

张春青为医疗器械标准管理研究所技术研究室主任，汤京龙为医疗器械标准管理研究所标准管理二室主任，黄颖为医疗器械标准管理研究所标准管理三室主任；

宋钰为化妆品安全技术评价中心综合办公室主任；

巩薇为实验动物资源研究所综合办公室主任，刘佐民为实验动物资源研究所实验动物生产供应室主任，梁春南为实验动物资源研究所动物实验室主任，范昌发为实验动物资源研究所模式动物研究室主任；

经 2020 年 10 月 23 日第 24 次党委常委会研究，任命：

冯克然为食品检定所综合办公室副主任，刘明理为标准物质和标准化管理中心综合办公室主任；

耿兴超为安全评价研究所综合办公室主任，霍艳为安全评价研究所毒理一室主任，王三龙为安全评价研究所毒理三室主任；

姚蕾为技术监督中心综合办公室主任，张欣涛为技术监督中心医疗器械技术监督室主任，王慧为技术监督中心化妆品技术监督室主任。试用期一年，免去以上同志原任职务。（中检党〔2020〕77 号）

李波为食品检定所毒理功效实验室副主任；

王兰为生物制品检定所单克隆抗体产品室副主任；

韩倩倩为医疗器械检定所生物材料室副主任，李佳戈为医疗器械检定所光机电室副主任；

李丽莉为体外诊断试剂检定所综合办公室副主任，黄杰为体外诊断试剂检定所非传染病诊断试剂室副主任，周诚为体外诊断试剂检定所传染病诊断试剂一室副主任，许四宏为体外诊断试剂检定所传染病诊断试剂二室副主任；

王海燕为化妆品检定所理化检测室副主任；

汤龙为药物辅料和包装材料检定所综合办公室副主任，杨锐为药物辅料和包装材料检定所药用辅料室副主任；

许慧雯为医疗器械标准管理研究所综合办公室副主任，郑佳为医疗器械标准管理研究所标准管理一室副主任；

付瑞为实验动物资源研究所实验动物质量检测室副主任；

吴先富为标准物质和标准化管理中心标准物质技术研究室副主任；

刘丽为安全评价研究所药物代谢动力学室副主任；

王翀为技术监督中心药品技术监督室副主任。

试用期一年。（中检党〔2020〕78 号）

经 2020 年 11 月 9 日第 28 次党委常委会研究决定：

免去李冠民实验动物资源研究所所长职务，并按有关规定办理退休手续。

梁春南任实验动物资源研究所临时负责人。（中检党〔2020〕83 号）

经 2020 年 11 月 24 日第 29 次党委常委会研究决定：

免去赵国雄后勤服务中心物资供应部副主任职务，其原分管工作由后勤服务中心副主任陈欣暂时负责。（中检党〔2020〕86 号）

第十二部分　综合保障

综合业务

改进检验流程情况

调整药品注册检验分类和受理要求。按照《药品注册检验工作程序和技术要求规范（试行)》（2020 年版）的要求，将药品注册检验二级分类细化为：前置检验、受理时、审评中、上市后补充注册检验和其他类型；完善新版检定系统注册检验受理模块，将药品注册检验受理分为资料审核和样品受理两个环节。先进行资料审核，在样品受理前对资料完整性和技术符合性方面提出改进与完善的意见，以确保注册检验受理质量，避免在后续检验过程中因资料问题造成停摆。

实现药品医疗器械国抽报告电子化。按照《国家药品抽检实施方案》（2020 年版）的要求，建立新版检定管理系统与国抽系统接口，实现将样品照片、抽样记录凭证和检验报告电子信息推送至国抽系统，提高报告发送效率，缩短发送时间 2 至 6 天。

继续推进检验报告书签发后取消校对工作。在 2017 年以来试点工作基础上，继续推行检验报告签发后取消校对工作，2020 年新增食品化妆品检定所和中药民族药检定所。除医疗器械检定所因检验报告类型复杂暂未实行外，全院其他出具检验报告的业务所均已实行授权签发后取消报告校对工作，缩短了从报告签发到制发的时间。

减少使用纸质表单，线下流程改为线上。将样品受理时使用的《样品接收及状态检查记录》表单信息嵌入受理系统，由受理人员勾选和录入，提高受理信息电子追溯性。将未出院报告修改审签方式由线下调整为线上，不再使用纸质表单，实现修改信息可查可追溯。

改进样品标签粘贴方式。设计并增加药盒自动喷墨打码机，客户仅需用扫码枪扫入条码，输入好打码位置，即可实现自动打码，提高受理时样品贴签效率。

政策法规对检验工作的影响

随着新的新冠疫苗后续批准上市及已批准上市新冠疫苗扩产扩能，按照国务院联防联控工作机制和国家药监局要求，每批疫苗上市前均需要委托具备批签发能力的药品检验机构进行全项检验，预计 2021 年中检院新冠疫苗批检验量将大幅增加。

2020 年中检院注册检验业务量较 2019 年大幅增加，增长 81.3%。在实行前置注册检验，国家鼓励创新和抗疫药械的集中研制上市等有利因素的共同影响下，申请人研发潜能得到释放，药品注册申请数量将会继续增加，中检院药品注册检验申请量也会随之增加。

按照《药品进口管理办法》（2004 年 1 月 1 日起实施）要求，对于按批签发管理的进口生物制品，中检院需要对产品按照进口注册标准进行全项检验。按照新修订《生物制品批签发管理办法》（2021 年 3 月 1 日起实施）的要求，从 2021 年 3 月 1 日起，中检院不再出具该类药品进口检验报告书，仅出具《生物制品批签发证明》，作为产品合格的通关证明。

2019 年新修订的《药品管理法》已发布实施，提出批准注册即为批准进口/上市的要求，但是《药品进口管理办法》（2004 年 1 月 1 日起实施）规定的“进口药品必须取得药品监督管理部门核发的药品批准证明文件后，方可办理进口备案和口岸检验手续”的要求依然有效。对于批准注册日期前生产的药品，2018年10月23日发布实施的《国家药品监督管理局 国家卫生健康委员会关于临床急需境外新药审评审批相关事宜的公告》给出了境外已上市临床急需和罕见病治疗药品的进口条件。2020年7月1日起实施的《药品生产监督管理办法》给出了境内外药品批准前生产批次上市的条件。考虑到此类产品进口检验申请增加，为依法依规做好此类产品的进口检验受理工作，作为承担药品首次进口检验任务的口岸检验机构之一，中检院需要规范并及时妥善应对。

新修订《医疗器械监督管理条例》（2021年6月1日起实施）规定，对于器械注册所需产品检验，可以是申请人自检报告，也可以是申请人委托有资质医疗器械检验机构出具的检验报告。新条例的发布，开启了医疗器械检验市场化的序幕，对于中检院而言，如何在参与市场竞争的同时满足监管需要，这需要中检院认真研究和规划医疗器械检验发展模式。

新修订《化妆品监督管理条例》（2021年1月1日起施行）调整了化妆品功效分类，化妆品注册/备案检验具体内容和要求也有相应变化。新条例将加强化妆品产品功效和宣传管理，要求企业对功效宣称试验技术报告进行备案，该项内容可能会是中检院化妆品新检验业务发展内容之一。

仪器设备

设备搬迁工作

2020年，中检院相关部门按照搬迁工作部署与安排，保障新址实验室运行条件，面对新冠肺炎疫情的巨大压力，加紧相关设备采购和维修进度，累计完成工作站、通风柜、冰箱等设备采购共计239台（套）、设备维修82台（套）、设备报废84台（套），累计运输仪器设备共32车次，设备145台（套），并提前1个月高效、有序地完成了搬迁任务，为开展检验检测工作提供了有力支撑。

全周期管理

2020年，中检院采购仪器设备2166台（套），合同金额18290万元；完成设备验收1632台（套），金额13869.8万元；维修设备共950台（套），金额2216万元；共完成设备计量4336台（套）、期间核查175台（套）；本年度新增仪器设备固定资产2064台（套），金额25112.1万元；报废仪器设备710台（套），金额3066.5万元。对25家入围供应商进行了复评审，并用多种途径加强与供应商的沟通。

制度建设

为进一步落实质量管理和内部控制的要求，中检院开展仪器设备相关规章制度的制修订工作，此次为第五次改版，共完成14项院级和1项中心级SOP的修订工作，并组织开展了相应培训工作。

人事管理

人才推荐

全年共开展各类人才推荐工作3批次，推荐援疆干部后备人选2人，完成了第20批博士服务团干部期满考核工作和第21批博士服务团人选推荐工作，向商务部驻外使领馆经商机构推荐秘书级人员人选3名。

公开招聘

收集2019年公开招聘编内人员及编外人员需求，拟定2019年公开招聘编内及编外工作人员方案并汇报国家药监局。

编内需求共计68人，经国家药监局审批招聘共计48个岗位，50人，共计收集简历1878份，结合今年疫情情况，撰写总工作方案、在线笔试考试方案、面试方案、考察方案，经过资格审查、笔试、面试、体检、考察等环节，最终拟录用28人。完成2019年编外招聘收尾工作，2019年计划招聘76人，实际招收59人，计划完成率为77.6%。

领导干部个人有关事项重点抽查工作

完成中检院2019年领导干部个人有关事项集中报告工作，完成收集及录入49名领导干部个人有关事项工作。重点抽查5人，随机抽查5人，其中1人为瞒报，其余9名均为基本一致。

技术职务评审

按照《关于组织开展2019年专业技术职务任职资格评审工作的通知》（药监人函〔2019〕138号）的有关要求，依据《国家药品监督管理局直属单位专业技术职务任职资格评审办法》（药监综人〔2018〕38号），配合国家药监局在2020年7月完成了2019年度国家药监局直属单位专业技术职务任职资格评审工作。

2019年业绩成果替代论文工作，中检院共计在参评人员中出现2人次合计3项成果代替论文，共收到专业技术职务任职资格申报材料67份，审核后符合申报要求的66份。评审通过39人，除中级外，通过率55%。编外人员参加局委托评审中级1人，通过1人。

编外人员参加北京市委托评审15人，通过6人。

2020年共计进行了20人次的任职资格认定工作，从今年开始应届生工作满一年才进行资格认定工作。对新入职的20多人的资格情况进行审核，规划将来的资格认定工作。

专业技术职务调整、竞聘工作

2019年制定了中检院《中检院2020—2022年专业技术岗位调整、竞聘工作方案》，在2020年予以落实。共计收到438人申报竞聘，合计申报分数总计68826分，共计有59人参加答辩，重新核定分数进行排序。分三次调整岗位138人。

王军志研究员获评中国工程院院士，向国家药监局人事司申请设置一级专业技术岗位，2020年4月经国家药监局批准设立中检院一级专业技术岗位，并为王军志院士做了岗位调整。

表彰奖励

为树立榜样，表彰先进，经2021年第3次党委常委会研究决定：给予韩若斯等63名同志“2020年度中国食品药品检定研究院先进个人”表彰，给予刘文琦等48名同志“2020年度中国食品药品检定研究院优秀员工”表彰。

财务管理

年度收支情况

2020年，中检院总收入16.24亿元，与上年相比减少0.37亿元，其中，创收收入11.36亿元，比上年增长17.32%，科研专款收入1.54亿元，比上年减少51.38%。支出共计12.64亿元，比上年减少2.72亿元，人员经费支出减少0.88亿元，商品和服务支出减少1.38亿元，资本性支出减少0.46亿元。全年制作会计凭证11.63万份。

加强制度建设

组织建立财务流程导向科学管理体系，进一步完善工作流程。按国家药监局要求，与院内相关部门共同对照工作实际，重新梳理、再造财务流程，形成院内财务流程导向科学管理体系，包括预算、收支、档案，合同，资产管理等29个财务流程的图、表、操作规程。

初步建立基本支出绩效指标，推进全面预算管理

在 2019 年建立中央专项及院内三个专项绩效指标库的基础上，2020 年通过全面梳理内部预算，进一步探索各部门基本运行支出绩效指标的建立，为实施全面预算管理打下基础。

基本建成财务分析体系

建立院级财务分析、所级财务分析（提供了第一、第二、第三季度财务分析）、中央专项预算执行分析的综合财务分析体系，为管理、决策提供服务。

财务信息化建设稳步推进

在信息中心的支持下，建立中间库，与后勤中心完成财务系统与支出合同系统的对接，与综合业务处完成财务系统与收入合同系统的对接优化，实现财务管理与合同管理的数据共享，为业财融合奠定基础，逐步实现业务数据和财务数据同步同源和统一。

安全保障

齐心协力，疫情防控零感染

新冠肺炎疫情暴发初期紧急协调采购手持测温仪 19 件和 6 台红外人体表面温度快速筛查仪，开展测温工作，构建疫情防控第一防线。随着疫情的发展，面对疫情防控常态化形势，中检院紧盯疫情发展的新变化，根据北京市及属地疫情防控要求，及时调整发布进院规定，特别是针对外来人员严格执行测温、验码、登记、查核酸证明（中高风险地区）等进院程序，核查无问题后经审批进院。在全院共同努力下，中检院疫情防控实现零风险零感染。

完善管理体系，落实安全责任

中检院已经制定了《中检院安全委员会工作规则》《中检院安全检查管理办法（试行）》《中检院辐射安全与防护管理制度》《中检院菌（毒）种管理规定》《实验室安全手册》和反恐防暴、防火、危险化学品、生物、辐射、防盗、特种设备安全应急预案等一系列安全规章制度。2020 年结合实际工作情况，发布了《安全委员会 2019 年工作总结和 2020 年工作安排》《关于调整院安全委员会及分类管理小组组成成员的通知》。

加强日常检查监管

中检院院领导分别带队，相继开展了春节前安全检查、危险化学品管理专项检查，五一节前安全检查、暑期安全检查、十一节前安全检查、自行暗查，全年共计发现安全隐患 108 处，下发安全问题告知单 76 份，整改回馈 76 份，针对发现的问题，及时下发安全问题告知单，要求主要负责人切实承担起安全第一责任人职责，严格落实安全责任制，对待安全隐患采取积极可靠措施、立行立改，安全管理部门限时跟踪复查督促隐患整改完成。

分类安全培训，提升安全能力

2020 年中检院相继开展了消防安全培训（334 人参加）、生物安全管理培训（135 人参加）、危险化学品安全管理培训（117 人参加）、辐射工作人员内部培训（21 人参加）、放射源库监控系统异常报警应急处置演练等各类通用安全培训，不断提升全院职工的安全意识和安全操作技能。

规范迎接检查，落实各项要求

2020 年迎接检查迎接公安、卫生、药监、应急管理、环保等部门督查 72 次。并对督察组提

出的各项安全管理要求，认真进行梳理，逐项落实。同时完善各项物防技防设施，进一步提高防范能力。

2020 年完成北京市病原微生物实验室及实验活动备案工作，全院合计备案 9 个部门，25 个科室，备案一级生物安全实验室 54 个，二级生物安全实验室 89 个，共 16343 平方米，生物安全柜 185 台，压力蒸汽灭菌器 42 台。完成“两会”、五一、十一、服贸会、十九届五中全会期间各项安全自查、封库等工作，落实公安、卫生、应急管理、环保等主管部门各项要求。

协同接待有序，安全保障有力

圆满完成国务院副总理孙春兰、国务委员王勇一行到中检院大兴办公区调研，全国人大常委会副委员长、农工党中央主席陈竺，全国政协副主席、农工党中央常务副主席何维等一行到中检院大兴办公区进行调研，科技部徐南平同志一行赴中检院调研，国家药监局焦红局长、颜江瑛副局长到中检院调研以及院科技周等院内院外大型活动 30 余次的安全保障服务工作。

后勤保障

新型冠状病毒防控工作

2020 年年初新冠肺炎疫情暴发，为保障中检院各项检验检测工作，尤其是一线工作人员检验和研发工作的顺利进行，后勤服务中心调集全部力量，保障了全院防疫物资供应。期间共采购医用和专用口罩 48 万只，消毒洗手液与消毒湿巾 0.76 万件，防护服 1.78 万套，护目镜 477 个，测温物资 223 件。为了防止冬季疫情反复，应疫情常态化需要，加紧进行抗疫物资的储备，医用口罩储存 13 万只，同时，做好了消毒液、消毒湿巾、防护服和护目镜等物资储备。

为保障职工工作环境安全，对天坛院区及大兴院区所有公共区域走廊、通道、机房、机组等进行了全面彻底消毒。88 个卫生间日消毒 5 次，21 部电梯日消毒 8 次，配备按键专用纸巾，乘电梯区域张贴 1 米线。及时在各楼前、顺四条实验动物资源研究所、安全评价研究所配备废弃口罩专用回收桶，医疗废物及生活垃圾及时消毒、清运，日产日清。确保院区环境安全。

餐饮管理人员严格执行疫情期间相关规定。自疫情防控工作开始以来，每日上岗前测量体温两次，上岗期间全程佩戴口罩；每日对后厨及餐厅消毒 3 次；紧急制定《中检院两地员工餐厅安全供餐方案》、划分就餐区域、制作就餐引导标识与防控卫生提示、实行一米间隔排队购餐，按时段分区域一人一桌一椅就餐；为中检院一线科室提供送餐服务；为中检院自湖北出差回京隔离人员提供送餐服务及生活补给保障。2020 年度保障 511879 人次安全就餐。

中检院新址建设一期项目收尾

完成中检院新址迁建项目一期工程竣工财务决算工作。按照 2020 年 5 月中天恒会计师事务所编制完成《中国药品生物制品检定所迁建项目竣工财务决算报告》。迁址建设项目一期工程项目决算总投资 1173359130.57 元；共形成固定资产 3925 项，总值 1172037234.92 元。根据中检院固定资产管理规定，分别移交后勤服务中心 3178 项，总值 1108085814.70 元（其中含待转出资产 2 项，总值 9842702.48 元），移交仪器设备中心 749 项，总值 63951420.22 元。

中检院新址建设二期项目推进

经与北京市规划和自然委员会、北京市发展和改革委员会、大兴区相关主管部门的沟通协调，先后取得《北京市规划和自然委员会关于中国食品药品检定研究院二期工程规划选址意见的函》（京规自函〔2020〕1688 号）、《建设项目用地预审与选址意见书》(2020 规自大预选字 0005 号)、《北京市发展和改革委员会关于中国食品药品检定研究院二期工程的节能审查意见》(京发改(能评)〔2020〕21 号)和《关于中国食品药品检定研究院二期建设工程社会稳定风险评估工作备案意见》等批复文件。按照国家发展和改革委员会建设项目可研性报告申报要求，已满足了申报条件。

在 2016 年可研性报告编制的基础上，按照 2019 年 6 月国家市场监督管理总局（以下简称“市场监管总局”）批示“不在二期项目中建设食品检验业务用房”的要求以及 2020 年 5 月国家发改委《国家发展改革委关于医疗器械检验检测能力建设项目实施方案的复函》（发改投资〔2020〕826 号）要求，对可研性报告进行了调整和完善，已完成文本编制。2020 年 12 月 29 日，中检院迁建二期项目可研性报告通过了国家药监局党组会审议。

阳光采购平台

中检院阳光采购平台已经上线试运行。该平台的使用，可以达到采购高效、品质可控、过程透明、结算清晰、监管有力，保证采购的需求，采购各环节都合法合规、公开透明。尽最大可能降低廉政风险。

截至 2020 年 12 月 1 日，共完成政府采购项目 110 个，共计 203 个子项目。采购总金额约为 32920 万元，其中公开招标采购金额为 30239 万元，占比 91.8%。

生物安全楼移交工作

确定了生物安全三级实验室运行维护的方式方法、范围、职责、人员、费用等问题，完成了对生物安全三级实验室硬件设施设备的接收，并实施管理和试运行。已启动实验室运维服务项目公开招投标工作，2020 年 12 月底完成合同签订。

中检院大兴新址加层建设项目

由于受到新冠肺炎疫情的影响，新址加层建设项目于 2020 年 9 月底正式开始施工建设，已落实建设材料封样、设备选型购置，督促项目管理单位积极落实整体工作安排，稳步推进施工建设。定于 2021 年 5 月完成整体施工并组织项目整体竣工验收及结算。

中药民族药检定所搬迁

根据中检院所搬迁计划，全部完成了中药民族药检定所配电和基础设施改造任务，并配合设备中心完成了中药民族药检定所搬迁任务，目前运行状况良好。

扶贫工作

积极组织实施扶贫采购工作，全年共采购扶贫物资 84.2 万元，随餐预包装销售给职工扶贫物资 37 万元，职工餐厅食材使用扶贫物资 47.2 万元。

第十三部分　部门建设

食品化妆品检定所

餐饮食品、保健食品国家抽检牵头机构工作

食品化妆品检定所作为国家食品抽检餐饮食品、保健食品两个大类的牵头机构，完成了年度抽检和监测任务的指标、检测方法、判定依据的拟定，起草了抽样检验实施细则，确定了风险监测参考值，制定了抽检监测基础表和保健食品大型生产企业名单，完成了全年全国四级餐饮食品100万余条和保健食品10万余条数据的清洗，并撰写了统计分析报告。同时，指导协助各省秘书处拟定全年餐饮食品抽检监测基础表，对各总局本级承检机构的抽检监测数据进行抽查审核、通知退修等，为各承检机构进行技术答疑。另外，协助本级秘书处制定了校园和农村专项监测、非法添加和虚假宣传专项抽检计划，并撰写了专项总结报告及多份抽检监测信息报告。

特殊食品注册复核检验

继续参与市场总局食品审评中心组织的特殊医学用途配方食品和婴幼儿配方乳粉产品配方注册现场核查工作，并开展配套的现场核查动态生产产品抽验。全年共完成4批次特殊医学用途配方食品和16批次婴幼儿配方乳粉产品的全检任务；并派员参加特医食品现场核查4次，婴配乳粉现场核查4次。

《保健食品检验与评价技术指导原则》的起草

为加快推进保健食品检验与评价技术指导原则的出台，组织社会各方技术力量对相关理化、卫生、功能、毒理和人体试食等领域涉及的评价方法进行了研究论证、公开征求意见和修订完善。据此，市场总局于2020年10月31日正式发布了《保健食品及其原料安全性毒理学检验与评价技术指导原则》《保健食品理化及卫生指标检验与评价技术指导原则》《保健食品原料用菌种安全性检验与评价技术指导原则》等重要文件；于11月24日发布了《保健食品功能评价方法》《保健食品功能声称释义》《保健食品功能评价指导原则》《保健食品人群食用试验伦理审查工作指导原则》等公开征求意见稿。

化妆品风险监测工作与化妆品筛查平台建立

2020年化妆品安全风险监测工作共有两阶段，每阶段都制定了计划及工作方案，对婴幼儿和儿童化妆品、祛斑美白类、祛痘、彩妆类等22个类别2065批次样品进行了监测。发现可判定项目问题样品37批次，问题发现率为1.8%，需研判项目问题样品71批次，问题发现率为3.4%。其中4批次可判定项目与需研判项目均为问题项。2020年首次引入化妆品微生物风险监测100批次，并进行了防腐挑战实验。同时，初步组织搭建了化妆品风险预警系统，以期及时得到相关舆情信息；撰写了风险监测工作流程和框架；组织开展了监测机构遴选并制定了遴选办法等。此外，讨论确定了风险监测检验报告书模板，并对监测数据信息平台进行更新，完善网络抽样及异常抽样处理等功能，增加了电子报告书等功能。

同时，完成了200余种禁用、限用物质的筛查平台建库工作，涵盖80余种激素，60余种抗

生素、20 种致敏性香料和 10 余种塑化剂等监管常见物质。目前，筛查平台应用于第二阶段风险监测工作，已在育发产品中发现阳性化合物，正在进一步确认。微生物精准鉴定溯源平台已完成网络构建，进行了 1000 余株沙门菌和 100 余株产志贺毒素大肠埃希菌的全基因组测序和数据库建立，进行了 12 家机构参与的测序数据分析培训和数据演练。

《化妆品监督管理条例》配套文件等的编制

为配合《化妆品监督管理条例》施行，协助国家药监局编制系列配套技术文件。通过线上讨论、召开研讨会、书面及网络征求意见等方式，制定了《化妆品分类规则和分类目录》《化妆品功效宣称评价规范》《化妆品安全评估技术导则》并已完成征集意见，经审议通过后将发布实施。修订了《化妆品禁用组分目录》，新增了 18 种禁用物质并组织对其逐一评估，另外对 63 种禁用物质的名称等信息进行了完善更新，并提出了对部分易在化妆品中非法添加的药物进行归类管理，现已形成目录初稿。修订了《已使用化妆品原料名称目录》，对目录中的 8783 项原料信息进行梳理，一是对技术规范中的禁用、限用和准用组分，共约 280 个；二是修改规范部分原料名称，如植物提取部位调整、原料命名规范统一、INCI/英文名称补充等约 580 条内容；三是增补审议通过的原料 7 项；四是根据使用情况，打开类别原料，新增 60 项原料信息。同时，牵头化妆品原料基础数据库建设工作，对已注册备案产品中的原料使用信息进行挖掘，对原料的最高历史使用量、使用方法等要素进行梳理，为安全评估提供基础数据。起草了《化妆品补充检验方法管理工作规程》《化妆品补充检验方法研究起草技术指南》并已开始公开征求意见，同时已根据监管需要初步确立补充检验方法 7 项。

化妆品注册和备案检验检测机构管理

化妆品注册和备案检验检测机构管理主要分为机构备案信息检查核对和机构监督检查，对国家药监局检验信息管理系统中申请备案及变更机构的资料进行核实，确保符合工作规范要求；根据工作需要提出系统优化调整建议以完善功能；收集梳理机构备案信息疑点，为监督检查提供依据。目前，系统中已备案机构 254 家，其中 2020 年通过系统完成备案 67 家，核实信息变更资料 200 余家次。同时协助国家药监局指导各省对注册和备案检验机构的日常监督检查，并制定了检查工作方案；组织实施了对 9 家机构的飞行检查。

化妆品标准委员会秘书处工作

为做好国家化妆品标准技术委员会的建立和国家药监局化妆品标委会的换届等工作，梳理了我国化妆品标准现状，起草了我国化妆品标准体系建设实施方案、化妆品国家标准技术委员会组建方案等。数次组织召开多方联席会议，对产品注册备案中的百余项技术问题进行研讨，对共性问题形成“化妆品监督管理常见问题解答”在国家药监局网站发布。持续开展《化妆品安全技术规范》修订，组织完成《化妆品中硼酸和硼酸盐的检测方法》等 8 项检测方法的制修订工作。形成国际化妆品法规追踪报告，及时搜集国际化妆品监管法规最新动态，关注全球热点问题，查阅权威机构发布的安全风险评估结果和技术标准等，结合产业前沿文献研究，形成每季度工作报告。

动物替代试验方法研究

完成眼刺激性荧光素渗漏试验、ADRA 方法的建立和样品测试，并已委托开展验证工作；完成皮肤致敏性人细胞系活化试验（h - CLAT）方法建立，正在进行盲样的验证工作；完成 LuSens 试验方法的建立，并完成了多种物质的测试工作；探索开展计算毒理学方法的研究，利用计算毒理学软件对技术规范中的原料列表、已使用原料目录中的物质进行梳理和毒理学危害识别分析，目前已完成共计234种物质的致敏性分析。

化妆品监管科学研究

化妆品安全性评价方法研究是中国药品监管科学行动计划首批重点项目之一，食品化妆品检定所牵头承担其中化妆品安全评价、风险评估标准体系研究和中长期发展规划2个子项目，同时负责项目整体管理、协调监督和汇总报告。目前已完成中期汇报、执行情况汇报，指标任务已提前完成，各项工作正在有序进行中。

针对化妆品技术支撑现有基础、监管需求和发展方向进行了深入研究，制定了监管科学第二阶段实施方案。通过对化妆品标准体系、安全评价体系、风险监测及预警体系三大方面的系列梳理，理清了支撑监管的技术瓶颈，并加快了相关成果的转化应用。已开展的工作主要包括标准规划研究；人工皮肤、眼角膜等替代试验方法的研究及验证转化；化妆品功效评价新技术研究及应用；化妆品安全评估技术研究及模型构建；新原料及创新技术产品审评技术指南研究制定；化妆品皮肤渗透性评价技术研究；化妆品快检技术应用研究；化妆品风险监测及分析预警技术研究与应用等。

中药民族药检定所

中药标准物质研制、标定和期间核查工作

按照中检院2020年国家药品标准物质研制计划要求完成中药化学对照品、中药对照药材及对照提取物研制，完成新增中药标准物质和换批标准物质的研制。2020年完成中药材室对照药材报告：96批；中成药室对照品报告：105批，其中新增中药化学对照品18个，现标化完成13个，5个即将完成；天然药室对照品/提取物报告：7批，其中首批2个品种：重楼对照提取物、芸香草油，换批3个品种：黄曲霉混合对照溶液、银杏叶对照提取物、有机氯农药混合对照品，质量监测：10个品种；民族药室对照药材报告：5批，苦石莲、并头黄芩、小叶金花草、蓝盆花和毛莲菜。

中药化学对照品期间核查了142个品种，其中两个品种发布停用通知。中药材对照品稳定性核查18种，其中1种有稳定性问题。

标准起草、修订、提高工作

完成并提交国家药典委标准提高三七总皂苷及血塞通、血栓通系列品种含量测定方法研究—方法起草，培植牛黄、丹参片、六味安消胶囊、草乌叶、制川乌和制草乌标准修订。

完成补充检验方法起草检验22批，分别是舒筋定痛片3批，小活络丸3批，防风通圣丸（水丸）2批、风寒咳嗽丸（水丸）2批，黄连上清丸（水丸）3批，龙胆泻肝丸（水丸）3批，通宣理肺丸（水蜜丸）3批、九味羌活丸（水丸）3批。

承担乳香、没药、苏合香和明党参等4个品种和白芷、藿香、菊花、凌霄花等4个品种香港中药材标准制定工作。

国家药品评价性抽验

1. 益心酮片

共抽取样品78批，检验78批，涉及45个批号，涉及全国范围内全部5家生产企业的产品，占全国益心酮片批准文号总数的100%。探索性研究建立了益心酮片指纹图谱方法，对山楂叶、山楂叶提取物及其制剂益心酮片中的262种农药的残留水平进行测定、显微鉴别研究了是否存在原粉入药问题以及进行了非法添加化学药品的研究。本次抽验的样品共计78批次，按现行质量标准检验合格率为100%，整体质量良好。

2. 舒筋定痛片

本次共抽取84批次样品，包括退回2个批次（抽样量不足），6个批准文号，涉及5家生产企业。依据执行标准检验，82批次样品全部合格，合格率100%。但在检验中发现现行标准项目设置不统一，含量限度不统一，且缺少安全性检查项目以及整体质量控制项目。开展了重金属及有害元素、黄曲霉毒素、染色、斑马鱼安全性实验研究，骨碎补、松香酸、大黄掺伪情况以及多指标含量测定探索性研究。

通过上述标准检验和探索性研究发现，舒筋定痛片存在执行标准质量控制项目不统一，缺乏安全性相关的质控项目，导致产品存在成分含量差异大，安全风险较高的问题；建议：相关企业对舒筋定痛片的质量标准进行统一；在质量标准中增加相应的安全性检查项，如重金属及有害元素；且加强原料的质量控制和管理。

3. 广藿香

本次抽验主要对广藿香饮片性状及显微鉴别项进行检验。依据现行标准检验，121批次样品中119批次符合规定，合格率为98.3%；不合格样品2批次，不合格率为1.7%，涉及2家企业，不合格项目为性状。不合格原因分析：性状不合格均为未见叶，或极少。

4. 巴戟天

共111批样品按现行标准检验，检验依据为《中国药典》（2015年版）一部，检验项目为【性状】和【鉴别】。检验结果合格111批，合格率为100%。

通过本次专项抽验工作，发现抽取的全部巴戟天饮片样品均合格，表明市场上的巴戟天饮片质量整体较好，质量均符合规定。主要存在的问题是标准不够完善，建议完善和修订巴戟天现行标准方法，优化薄层色谱方法。针对以巴戟天入药的中成药中有关巴戟天的质量标准不完善的问题，建议增加针对巴戟天的专属性强的鉴别方法，以更有力地控制药品质量。

5. 制川乌

共107批样品按现行标准检验，检验依据为《中国药典》（2015年版）一部，检验项目为【性状】和【鉴别】。检验结果合格104批，不合格3批，合格率为97%。

通过本次专项抽验工作，发现抽取的制川乌饮片合格率为97%，表明市场上的制川乌饮片质量整体较好，但也存在附子和制川乌混用的情况，需要进一步建立稳定、可靠、快速的分析方法，更好地区分附子和制川乌，保证用药的准确。主要存在的问题是标准不够完善，建议完善和修订制川乌现行标准方法，修改制川乌的HPLC方法，降低假阳性峰的影响，增加制川乌的UPLC方法，增加制川乌灰分、总灰分等检查项内容，增加制川乌的浸出物测定方法等，根据急毒实验结果修订含量测定项中单酯型生物碱总量的限度。针对以制川乌入药的中成药中有关制川乌的质量标准不完善的问题，建议增加针对制川乌的专属性强的鉴别方法，同时，增加次乌头碱和新乌头碱限量检查项，以更有力地控制药品质量。

2020年我国中药材及饮片质量白皮书

针对我国多年来中药产业和质量监管中发现的“中药材不合格率高”、中药行业“重成品轻原料”、“重终端产品轻过程控制”等问题，中检院中药民族药检定所组织全国药品检验机构开展调查研究、数据统计、并撰写我国中药材及饮片质量报告。该报告和相关质量数据为国家和各级药品监管部门制定监管计划、风险防范提供了重要参考。从连续几年质量白皮书的汇总数据看，经过近年检验和监管不断加强，以及行业内从业人员质量意识的逐步提高，我国中药材及饮片质量逐年稳步提高，市场抽检合格率由2013年的64%提升到2020年的96%。数据显示，近年来我国中药材及饮片的整体质量有了大幅的提高，监管成效显著。

中药数字化平台建设

2020 年数字标本平台系统建设趋于完善，形成了数字标本离线加工、在线加工和展示“三位一体”的数字化系统模式，以及系统和数据共建的“两翼并进”的平台发展模式。2020 年共开展了 230 种性状专题、79 种品种专题、53 种品类专题工作，目前任务完成率约 40%，相关工作仍在继续。通过专题任务的开展，2020 年上传 523 套数字标本，根据系统统计，目前网站已实现 691 个品种 1017 套示范性的数字标本上传和展示，共计 3579 条结果数据含 11438 张图像；完成 69 种种子类药材规范研究；完成《探秘冬虫夏草》科普书籍的编写和出版工作，基本完成《中药材鉴定研究》第一辑种子类书稿（90 种）。为数字标本平台未来发展奠定了基础。

国家药监局重点实验室工作

按照国家药监局重点实验室建设方案，本实验室严格落实方案中的工作计划，积极开展相关工作，为国家中药监管提供强有力的技术支撑。主要开展工作和取得成绩如下。

在中药质量与安全领域，围绕全产业链开展多学科、多领域的综合性研究，包括：

1. 建立多项中药质量检定新技术、新方法、新标准（包括补充检验方法、行业标准、团体标准、国际标准等）

起草建立 9 个补充检验方法。完成 6 种药典标准提高研究。完成黄精等 5 种中药多糖分析方法和白及及相关产品质量控制方法研究。完成人工虎骨粉特征图谱及质控方法研究和培植牛黄质量标准研究。

2. 新增中药实物标准物质，建立替代标准物质和数字标准物质（DRS）以及中药数字标准

新增中药化学对照品 23 种，实物库实际增加至 680 种。新增中药对照药材 4 种，研制数量达到 806 种。建立了对照提取物研制指导原则（草案），新增对照提取物 2 种，研制了枳壳配方颗粒和黄柏配方颗粒对照提取物。以重楼药材和宫血宁胶囊为研究对象，开展中药整体质量控制示范研究。新增民族药对照药材 8 种，为加强民族药质量，提高民族药质量标准提供了物质基础。完成了禁用农药混合对照溶液标定，已向社会发放。继续完善中药数字标准物质系统（DRS）。

3. 中药内源性有毒有害成分和中药外源性有害残留物检测、限量标准与风险评估研究

研究了含细辛属药材中成药马兜铃酸的分析方法，开展中成药研究剂型对于马兜铃酸测定的影响，重点考察了剂型因素、处方因素对马兜铃酸测定的影响。完成了龙胆泻肝丸中马兜铃酸 I 的检验方法研究工作。开展中药中内源性毒性成分—吡咯里西啶生物碱（PAS）检测技术研究。实验室以佩兰、款冬花为主要研究对象，采用 UPLC - MSMS 技术，建立包括 22 种吡咯里西啶类生物碱检测平台，检测指标涵盖欧盟要求优先控制的 17 种吡咯里西啶类生物碱。已建议国家卫健委对佩兰可用于保健食品原料进行重新评估。

4. 基于人工智能、AR/VR 和知识图谱等技术的中药数字化标本研究

开展了常用中药材数字化的数据分析，上传。

5. 民族药质量安全检测与标准技术研究

已完成第二期民族药品种的示范研究专项结题，正组织开展第三期 13 个民族药品种的示范研究。

6. 中药标准化和国际化

提交 WHO 有关中药标准物质制定指南 1 项；推动 WHO 草药典（IHP）的筹备和编撰。参加 WHO 国际植物药监管合作组织（IRCH）第 4 次指导小组网络会议。撰写“关于近年国家药监局在中药领域与 WHO 开展国际合作情况的报告”“关于建议国家药监局积极参与 WHO 国际植物药典工作的报告”“关于疫情以来中检院在中药领域开展的国际交流合作情况的报告。

7. 应急监管研究

加快研究成果转化，申请批准补充检验方法9项，做好应急技术储备，为药品打假提供保障。

国家药监局药品注册司专项“12种特色民族药材检验方法示范性研究”二期结题

本专项二期于2018年初启动，计划于2020年7月结题。由中检院中药民族药检定所作为牵头单位，联合西藏、青海、四川、甘肃等13个民族省（区）药检院（所）共同开展研究工作。研究的滇桂艾纳香、甘青青兰、蓝盆花等13个品种，均为收载于部颁标准或地方标准中的具有代表性的特色民族药材，涉及藏药、蒙药、维药、彝药、苗药、壮药、土家族药、朝鲜族药和黎族药等。

本专项针对民族药材普遍存在的包括基原混乱，缺乏必要的鉴别、含量测定和检查项以及定性定量指标缺乏专属性等问题，按照国家标准的要求，从基原、化学到分子生物学，进行标准提高的深入研究，探索民族药质量控制新思路。

本年度汇总13个单位的结题报告，结题报告内容包括资源调查、本草考生药鉴别（基原、性状、显微鉴别）、薄层鉴别、含量测定、特征图谱或指纹图谱、检查项、分子生物学鉴定等，按照万宁会议纪要的专家意见进行审定，编写汇编；进行项目会议筹备工作，报送签报申请项目启动会议的现场会议，因疫情延期至2021年初。

自2015年开始，本专项通过两期品种研究，已经取得阶段性的研究成果，民族药的质控研究技术平台已初步搭建。在国家药监局领导提出加快民族药研究步伐的倡导下，大家积极努力，突破瓶颈，迎来民族药质控研究的加速发展期。在接续三期的研究中将开启《新编民族药志》的研究，同时将新纳入5个单位。

中成药质量安全相关的工作

连续2年组织全国多个药检单位（2020年10个单位参加）开展中成药掺伪打假的研究工作。针对中成药存在的掺伪问题开展方法研究，建立补充检验方法，填补标准漏洞，打击掺假行为。

中成药中重金属及有害元素分析。对2010年至2018年国家药品抽验样品295品种15054批次73250个数据进行分析和风险评估，结果显示中成药中重金属及有害元素整体安全状况一般，口服液、糖浆剂、合剂、酊剂、注射剂风险低。个别品种和样品风险高，提示重视丸剂、胶囊剂、片剂、散剂，尤其是原粉制剂中汞、铅、砷的残留风险。

含马兜铃酸中成药的标准提高工作。2018年12月11日，中检院收到国家药监局印发的药监药管函〔2018〕128号《关于印发含马兜铃酸药品标准修订工作方案的函》。函中工作任务：修订含马兜铃属药材中成药质量标准，增加马兜铃酸检测指标。研究修订含细辛属药材中成药质量标准，增加马兜铃酸检测指标。工作保障：标准制定以及检验方法研究经费分别由国家药典委和中检院按国家相关标准研究制定，并向综合司申请立项。根据国家药监局任务安排，中检院中药民族药检定所组织三家省级药品检验单位分别对木通、土木香、防已、细辛和龙胆泻肝丸、九味羌活丸、冠心苏合丸、风痛安胶囊进行了马兜铃酸成分的检测研究。除负责完成木通、土木香、防已和龙胆泻肝丸4个品种的研究外，同时对其他品种提供相关技术指导，完成本专项工作总结报告。同时和国家药监局及国家药典委沟通，申请立项。目前，国家药典委已经申请立项。

援疆援藏工作

为响应国家药监局关于扶持藏药产业发展提

高西藏监管能力的任务要求和落实国家药监局机关签报《关于西藏自治区药品安全“十四五”规划及有关援助需求的请示》文件要求，中药民族药检定所一行7人于2020年10月9日至12日赴拉萨市开展援藏培训技术交流活动。重点针对藏药标准物质研制技术开展培训，包括对照药材研制技术要求，对照药材研制程序和质量管理，民族药对照药材研究及其应用，对照药材研制中的原植物、药材及显微镜图像采集技巧运用，中药化学对照品的研制等内容进行培训交流。并与西藏自治区食品药品检验研究院中藏药室进行了学术交流座谈，在全国药检体系搭建民族药质控研究技术平台，加强民族药标准物质的研制，加强民族药质量控制的新技术、新方法的研究，提高民族省区的检验检测能力，建立民族药质量保证体系。

受五省区药品监管局及五省区藏药标准协调委员会办公室委托，西藏自治区药监局、西藏自治区食品药品检验研究院和有关专家来中检院汇报《95版部颁藏药标准》修订工作总体报告及拟上报的首批108个品种资料，其中包括基原未发生较大变化的藏药材76个品种、已有国家药品生产批准文号且变动较小的藏药成方制剂32个品种。中药民族药检定所对第一批申报的108个品种进行技术审定。

在全国药检体系搭建民族药质控研究技术平台。加强民族药标准物质的研制，加强民族药质量控制的新技术、新方法的研究，提高民族省区的检验检测能力，建立民族药质量保证体系。中药所与西藏自治区食品药品检验研究院和新疆维吾尔自治区药品检验研究院联合开展藏药、维药合作研究，提升检验和科研水平，同时培养一批检验技术骨干人才。牵头全国民族地区药品检验机构开展国家药监局药化注册司专项“特色民族药材检验方法的示范性研究”，已完成二期项目，目前正在进行三期项目课题研究，保持民族药质控的基础性持续性研究。

中国药学会药物分析专业委员会召开2020年第一次工作会

2020年1月9日，中国药学会药物分析专业委员会（以下简称“药分专委会”）在北京市召开药分专委会2020年第一次工作会。主任委员、副主任委员及学术秘书共7人参加了会议，会议对2019年药分年会的情况进行了总结，共同讨论了2020年药分专委会学术年会筹备工作及2020年度药分专委会的重点工作事宜等。

为了推动中国药学会药物分析专业委员会学术年会的学术品牌建设，经会议讨论，决定将年会更名为第三届中国药物分析大会（CCPA），并初步拟定于2020年9月17日至20日在湖南省长沙市举办。

会议讨论并安排了今年药分专委会的工作事宜及配合中国药学会的相关工作任务。马双成主任委员及各副主任委员一致认为，2020年是本届药分专委会持续发展极为重要的一年，既要做好继往工作，又要通过换届注入新生力量、打开新的局面。

中药配方颗粒数字标准项目启动会在深圳市召开

2020年1月17日，由中检院中药民族药检定所和深圳市药品检验研究院共同组织的中药配方颗粒数字标准项目启动会在深圳市召开。本次会议旨在进一步落实中国中药协会中药数字化专业委员会2020年相关重点工作部署，建立优质中药配方颗粒的评价数字化标准，也为提升中药配方颗粒的科技含量奠定了基础。中检院中药民族药检定所所长马双成，深圳市药品检验研究院副院长王铁杰、副院长王冰，以及中检院和相关省市药品检验机构，中药配方颗粒企业的领导及相关技术骨干共计30余人参加了本次会议。

中国中药协会中药数字化专业委员会主任委员王淑红围绕“中药质量标准的新形态——中药

数字标准”的主题，对中药配方颗粒数字标准的研究背景、研究思路，以及具体实施环节中药检机构与企业的分工与合作等方面做了详尽的阐述，中检院领导对深圳市药品检验研究院现阶段中药标准数字化相关工作表示高度认可。马双成作为中国中药协会中药数字化专业委员会名誉主任委员进行了“中药质量控制数字化的未来”的专题报告，从现阶段质量标准查询数字化程度低、存储和管理数据需要高，以及标准物质使用需求大等方面探讨了中药标准数字化的现实需求，同时介绍了双标线性校正法替代对照品技术的应用和数字标准物质（DRS）工作站等前期工作，以及对中药数字化、共享化、智能化的展望。会上，药检机构与企业代表积极发言、深入沟通，提出了共性问题、意见与建议，共同探讨了中药材、饮片、中间提取物、配方颗粒终产品全产业链条的数字化标准的关键问题和难点问题。

国家药品标准是国家为保证药品质量，对药品的质量指标、检验方法和生产工艺等所做的技术规定，是药品研究、生产、经营、使用及监督管理等各环节必须共同遵守的，具有强制性的技术准则和法定依据。目前药检机构法定检验和生产企业出厂检验的依据均是纸质版本标准。随着时代的发展和信息化技术的更新，纸质版本标准必将向数字化标准转变。在中国中药协会中药数字化专业委员会2020年相关重点工作中，明确提出了尽快推动“中药数字化标准”的建立和推广。

本次会议的召开不仅为下阶段中药配方颗粒数字化评价标准的建立指明方向，也为进一步提升中药配方颗粒产品质量、确定质量等级、进一步提升产品科技含量和核心竞争力奠定基础，为中药配方颗粒产业健康、持续发展提供科学依据和技术保障。

国家中药饮片抽验专项检验问题研讨会网络会议召开

2020年3月23日，由中检院中药民族药检定所组织召开了2020年国家中药饮片抽验专项检验问题研讨会网络会议。承担抽验任务的中检院中药民族药检定所以及安徽省、山西省、重庆市、大连市、深圳市等5个省市检验院（所）的项目工作人员参加此次会议。

会议就2020年国家药监局中药饮片专项抽验工作有关问题进行了交流讨论。会议期间，中检院中药民族药检定所中药材室负责人介绍了2020年中药饮片专项检验原则，统一了检验思路和基本原则。中检院中药民族药检定所、山西省食品药品检验所、安徽省食品药品检验研究院分别就2019年淡豆豉、防风、补骨脂3个中药材及饮片品种专项交流了工作经验。中检院、安徽省食品药品检验研究院、山西省食品药品检验所、重庆市食品药品检验检测研究院、大连市食品药品检验所、深圳市药品检验研究院的代表分别就承担的2020年中药饮片专项介绍了检验和研究方案，对检验有关问题进行了交流和讨论。

中检院中药民族药检定所马双成所长在总结发言中，希望各检测机构在此次专项抽验工作中，在做好疫情防控的同时，克服困难，按照2020年国家药品抽验工作手册的要求，保质保量，按期完成抽验任务。

中成药掺伪打假研究启动会网络会议顺利召开

2020年4月22日，由中检院主办的2020年中成药掺伪打假研究启动会网络会议召开。中检院中药民族药检定所所长马双成，以及各参与单位主管领导、项目负责人及项目主要参与人员共30人参加本次会议。

本项目由中检院中药民族药检定所作为牵头单位，联合安徽省食品药品检验研究院、广东省药品检验所、广西壮族自治区食品药品检验所、河北省药品检验研究院、青岛市食品药品检验研究院、山东省食品药品检验研究院、江西省药品检验检测研究院、重庆市食品药品检验检测研究院、无锡市药品安全检验检测中心，共9个省（市）药检院（所）共同开展2020年中成药掺伪打假研究工作，旨在打击中成药可能存在的掺伪造假行为，保障中成药临床疗效和用药安全。

马双成在发言中肯定了2019年中成药掺伪打假研究项目取得的成绩，部分单位上报的补充检验方法，已对中成药掺伪现象形成了有力震慑，对保证中成药质量安全具有重要意义。指出本年度研究工作应总结前期研究经验，确保研究工作扎实、严谨、科学；要重视交流合作，疫情期间要善于利用网络会议等方式开展讨论；要探索更适用于中成药质量评价的研究方法。

会上，中检院中药民族药检定所对2019年中成药掺伪打假项目作了总结，提出了现阶段中成药质量控制亟待解决的问题，如掺伪、染色、混用等问题，并对本年度项目研究工作进行了部署。各参与单位负责人对选定的研究品种进行汇报，内容包括研究背景、研究方案及现阶段工作进展，并针对研究难点展开讨论，提出解决方案。

本次会议明确了10个研究品种的研究方向和具体实施方案以及工作完成进度要求，为本项目的顺利实施奠定了坚实的基础。

中药民族药数字标本平台2020年第1次阶段网络会议召开

2020年4月28日，由中检院组织的中药民族药数字标本平台2020年第1次阶段网络会议召开。参与平台共建的26家单位60多名代表参加了本次会议。会议由中检院中药民族药检定所标本馆负责人主持。

中检院中药民族药检定所所长马双成作了题为“中药民族药数字标本平台建设进展和发展规划”的报告，从系统建设、专题建设、技术创新和未来规划四个方面展开论述，介绍了平台建设的背景、系统建设和专题建设的过程和进展，提出了平台建设发展规划设想。报告中提到国家药监局对该平台建设高度重视，并提出了总体要求，期望大家携手努力，继承传统，发展创新，共同建好中药民族药数字标本平台。中药民族药标本馆工作人员就2020年的工作计划和相关成果转化、各专题注意事项和时间节点等内容进行说明。

广东省药品检验所、湖北省药品监督检验研究院、深圳市药品检验研究院代表分享了参加数字标本工作中总结的经验。浙江省食品药品检验研究院和成都市食品药品检验研究院分别就各自标本馆数字化进展和平台建设介绍了经验和做法。

数字标准物质平台2020年第1次阶段网络会议召开

2020年4月28日下午，由中检院组织的数字标准物质平台2020年第1次阶段网络会议召开。参与平台共建的18家单位50多名代表参加了本次会议。会议由中检院中药民族药检定所主持。

中检院中药民族药检定所所长马双成对数字标准物质平台的进展做了总结报告。报告中回顾了数字标准物质（DRS）提出的背景和意义，已取得的成果，包括数字标准物质数据库（DRS database）和数字标准物质工作站（DRS analyzer）分析计算软件，总结了近期各参与单位应用数字化标准物质平台进行质量控制研究进展，并对下阶段的工作提出要求。报告中对目前中检院正在组织编写的“十四五”规划项目建议，建立国家级中药民族药数字化基础数据库，已将数字标准物质纳入的情况做了说明。会议期望大家共同努力，注重成果转化，加强推广应用，不断完善数字标准物质项目研究。

新疆维吾尔自治区药品检验研究院、山东省食品药品检验研究院、重庆市食品药品检验检测研究院、广东省药品检验所和河北省药品医疗器械检验研究院的项目负责人分别报告了各单位在数字标准物质的应用研究情况。大家表示应用

DRS analyzer，通过双标线性校正法可以对色谱峰进行较准确地定性。通过对比双标线性校正法和相对保留时间法，发现双标线性校正法能够在节省了大量对照品的基础上，可以准确、智能、自动地对不同色谱柱上的色谱峰进行定性，有效解决了中药综合质量控制和大量对照品需求的矛盾。DRS analyzer 的应用节省了计算时间，提升了效率，增加了计算的准确度。在数字标准物质应用基础上，各单位已发表了多篇学术论文。重庆市食品药品检验检测研究院还将该方法应用到重庆市药材标准中。

会议探讨了目前在软件开发、维护和应用等方面存在的一些问题，明确了下一阶段具体工作任务和时间节点。大家表示将继续开展数字标准物质的应用研究，共同建设好数字标准物质平台。

“科学用药　科普扶贫”中药产业发展论坛成功举办

2020 年 7 月 21 日，由国家药监局药品监督管理司和药品注册管理司指导，中检院和中国药学会主办，安徽省阜阳市临泉县人民政府、安徽省宿州市砀山县人民政府、中国药学会科技开发中心承办的 2020 年“科学用药　科普扶贫”活动在光明网网络平台举办。国家药监局药品监督管理司司长袁林，中国药学会副理事长兼秘书长丁丽霞出席活动并分别致辞。中检院中药民族药检定所所长马双成应邀组织当天下午的“中药产业发展论坛”环节相关活动。据统计，当天共有 167 万人次（上午 76.7 万人次，下午 90.2 万人次）观看活动。

袁林司长在致辞中提出：“科学用药　科普扶贫”要结合两县本地产业结构特点与实际情况做到因地制宜，在产业扶贫的同时贯彻健康脱贫，循序渐进地输送科学用药知识。加大政策支持力度，各方要经过联动，灵活运用行业信息资源优势，加上对两县医药产业发展的指导，中药材种植技术、解决贫困户就业等多方面问题。

丁丽霞秘书长表示，活动将从基层抓起，注重结果的同时更注重细节，在科学用药方面做到人人能听懂，人人能接受，逐步提升当地药学服务与团队的能力和水平，携手共进，实时跟进。

在“科学用药　科普扶贫”中药产业发展论坛上，中检院中药民族药检定所所长马双成，南京农业大学中药材研究所所长郭巧生，暨南大学岭南传统中药研究中心主任曹晖，安徽省食品药品检验研究院药品检验与研究所副所长张亚中，中检院中药民族药检定所中药材室主任魏锋，深圳市药品检验研究院中药室主任王淑红，深圳市人民医院药学部中药室主任原文鹏，九州通九信中药集团总经理朱志国出席活动并分别作了题为“聚焦中药产业发展，助力科普科技扶贫”“大健康时代中药材种植及加工产业相关政策解读”“中药饮片炮制技术发展概况”“全草类中药产地加工与炮制一体化生产模式研究”“中药材及饮片的质量和控制方法”“现代信息数字化技术在中药种植和加工溯源体系中的建设与应用”“中药饮片临床合理应用概况”“践行产业扶贫履行社会责任”的报告。临泉县农业农村局乡村产业发展股负责人介绍了临泉县中药产业发展情况。我院中药民族药检定所副研究员康帅主持论坛活动。

本次活动是深入贯彻落实习近平总书记关于脱贫攻坚工作的重要指示和党中央、国务院关于脱贫攻坚的重大决策部署，根据《国家药品监督管理局定点扶贫工作规划（2019—2020 年）》精神，中检院、中国药学会等单位联合开展的，是面向安徽省临泉县和砀山县开展健康扶贫、科技扶贫相结合，助力脱贫攻坚，打响的新时代健康脱贫攻坚战。

2020 年中国药学会药分专委会学术年会在湖南省长沙市举办

2020 年 9 月 18 日至 19 日，由中国药学会药物分析专业委员会主办，中国药学会编辑出版部、《药物分析杂志》编辑部、湖南省药品检验研究院承办，北京普析通用仪器有限责任公司、安捷伦科技（中国）有限公司协办的“2020 年中国药学会药物分析专业委员会学术年会”（以下简称“药分年会”）在湖南省长沙市召开。根据疫情防控工作需要，为保证各方顺利参会，本次会议以线下、线上相结合的方式进行。

参加本次药分年会的现场代表包括中国药学会第九届药物分析专业委员会委员、《药物分析杂志》第九届编委会编委，来自药检机构、高校、科研院所、生产企业的 500 余位专家学者和青年学生。此次为第三届中国药学会药物分析专业委员会学术年会，与“《药物分析杂志》第九届优秀论文评选交流会”同期召开，会议邀请院士、知名学者进行了主题报告、大会报告，并开展了优秀论文评选交流活动。中国药学会药物分析专业委员会作为本次会议的主办单位，提出了“初心和使命——传承创新发展分析检测技术”的大会主题。会议共邀请 20 余位药物分析、分析化学领域的知名专家学者进行大会学术报告。

中国药学会药物分析专业委员会副主任委员、中国医学科学院药物研究所王琰研究员主持了大会的开幕式。中国药学会副理事长兼秘书长丁丽霞研究员代表中国药学会向会议致辞。中国药学会药物分析专业委员会主任委员、中检院中药民族药检定所所长马双成研究员代表大会主办方致辞，湖南省药品检验研究院首席专家李文莉主任药师代表大会承办方致辞。

此次会议面临新冠疫情，开创了线上线下结合的新模式，线下超过 500 人，线上超过 1 万人全程参加了会议，并在全体代表和会议工作者的共同努力下圆满闭幕。

中国药学会第九届药物分析专业委员会召开 2020 年第一次全体会议

2020 年 9 月 17 日，中国药学会药物分析专业委员会（以下简称“药分专委会”）在湖南省长沙市召开了 2020 年药分专委会第一次全体会议，37 位委员参加了会议。马双成主任委员对 2019 年至 2020 年药分专委会的工作进行了总结并对药分专委会今后的工作规划进行了展望。委员们就专委会未来规划积极建言献策，并展开了热烈的讨论。

会议讨论议题：

一、针对一线工作人员遇到相关专业问题较难解决的问题，建议定期设立召开网上答疑讨论小组并安排专家答疑。

二、如何扩大药分专委会的影响，包括充分调动委员们积极性；关注在校学生的需求，创造更多的机会；关注企业需求，开展调研；以专业分类建立学组，分别组织会议进行交流研讨等。

三、如何加强药检系统与高校研究所研究合作的事宜，建议搭建相应平台，开展线上线下交流活动，实现高校、院所、企业之间研究成果转化。

四、目前药分学科发展面临一些深层次的问题，建议进行全面梳理和针对性的讨论，以切实推进中国药分学科的发展。

会议决定：

一、拟设立青年学组，尽快制定青年学组成员选择标准等规定，做好青年药分人才的推举和培养工作。

二、设立药分微信公众号，由各位委员推荐（翻译）国内外相关优秀药物分析文章以及标准、政策等新动态，定期推送，做好学术传播工作，扩大专委会学术影响力。

中药民族药检定所组织召开香港中药材标准项目推进会

2020 年 9 月 23 日下午，中检院中药民族药检定所通过网络视频会议形式组织相关研究人员召开香港中药材标准项目推进会。中检院中药民族药检定所中药材室、天然药物室，安徽省食品药品检验研究院药品检验与研究所，深圳市药品检验研究院相关领导以及各品种具体负责人及相关研究人员共计20余人参加会议。中药民族药检定所标本馆负责人主持会议。

中检院中药民族药检定所所长马双成首先向大家介绍了“香港中药材标准”项目的有关要求，通报了第11期（A）项目因疫情等原因延期的相关情况，督促大家加快研究步伐，确保研究质量，按期完成项目任务。各品种具体负责人分别汇报了第11期（A）和第11（B）共计8个品种的研究进展、存在问题和下一步研究计划。与会研究人员分别就目前存在的问题展开讨论，并提出相关的意见和建议。

本次会议加强了研究人员之间的交流与沟通，促进了有关问题的解决，推动了项目的顺利开展。

马双成应邀参加“科创中国”通城县中药材产业发展网络对接会议

2020年9月22日，中检院中药民族药检定所所长马双成研究员应邀参加由中国药学会组织的通城县中药材产业发展网络对接会议。通城县副县长项小斌、中国药学会科技开发中心副主任施阳、中检院中药民族药检定所标本馆负责人、通城县公共检测中心等部门相关负责人员、中国药学会科技开发中心相关人员参加了上述会议。

会上，马双成研究员就通城县在中药材栽培种植、检测能力建设、科技馆建设以及民族医药发展等有关中药产业方面的具体问题逐一提出了意见和建议，并表示双方可以通过“科创中国”平台开展相关合作，共同推进通城县中药材产业发展。

助力通城县中药材产业发展是中国药学会等单位主办的“科创中国”咸宁试点城市项目中一个重要的需求。本次对接会是即将举办科创服务团咸宁行活动的发端。

中药民族药检定所援藏培训技术交流活动在西藏自治区拉萨市举行

为响应国家药监局关于扶持藏药产业发展提高西藏监管能力的任务要求和落实国家药监局机关签报《关于西藏自治区药品安全“十四五”规划及有关援助需求的请示》文件要求，中药民族药检定所所长马双成带队一行7人于2020年10月9日至12日，赴拉萨市开展援藏培训技术交流活动。重点针对藏药标准物质研制技术展开培训，包括对照药材研制技术要求，对照药材研制程序和质量管理，民族药对照药材研究及其应用，对照药材研制中的原植物、药材及显微镜图像采集技巧运用，中药化学对照品的研制等内容进行培训交流。参加培训活动的学员主要来自于西藏自治区食品药品检验研究院、全区18家藏药生产企业、西藏藏药大学、自治区藏医院研究所、西藏大学等80余人。

培训期间中药民族药检定所与西藏自治区食品药品检验研究院（以下简称“西藏院”）中藏药室还进行了学术交流座谈，西藏院张月娥院长和达娃卓玛副院长介绍了中藏药室的情况和目前承担的科研项目，以及在相关过程中遇到的一些困难，提出希望中检院中药民族药检定所给予支持的工作需求。马双成所长指出中检院中药民族药检定所经过多年的探索实践，在全国药检体系搭建民族药质控研究技术平台，提出了加强民族药标准物质的研制，加强民族药质量控制的新技术、新方法的研究，提高民族省区的检验检测能力，建立民族药质量保证体系。这一体系建设在践行藏药质量工作发展起到了积极的推动作用。同时针对西藏院提出的藏药标准物质研制合作申报项目，藏药标准三年行动计划和中国藏药资源库工作，技术人员来中检院进修培训以及国家评价性抽验的研究思路等问题一一进行详细解答，并提出当前和“十四五”期间中检院中药民族药检定所扶持西藏院的方案，中检院中药民族药检定所将积极推进对西藏院的帮扶工作，通过多种形式的技术指导加快中藏药室年轻团队的建设。

在这次培训交流活动中，中药民族药检定所专业人员克服高原反应，全心投入授课，热情传授经验答疑解惑，圆满完成援藏工作任务。

中药质量标准研究及检验方法培训班在福建省厦门市举办

2020年10月14日至15日，由中检院主办的中药质量标准研究及检验方法培训班在福建省厦门市举办，来自全国的食品药品检验检测机构、中药及相关健康产品生产企业、科研院所和生产企业的检验检测工作、质量控制人员和质量管理人员，共计140余名学员参加了本次培训。本次培训目的是加强学习中药检验技术方法和判定原则，交流新技术新方法应用、质量标准研究及日常检验工作经验，培养中药检验队伍的后备人才。

培训班邀请中检院及国内知名专家和多名国家药典委委员共同授课，培训内容主要针对《中国药典》（2020年版）中药标准制修订情况、中药标准研究方法、药材及饮片检验技术方法、检验注意事项和判定原则、饮片标准和临床应用、LC-MS、PCR等分析新技术和新方法、全国能力验证结果和问题分析、饮片标准和临床应用等。各位讲师与学员积极互动，对学员们提出的问题进行了详尽解答。参训学员表示培训内容丰富实用，收获很大，对于自身的检验检测和质量把控工作具有实际的指导意义。

附子、川乌和草乌标准提高研讨会在四川省成都市召开

中检院、四川省食品药品检验检测院和暨南大学共同承担了川乌、草乌、附子2020年度药典标准提升项目。由四川省食品药品检验检测院承办的附子、川乌、草乌标准提高研讨会，于2020年10月20日至21日在四川省成都市召开。国家药典委石上梅处长、四川省食品药品检验检测院袁军院长、中检院中药民族药检定所民族药室郑健主任、暨南大学曹晖教授、从事中药检验工作的相关人员以及5家相关生产企业共计30余人参加了本次会议。

本次会议主要针对附子、川乌和草乌的质量标准进行讨论并初步形成这3种药材饮片的质量标准提高草案。暨南大学重点汇报了附子炮制过程中的染色和胆巴浸泡对附子质量的影响，四川省食品药品检验检测院主要汇报了附子饮片含量测定方法研究，中检院报告了近几年针对毒性药材饮片附子、川乌和草乌的标准问题开展的系列研究，以及制川乌和制草乌的质量标准提高草案。石上梅处长对同类相关品种标准修订“强强联合，优势互补”的研究模式给予充分肯定。与会专家针对本次会议的主题展开热烈讨论、充分论证、在标准统一方面达成共识，并最终确立了每个品种标准修订的具体方案，指导和完善后续标准提升工作。会后与会专家赴四川天雄药业有限公司和四川江油中坝附子科技发展有限公司，进行了附子栽培和生产基地的调研，了解附子的种植和加工过程。

附子、川乌和草乌3个品种的标准提高研究历时一年，通过本次会议及时统一了思想，达成共识：认为标准修订要全面考虑与标准相关的产业链问题，样本和数据要准确可追溯，通过充分的调研，将市场问题、企业生产问题和实验室研究紧密结合，通过制定最严谨的标准以保证药品质量的安全可控有效。

中药民族药检定所组织召开中药检验沟通会

应中检院中药民族药检定所邀请，国家药监局药品审评中心中药民族药药学部阳长明部长、马琇璟博士、韩炜博士、孙昱博士和赵巍博士等5名技术骨干，于2020年11月16日到中检院大

兴院区中药民族药检定所座谈交流。中药民族药检定所马双成所长及相关业务人员、中检院综合业务处人员参加交流。

与会人员就新的《药品管理法》施行后，创新类中药及天然药物制剂进口的注册检验、复核工作的程序和相关技术问题进行充分交流。会后，阳长明部长一行参观了中药所大兴院区实验室。

中药民族药数字化平台2020年第2次阶段会议在北京市举办

2020年12月1日，由中检院组织的中药民族药数字化平台2020年第2次阶段在北京市召开。本次会议分数字标本和数字标准物质两部分内容。参与平台共建的20余家单位近40名代表参加了线下会议。另有30余人通过网络参加视频会议。中检院中药民族药检定所所长马双成参加上述会议并致开幕词。

2020年12月1日上午召开数字标本会议。来自青海省药品检验检测院、安徽省食品药品检验研究院、烟台市食品药品检验检测中心的项目负责人分别报告了各单位承担合作任务的完成情况、经验总结和收获体会。中检院中药民族药检定所标本馆专题负责人向大家介绍了数字标本专题的进展和规范的研究，以及数字标本平台2020年建设进展。参会代表就数字标本发展的规划、思路和方向提出了建设性的意见和建议。

2020年12月1日下午召开2020年数字化标准物质第二阶段业务研讨会。来自山东省食品药品检验研究院、四川省食品药品检验检测院、广西壮族自治区食品药品检验所、深圳市药品检验研究院、河南省食品药品检验所的代表进行了经验交流，分别报告了各单位第一阶段会议以来在数字标准物质的应用研究情况。通过研究，应用数字标准物质工作站（DRS analyzer），采用双标线性校正法可以对色谱峰进行较准确地定性，双标线性校正法在多方面与相对保留时间法相比都有很大优势，有效地解决了中药综合质量控制和大量对照品需求的矛盾。各单位已将数字化标准物质研究工作应用在国抽、省抽以及地方药材标准研究中，并已发表了多篇学术论文。重庆市食品药品检验检测研究院的川黄芩方法已通过了专家审评，收入新版重庆市中药材标准中。会议还对前期软件应用中存在的问题和功能完善情况进行了说明，并提出了下一阶段软件功能完善计划。

马双成所长对数字标准物质平台的进展做了总结报告，对下阶段的工作提出了要求。①争取将数字标准物质平台建设纳入国家药监局“十四五”规划；②各参与单位结合工作情况继续运用DRS Origin软件按照双标线性校正法应用于中药质量研究和标准修订工作，并应用于药典品种研究和国抽、省抽探索性研究中，加快论文发表和相关专利申请；③以地方药材标准研究为切入点，开展研究工作，推动双标多测法的应用收入各省地方中药材标准和中药炮制规范；④继续完善软件功能。

2020年中成药掺伪打假研究网络会议召开

由中检院主办的2020年中成药掺伪打假研究总结会网络会议于12月4日召开。中检院中药民族药检定所以及各参与单位的主管领导、项目负责人及项目主要参与人员共21人参加了本次会议。

为打击中成药可能存在的掺伪造假问题，保障中成药临床疗效和用药安全，由中检院中药民族药检定所作为牵头单位，联合安徽省食品药品检验研究院、广东省药品检验所、广西壮族自治区食品药品检验所、河北省药品检验研究院、青岛市食品药品检验研究院、山东省食品药品检验研究院、江西省药品检验检测研究院、重庆市食品药品检验检测研究院、无锡市药品安全检验检测中心，共9个省（市）药检院（所）共同开展了2020年中成药掺伪打假研究工作，共承担了11个中成药品种的掺伪研究任务，包括舒筋定痛片、牛黄解毒片、小儿珍贝散、小儿退热口服液、石斛夜光丸、四季三黄片、养阴清肺系列制剂、脑立清系列制剂、复方鲜竹沥液、消栓再造丸。

会上，各参与单位汇报了各自承担品种的掺伪研究情况，并对研究中遇到的困难和问题展开热烈讨论。多家单位发现部分中成药品种存在共性掺伪问题，比如以山麦冬充麦冬、以伊犁贝母充川贝母、以虎掌南星充半夏使用等情况。通过本研究，目前已研究建立了石斛夜光丸中西洋参检查项补充检验方法（草案）、小儿珍贝散中西贝母碱苷和西贝母碱检查项补充检验方法（草案）和舒筋定痛片中松香酸检查项补充检验方法（草案）等。中检院中药民族药检定所对本项目进行了总结，肯定了各单位均圆满完成了研究任务，指出部分研究可继续深入开展，研究成果将对肃清中成药掺伪现象提供有力支持。

本次会议对2020年中成药掺伪打假研究工作进行了总结，肯定了研究成果，并对下一年度的研究方向进行了部署，为本项目的深入开展奠定了扎实基础。

《95版部颁藏药标准》修订审核工作会

根据国家药监局药品注册司的指导精神及西藏自治区药监局“关于协助审核《95版部颁藏药标准》的函”，中检院中药民族药检定所于2020年12月7日和12月9日先后在中检院大兴院址组织召开两次专题会议，参加会议的有中检院副院长邹健、西藏自治区药监局副局长臧克承（国家药监局挂职干部）、中药民族药检定所所长马双成、西藏自治区药监局注册处处长白玛次仁、西藏自治区食品药品检验研究院副院长达娃卓玛、中药民族药检定所民族药室主任郑健及全室人员和《95版部颁藏药标准》修订专班成员等20人。

西藏自治区药监局及西藏自治区食品药品检验研究院就《95版部颁藏药标准》修订工作进行了总体情况汇报，邹健副院长认为由标准引起的生产监管风险问题要给予高度重视；马双成所长表示中药民族药检定所会在技术层面给予全力支持，协助西藏自治区食品药品检验研究院对《95版部颁藏药标准》待上报资料进行梳理和技术指导；中药民族药检定所民族药室和95版部颁专班成员历时两周，对第一批上报的108个部颁藏药品种围绕关于药材新增基原、药材名称修改、药材拉丁学名修订、增加检验项目、成方制剂处方改变、功能主治的变更修改等问题逐一进行分类归纳整理，并将参与藏药标准修订工作的五省区（西藏、青海、甘肃、四川、云南）的修订资料一并汇总。建立了《95部颁藏药标准》修订品种数据库，运用数据查询和数据分析技术整合和关联了多源数据。对全部品种进行了重新梳理，调整并细化了分类依据，并筛选出成熟度较高的品种名单。中药民族药检定所与95版部颁藏药修订专班人员于2020年12月11日到国家药监局药品注册司汇报工作。王海南副司长反复强调要夯实基础，充分发挥中检院的技术协调作用，要求认真落实好这项工作，同时肯定了中检院的技术实力，并希望继续对95版部颁藏药标准修订工作给予指导和技术支撑。中药民族药检定所表示将继续认真落实国家药监局和中检院部署的民族药相关工作。

化学药品检定所

落实化学药品注册检验优先检验措施

研究细化化学药品标准复核研究申报的材料和样品要求，优化受理流程，研究制定化学药品标准复核工作技术要求。创新体制机制，在疫情防控期间，将原有的专家现场会审机制调整为专家资料预审后网络会审制，在不降低标准的前提下，保证工作顺利进行。促进临床急需药品的尽快上市，截至2020年11月已召开13次专家会审会议。落实承担单位的责任人，落实临床急需药品优先检验的督办机制。2020年共受理化学药品进口注册检验446品规，完成注册检验并将结果发送审评中心347品规，完成国内新药注册108品规，360批次。完成创新药物优先审评品种注册检验74品规，其中国产药40品规，进口34品规。2020年完成的品种及批次数较2019年增长20%。

开展国家药品评价抽检工作

2020年中检院共承担5个品种和2个专项的国家评价行抽检的任务。按照抽检工作安排，在规定时限完成全部736批次样品的检验和探索性研究工作。在此期间共受理了14个品种的复验申请，除一件正在调样外，均已经完成复验工作。

口岸检验机构建设

以口岸检验机构建设为平台，提升系统内的影响力。继续开展药品口岸的评估工作，开展了吉林长春口岸新增口岸现场评估工作，研究制定重庆新增首次口岸评估方案已报送国家药监局批准，预计年底开展现场评估工作。按照新增口岸设置标准中要求起草现有口岸药品检验机构再评估工作方案。加强新增口岸药品检验机构培训力度，通过专家会审会议形式以会代训，四川、辽宁、无锡等现有25个口岸药品检验机构均已开始承担进口化学药品标准复核研究工作。

保证化学药品标准物质的供应

全面梳理涉及疫情化学药品标准物质品种，组织开展应急研制工作，加快即将断货品种的研制速度，为后续国内生产企业上市及企业的稳定生产做好保障工作。在此期间完成涉及疫情相关品种标准物质研制24件。实行项目负责制，督促规范标准物质标定工作，重点解决断货品种，截至2020年11月30日，共研制标准物质342个，其中首批完成58个，换批完成274个，2020年版药典新增标准物质10个。完成标准物质年度研制计划的123%。

生物制品检定所

保障常规疫苗和血液制品批签发工作的正常开展

在疫情防控任务艰巨、新的工作量大增的情况下，生物制品检定所组织牵头全国其他9个生物制品批签发机构，加强协作、攻坚克难，全力以赴保障了疫苗和血液制品批签发工作的顺利开展。2020年，受理批签发疫苗有53个品种，总计5223批（同比增长16.14%）、约6.58亿瓶/支（同比增长15.24%），疫苗批签发量增长显著，其中5220批（约6.58亿瓶/支）符合规定，3批（约22.14万瓶）不符合规定；申请批签发血液制品有13个品种，总计6045批（同比增长22.14%），其中6031批、约1.06亿瓶（按常用规格折算后）（同比增长20.45%）符合规定，14批（约27.25万瓶）不符合规定。为缓解部分产品市场供应紧张，对人用狂犬病疫苗、乙肝疫苗、百白破疫苗、流感疫苗、静注人免疫球蛋白（pH4）、人血白蛋白等重点品种开展同步批签发工作。

2020年12月25日，国家药监局授权北京市药品检验所和湖北省药品监督检验研究院承担新冠病毒灭活疫苗批签发工作。山东省食品药品检验研究院和重庆市食品药品检验检测研究院先后通过考核评估，分别于2020年4月16日和5月29日获得国家药监局授权承担血液制品批签发工作。截至2020年底，我国生物制品批签发机构已增至10家（含中检院），由省级药品检验机构承担全项目签发的疫苗品种增加为2个，批签发整体能力进一步得到加强。

积极落实优先检验工作

生物制品检定所在保障新冠疫苗应急检验的同时，积极开展临床急需生物制品的优先检验工作。2020年完成25个品种总计111批次单抗类药物的优先检验，检验时限由常规注册检验的90个工作日，缩短为平均35个工作日，极大缩短临床急需抗癌药的检验时限。此外，完成重组结核杆菌融合蛋白、母牛分枝杆菌疫苗、黄花蒿花粉变应原舌下滴剂、注射用泰它西普、CD19－CAR－T细胞治疗产品和全部凝血因子类产品等10余个品种，约120批样品的优先检验，保障了临床急需用药的可及性。

加强疫苗批签发能力建设

配合国家药监局研究起草了国家疫苗批签发机构体系建设方案并于2020年2月由国家药监局正式发布。积极推进“国家疫苗检验检测平台建设”项目。5月21日，中检院组织7家省级疫苗批签发机构通过网络视频形式召开了“国家疫苗检验检测平台建设”项目的启动会，以该项目作为能力建设的抓手，加快推进各批签发检验机构的实验室硬件建设。2020年10月以来，按计划针对B型流感嗜血杆菌疫苗、百白破疫苗、Sabin株脊髓灰质炎疫苗、乙型脑炎减毒活疫苗、人用狂犬病疫苗和新冠疫苗等疫苗品种，开展批签发专项培训工作，对北京、湖北、四川、甘肃、吉林、云南、辽宁、广东和深圳共9家药品检验机构的实验室技术人员、73人次进行了培训。

推进重点实验室建设工作

生物制品检定所承担的国家药监局“生物制品质量研究与评价重点实验室”，按要求研究制定了重点实验室建设方案。加强实验室安全管理，全年未新发任何安全性事故，并顺利通过了院内外组织的各类检查。

积极申报国家重点实验室。依托中检院的国家卫健委“生物技术产品检定方法及其标准化重点实验室”，组织生物制品检定所和体外诊断试剂检定所拟申报“疫苗及生物技术产品评价国家重点实验室”，已完成《国家重点实验室建设申请报告》的起草工作，年内先后向国家药监局领导、科技部专家、院领导、院士及院内专家多次汇报，多轮征集专家意见并反复修订近10稿。

P3实验室建设取得实质进展。2020年3月，按照要求向科技部提交了《高等级病原微生物实验室建设审查申请书》。4月，参加了科技部对中检院三级生物安全实验室（P3）建设审查评审答辩。6月，通过了科技部审查。经过半年多设备和系统调试以及实验室安全设施、设备消毒验证，现正组织P3实验室质量体系文件的编写并填报CNAS认可申请书，并按照申请要求，开展人员培训、实验室试运行、实验视频拍摄等工作。预计在2021年中正式启用P3实验室。

积极推进NRA评估准备工作

按照WHO和国家药监局疫苗NRA评估工作的总体安排，生物制品检定所和质管中心对照制定的路线图，逐项完善和落实机构改进计划，认真做好自身迎检准备工作。同时，开展对省药监局和省检验院（所）NRA评估相关培训和指导，分别于2020年4月和12月，分两次召开疫苗国家监管体系评估LR和LT板块省级工作培训会，对来自全国30个省/市药监局和检验院/所的300余名同志进行培训，介绍国家NRA评估整体情况和LR、LT板块的指标要求，解答各省评估准备工作中遇到的问题。

医疗器械检定所

国家药监局医疗器械质量研究与评价重点实验室相关工作

医疗器械检定所完成了重点实验室学术委员会委员审核和聘任工作。完成了主任调整工作，李静莉所长任重点实验室主任兼学术委员会委员。

医疗器械检定所编制了重点实验室 2020 年度工作报告及今后 3 至 5 年的建设方案。组织召开了 2020 年“医疗器械质量研究与评价重点实验室”年度总结工作会议。

实验室认可工作

2020 年度，完成 CNAS CMA 二合一复评审及扩项和变更工作。其中，无源领域扩项 8 个对象 32 个参数，变更 8 个对象 8 个参数；有源领域扩项 1 个类别 12 个参数，变更 19 个类别 39 个参数。召开管理评审会议，完成管评输入 11 项，管评输出 4 项，完成风险评估 2 项并进行风险处置。编制 2020 年质量控制计划，包括内部质控 9 项，外部质控 6 项。

能力验证工作

组织第 15 次全国医疗器械检验机构实验室间比对或能力验证工作。完成 NIFDC－PT－294 橡胶外科手套透水性试验能力验证工作，参加实验室 34 家，其中 32 家结果满意，2 家不满意。整体满意率为 94. 12%。

医疗器械标准制修订与标准化工作

标准制修订工作。2020 年，组织工程分技委承担的 2 项行业标准《组织工程医疗产品 用以评价软骨形成的硫酸糖胺聚糖（sGAG）的定量检测》和《组织工程医疗器械产品　胶原蛋白　第 2 部分：Ⅰ型胶原蛋白分子量检测——十二烷基硫酸钠聚丙烯酰胺凝胶电泳法》，医用增材制造标准化技术归口承担 1 项行业标准《医用增材制造 粉末床熔融成形工艺金属粉末清洗及清洗效果验证方法》，人工智能医疗器械标准化技术归口单位承担 2 项行业标准《人工智能医疗器械质量要求和评价　第 1 部分：数据集通用要求》和《第 2 部分：术语》。三个归口领域共 5 项标准均完成起草、验证、征求意见、标准审查，以及行业标准的资料报批工作。

技术归口单位筹建工作。2020 年 9 月 15 日，国家药监局正式公告成立医用机器人标准化技术归口单位。11 月 17 日，医用机器人归口单位在北京市正式成立。至此，器械所已经成立组织工程医疗器械产品、纳米医疗器械生物学评价 2 个分技术委员会，辅助生殖医疗器械产品、医用增材制造技术、人工智能医疗器械和医用机器人 4 个技术归口单位，共 6 个领域，标准化工作已全面展开。

国际标准化工作。2020 年，中检院归口的组织工程医疗器械产品分技术委员会（SAC/TC110/SC3）秘书处、纳米医疗器械生物学评价分技术委员会（SAC/TC248/SC1）以及人工智能医疗器械技术归口单位积极参与相关领域的国际标准化工作。2020 年，中检院成为 IEEE EMBS 标准委员会的核心成员，在立项环节获得投票权。IEEE 人工智能医疗器械工作组扩大到 15 个成员单位，2020 年度召开两次会议，美国食品药品监督管理局等国外机构积极参与，更好地形成了国际共识。

国家监督抽验工作

承担并完成医疗器械国家抽检任务，包括 21 台无源产品药物洗脱支架及 9 台有源产品助听器的检验工作，检验全部合格，期间配合完成了电子报告书开发及推送工作。针对 2 个产品的抽检情况撰写了质量分析报告、填报了质量风险点，完成 2 个品种的质量分析报告的现场答辩。同时，开展探索性研究工作，其中助听器产品开展了言语声信号的客观反馈评价测试，为今后的行业发展以及产品标准化工作的开展提供了技术支撑。药物洗脱支架利用有限的样品研究在药物释放的过程中不溶性微粒脱落的情况，模拟血管支架在体内的动态模式，采用实时动态微粒脱落测试方法，实时测量及收集脱落的不溶性微粒数量及粒径分布。在支架内药化完成前，即实验设计的2个月周期内，各厂家支架存在微粒脱落的情况。上述工作量化了药物支架不溶性微粒脱落情况，为后续结合毒理学评估药物支架的风险奠定了基础。

医疗器械检验检测能力建设项目

2020年5月底，国家发展和改革委员会复函国家药监局（发改投资〔2020〕826号）正式批准了《提升我国医疗器械检验检测能力建设项目实施方案》。2020年6月中旬，国家药监局印发了《关于做好医疗器械检验检测能力建设项目实施工作的通知》（药监综〔2020〕62号）。通知中明确“中检院器械检测部分并入二期工程”。中检院医疗器械能力建设项目中，总计购置仪器设备262台套，涉及总金额29871万元。其中，医疗器械检定所拟购置119台套，合计18173万元；体外诊断试剂检定所拟购置143台套，合计11698万元。

体外诊断试剂检定所

开展新型冠状病毒诊断试剂国家标准起草工作

为进一步规范新冠病毒检测试剂盒的生产和质量评价要求，体外诊断试剂检定所着手开展新型冠状病毒诊断试剂国家标准起草工作，向国家标准化管理委员会提交了5个推荐性国家标准立项申请并于4月8日获得立项。根据国家标准化管理委员会及SAC/TC136关于标准制定工作程序要求，于4月10日组织召开了新型冠状病毒检测试剂国家标准起草启动会网络会议。标准起草人按照会议意见启动了对标准的修改和补充，为做好下一步标准制定工作奠定基础，确保在规定时间内完成标准草案报批和公示流程。为进一步推进新型冠状病毒诊断试剂等5项推荐性国家标准起草工作，于5月15日下午召开起草工作组讨论会议，标准起草人对各标准框架及内容做了汇报，经过现场专家代表及网络专家代表的热烈讨论，最终达成一致共识，明确了各标准起草推进时间表，确定了各标准框架及内容。8月12日，完成5个新冠检测试剂国家标准征求意见稿的起草，全国医用临床检验实验室和体外诊断系统标准化技术委员会发布关于《新型冠状病毒IgG抗体检测试剂盒质量评价要求》等五项医疗器械国家标准征求意见的通知，向社会公开征求意见，在完成对收集意见进行梳理并对征求意见稿进行了进一步修订的基础上，于10月30日在北京市召开新型冠状病毒诊断试剂国家标准送审稿讨论会。

拟定新冠诊断试剂国家专项抽检方案

根据国家药监局要求，5月11日中检院拟定了新冠诊断试剂国家专项抽检方案。经国家药监局批准后，体外诊断试剂检定所完成了新冠病毒检测试剂国家专项抽检检验指南的制定和新冠病毒IgM、IgG抗体检测试剂评价性样本的制备，并于7月23日召开视频交流培训会，对各相关省级医疗器械检验机构开展新冠病毒检测试剂的抽检评价进行能力培训和技术指导，中检院体外诊断试剂检定所还承担并完成8家企业、8个批次的新冠病毒检测试剂专项抽检的检验任务。

2020年度血源筛查试剂批签发概况

根据《药品管理法》和《药品管理法实施条例》，血源筛查用体外诊断试剂按照生物制品管理，并且实施批签发，每批制品在上市前均需经过中检院的批批检。经过多年对生产企业的严格规范和监管，近年来生产企业整体稳定，血源筛查用体外诊断试剂质量较好，2012 年以来，每年批签发的批次合格率基本保持在 100%（仅 2018 年和 2020 年各有 1 批制品不合格）。

2020 年，申请签发的血源筛查用体外诊断试剂有 9 个品种，共 806 批，约计 8.14 亿人份。其中，进口制品有 60 批（占总签发批数的 7.44%）、约计 0.24 亿人份（占总签发人份数的 2.96%），涉及 6 个品种、6 家境外企业。另外，北京科卫临床诊断试剂有限公司报签的丙型肝炎病毒抗体诊断试剂盒（酶联免疫法）1 批次，阴性参考品符合率、阳性参考品符合率、最低检出限和精密性检验项目不符合规定，约 19.7 万人份（占总签发人份数的 0.02%），其余全部符合规定。2020 年与 2017 年、2018 年和 2019 年批签发比较，9 种血源筛查用体外诊断试剂的批签发量除梅毒快速血浆反应素诊断试剂降幅较大（较 2019 年减少 574 批，降幅为 44.6%），其他品种批签发量相对稳定。

2020 年诊断试剂所对北京华大吉比爱生物技术有限公司申报批签发的“丙型肝炎病毒抗体诊断试剂盒（酶联免疫法）（批号：20200502）”开展了一次现场核实工作。在对北京华大吉比爱生物技术有限公司申报批签发的“丙型肝炎病毒抗体诊断试剂盒（酶联免疫法）（批号：20200502）”进行资料审核时发现，该批次产品批生产及检定记录摘要中，成品组装记录的 HCV 阳性对照和样品稀释液组分有效期至 2020 年 5 月 18 日（各组分制备记录中 HCV 阳性对照和样品稀释液配制日期 2020 年 5 月 19 日）。根据《生物制品批签发管理办法》（国家食品药品监督管理总局令第 39 号）的相关规定，对该批次产品暂缓批签发并对该企业开展现场核实工作。经核实，该批次产品生产、检验记录摘要中存在的问题为笔误造成，并由企业签署《关于批签发摘要中成品组装信息表内容错误的说明》，现场核实后重启该批产品批签发工作。建议各省药监局对省内生产批签发产品的相关企业进一步加强监管。

药用辅料和包装材料检定所

检验和对照品工作

2020 年，药用辅料和包装材料检定所登记检品 263 批次，出具报告批 325 次。截至 2020 年 12 月底，共签订技术服务合同 74 份，发放合同报告 48 份，已完成年度创收额度 2850 万元。

2020 年，新研制 50 个标准物质品种，换批研制 23 个标准物质品种，同时还完成了 62 个在售品种的质量监测工作，及时停用两个发生质量变化的品种，保障了《中国药典》（2020 年版）必供品种的供应。截至 2020 年 12 月 31 日，标准物质销售额共计 1711 万元。

仿制药质量一致性评价中国产辅料质量评估工作

2020 年，继续着力推进了国家重大新药创制“药物一致性关键技术与标准研究”子课题六《药用辅料关键质量属性的评价技术与功能性指标数据库的建立》的相关工作，5 月以视频形式组织召开课题研讨会，课题建立的仿制药常用药用辅料功能性评价人工智能数据库，与重庆科技学院共同开发出应用软件——固体制剂辅料与评估系统，经过大量数据验证，能够实现固体制剂处方粉体的直压预判、直压修正，以及辅料的批间差异和相似性进行判断，从而为制剂研发人员的处方设计、辅料生产商的质量控制以及生产企业的辅料相似性判断和替换提供科学的依据，为指导企业科学使用变更药用辅料提供技术支撑。

药用辅料质量研究与评价重点实验室工作

国家药监局药用辅料质量研究与评价重点实

验室挂牌后，按照国家药监局总体部署和重点实验室规定，2020年初，向中检院学术委员会汇报了《药用辅料质量研究与评价重点实验室2019年度报告》和《药用辅料质量研究与评价重点实验室建设方案》，报告和建设方案获得评审专家的一致好评并通过。2020年9月18日，在上海市召开“药用辅料质量研究与评价重点实验室2020年第一次学术委员会会议”。举行了国家药监局药用辅料重点实验室中检院——中科院上海药物研究所揭牌仪式。并从药用辅料功能一致性人工智能（AI）数据库建设、创新辅料、纳米辅料、3D打印制剂用辅料研发、动植物来源辅料安全性评价、药用辅料体内活性研究等七个方面汇报了重点实验室的建设方案，得到学术委员会委员认可。

药用辅料和药包材监督抽验工作

2020年，药用辅料全国评价性抽验品种为：蔗糖（全项）、卡波姆（专项）；药包材品种为：玻璃安瓿（全项）和药用铝箔（专项）。药用辅料和包装材料检定所已全部完成212批次抽验的法定检验及探索性研究工作。其中发现玻璃安瓿的折断力项目以及蔗糖的含量和电导率等项目存在质量风险。

药用辅料及包装材料全生命周期监管研究

按照新颁布的《药品管理法》和《药品注册管理办法》的最新要求，药用辅料和包装材料检定所及时洞察原辅包监管的最新走向和存在的潜在风险，秉承全过程监管和QbD理念，从源头、生产工艺、使用方式，到药品（药包材）生产环境开展了全生命周期技术研究。

在辅料方面，进行了仿制药一致性质量的研究，在比表面积、色度、粉体学以及大分子精确分子量分布检测及对照品研究做了大量工作；从注射剂残留有害物质的检测，有残留蛋白、残留酶、残留醛以及磷脂检测方法的灵敏度提高等积极开展了研究，力图从根本上来提升注射用辅料的质量水平。

在包材方面，积极参与注射剂一致性评价工作相关包装材料的工作，秉承“没有绝对密封的包装，只有在使用周期内能够保证药品质量的密封包装”的理念完成了包装完整性新技术研究，先后购置了相关进口仪器，采用真空衰减法和质量提取法对玻璃输液瓶、安瓿、西林瓶、直立式聚丙烯输液袋以及预灌封注射器等多种包装材料品种的密封性也进行了研究，并出具了研究报告。辅料包材所还针对性质稳定、被大量使用的覆膜药用胶塞的膜材部分进行了提取迁移研究，建立了膜材与药品的相容性和热稳定性研究方法，对膜材中可能存在一定致癌风险的两个迁移物含量及时建立了定性定量分析检测方法，并验证了方法的可行性，确保了产品质量的安全底线。

在开展洁净度检测方面，利用京津冀一体化机制，通过召开洁净环境检测技术联盟会议，定期开展实验室间比对，提高在行业中的领军作用；并且随着工作的深入，我们发现在洁净环境检测中存在“假阴性和假阳性”的风险，为此采取了相关对策，研制洁净环境监测用对照预制培养基，为有效提升相关检测机构的洁净检测技术水平，为洁净环境检测队伍建设打下基础。

全国药用辅料和药包材能力验证工作

2020年药用辅料和包装材料检定所组织的“塑料薄膜的透湿性测定”被列入国家药监局级能力验证项目，另外还同时组织了院级能力验证项目药用辅料“聚乙二醇1500 GPC法检测分子量”和药包材“塑料薄膜的氧气透过量测定”，2020年共计76家实验室参与药用辅料和包装材料检定所组织的能力验证，对提交的数据进行分析统计，药用辅料（聚乙二醇1500分子量测定）满意率为100%，药包材（塑料薄膜的氧气透过量测定）满意率为 94%，药包材（塑料膜透湿性测定）满意率为 91%。2020 年能力验证参与单位范围从省所扩展到口岸所、地市所，还有多家企业也参与其中。能力验证工作的开展不仅推动了系统内检验检测单位仪器设备的更新换代和测试方法的统一规范，有效促进了药用辅料与药包材整个行业检验检测能力的提升，在一定程度上也对药品企业规范选择合格的原辅包起到了积极的引导作用。2020 年还完成了药用辅料、药包材测量审核工作（41 次）。

《药品注册管理办法》配套文件的起草及意见反馈工作

2020 年，随着《药品管理法》《药品注册管理办法》《药品生产监督管理办法》等法律法规陆续发布，对法规相关配套文件的制修订也已紧锣密鼓地展开，药用辅料和包装材料检定所结合检验检测工作实际，积极配合国家药监局完成《药品检验机构管理规范》总则及《药用辅料和药包材检验工作规范》的起草工作；编写了《药品注册检验的程序和技术要求规范》及《药用辅料和药包材注册有因检查时所涉及的检验用资料、样品、标准物质和特殊实验材料的要求》；对《药品注册管理办法》（征求意见稿）、《药品上市后变更管理办法（试行）》（征求意见稿）、《药包材生产质量管理规范》（征求意见稿）以及《化学药品注射剂包装系统密封性研究技术指南》《化学药品注射剂生产所用的塑料组件系统相容性研究技术指南》等文稿及时把修改意见和建议函复国家药监局。

举办新法规下原辅包法规标准检测技术方法实施解读及案例分析培训班

2020 年 11 月 19 日至 20 日，中检院举办新法规下原辅包法规标准检测技术方法实施解读及案例分析网络培训班，对新版《药品管理法》实施后原辅包关联审评政策的最新走向进行了分析，对《中国药典》（2020 年版）药用辅料标准和药包材通则内涵进行了解读，使药品、药用辅料和药包材检验机构及生产研发企业了解最新检验检测技术和研究方法和标准制修订技术关键点。来自全国药品检验检测机构、药品、药用辅料和药包材企业、高等院校及科研单位等从事药用辅料药包材及洁净环境标准检验检测和管理人员等 320 多名学员参加了本次网络培训。

实验动物资源研究所

hACE2 – KI/NIFDC 人源化小鼠模型助力新冠肺炎抗疫工作

2020 年，实验动物资源研究所全力扩大生产、保障新冠小鼠模型 hACE2 – KI/NIFDC 小鼠模型（人源化血管紧张素转化酶动物模型）应急供应，满足国家新冠疫苗研发、药物筛选等应急项目任务对模型小鼠的需求。在新冠肺炎疫情暴发早期的新冠小鼠模型“一鼠难求”的非常时期，中检院实验动物资源研究所及时扩繁并免费向国家新冠疫情防控动物专班供应 hACE2 – KI/NIFDC 小鼠模型共计 358 只。2020 年全年累计向国内 33 家单位提供 hACE2 – KI 小鼠模型 2504 只，支持科技部、省市级新冠抗体或者疫苗应急项目 17 项；直接支持我国 5 条疫苗管线中的 3 条管线研发；据不完全统计，目前得到本模型支持的新冠抗体产品至少 2 个，疫苗 2 个产品进入临床研究，还支持发表了 Science、Nature 等国际高水平论文。目前，本模型已经成为我国 CDE 认可的、评价疫苗或者抗体体内效力的标准模型动物之一。

完成二代致癌性动物模型 KI. C57 – ras V2. 0 的首个验证实验

2020 年 2 月至 8 月，中检院实验动物资源研究所、安全评价研究所紧密合作，完成了由动物所构建的用于药物临床前潜在致癌性评价的遗传修饰动物模型 KI. C57 - ras V2.0 验证研究。该研究遵循 ICH 有关指导原则，阳性致癌物为 MNU。实验结果显示，首次死亡时间、末期死亡率、肿瘤谱、肿瘤发生率等关键指标与国际通用模型一致。9 月 23 日，在北京市成功召开由科技部、国家药监局（药审中心）以及全国代表性 GLP 机构负责人参加的专家研讨会，并达成专家共识，认为该模型具有替代进口同类动物模型用于药物临床前致癌性评价的潜力。

从 2004 年开始，中检院实验动物资源研究所与安全评价研究所一直致力于建立我国致癌性评价替代方法，以期解决新药创制体系中“卡脖子”的关键技术问题。一代致癌性模型 Tg. C57 - ras V1.0 采用转基因技术构建，二代模型采用干细胞打靶技术构建，与国际上的模型具有相同的基因序列、相同的插入位点、相同的拷贝数、相同的基因排列方式，但遗传稳定性更好，个体间差异更小。

推进模式动物研究技术平台建设

2020 年，实验动物资源研究所新建立 SUGP2、KDRXrag1、Fcgr1XTim4、Fcgr234XTim4、hACE2 XTim4、WY2 X FLP、WY2 X EIIA、WY2 × E2A × FLP 等 8 个小鼠模型；冷冻保存模型动物精子 25 个品系，749 支麦管，冷冻胚胎 10 个品系，3023 枚。对外供应 17 个品系，149 批次，4851 只模型动物。

加强实验动物管理和动物福利管理

按照《实验动物福利伦理审查程序》的规定，实验动物资源研究所对中检院动物实验进行审查，2020 年全年新增一类项目 11 项，二类项目 20 项，年审一类项目共 140 项。

2020 年 7 月，中检院在大兴院区 7 号楼东侧的绿树花丛中，为实验动物树立“慰灵碑”，上书“慰灵碑——献给为人类健康而献身的实验动物”，以此来祭奠那些为人类健康而牺牲生命的鲜活生灵；也以此来表达对“人类替难者”的崇敬。

国家中心的工作

2020 年，国家实验动物质量（微生物、遗传）检测中心向国内 21 个省市 35 家单位检测实验室提供实验动物质量诊断试剂盒 696 个。其中小鼠 431 个，大鼠 175 个，豚鼠 49 个，地鼠 21 个，兔 13 个，猴 6 个，犬 1 个。

2020 年，国家啮齿类实验动物资源库完成了 2019 年年度工作报告和 2020 年至 2025 年发展规划的编制。建立了完善和有效运行的质量管理体系和标准操作规程，发展 4 家共建单位，按照科技部平台中心要求，建成资源库独立运行网站，与中国科技资源共享网实现对接。为 14 个省市 22 家单位提供 16 个品种 2916 只实验动物种子。

实验动物生产供应服务

2020 年，共生产动物 52.9 万只，销售动物 30 万只，对外销售 18.4 万只，内部供应 11.6 万只。保障了中检院科研检定和应急检验对动物的需要。与 2019 年同期相比生产与销售水平都稳步提升。

2020 年动物实验期饲养量共计 143219 只，其中小鼠 129311 只，大鼠 6800 只，豚鼠 4214 只，家兔 2446 只，转基因小鼠 448 只，与 2019 年同期饲养动物数量增加 10606 只（增加比例 7%）。

实验动物质量检测

2020 年应急检验工作：完成 8 个单位 9 批次新冠单抗细胞株中鼠源病毒检查；1 个单位重组流感病毒新冠病毒疫苗 4 批次（主种子批和工作种子批）禽源性病毒检测；用新冠病毒抗体检测试剂盒对小鼠、大鼠、豚鼠、兔等 180 只动物进行抗体携带情况筛查。

对国内送检的 997 只/份动物及动物血清进行检测；对中检院生产和实验用小鼠、大鼠、豚鼠和家兔共计 1429 只进行了质量检测。

北京地区实验动物质量抽检

2020 年 5 月 12 日和 10 月 14 日，受北京市实验动物管理办公室委托，实验动物资源研究所对北京市实验动物生产单位的实验动物进行抽检，共抽检生产和使用单位 63 家，包括清洁级及 SPF 级大、小鼠，清洁级和普通级豚鼠、兔，清洁级地鼠、犬、猴和小型猪等 18 个品种品系，1234 只实验动物。通过此项工作，为北京科委发布质量公告提供技术支持，锻炼了队伍，提高了中检院实验动物工作在北京的地位和影响。

动物源性生物制品检测

2020 年，完成 19 个厂家送检的鼠神经生长因子和单抗成品、单克隆抗体细胞株 39 批次鼠源性外源因子检测；完成 9 个厂家病毒外源因子检测（包括牛源、马源、猴源、猪源等外源病毒因子检测）125 批次、禽外源病毒检测 29 批次；完成 23 个单位 121 批次单抗、重组制品、生化药以及医疗器械病毒灭活/去除工艺验证工作；完成单抗 7 批、病毒液 19 批、疫苗 1 批支原体检测；完成 3 批支原体灭活验证工作。

人源化小鼠模型研究进展研讨会在北京市召开

2020 年 9 月 23 日，由中检院实验动物资源研究所主办的人源化小鼠模型研究进展研讨会在北京市召开。中检院院长李波、国家药监局药品审评中心药理毒理部部长王庆利、国家科技基础条件平台中心业务一处处长卢凡，以及来自北京昭衍、成都华西海圻、美迪西、西山生物等国内 10 余家代表性 GLP 中心的机构负责及其代表参加。与会专家对该模型的构建及验证数据进行审评与指导，并形成专家意见。

动物源性制品安全性评价技术网络培训班举办

为了对动物源制品的安全性进行科学评价，加快上市进程，结合新版药典的实施，2020 年 11 月 12 日至 20 日，中检院实验动物资源研究所举办了“动物源性制品安全性评价技术网络培训班”。本次培训包括三大板块，一是动物源单抗制品的安全性，二是动物源制品病毒与细菌灭活工艺验证，三是生物制品常用实验动物质量控制及相关检测方法等，由中检院王兰研究员、于传飞研究员、岳秉飞研究员、邢进研究员、付瑞副研究员、王吉研究员、王淑菁副研究员等相关专家进行授课，来自企事业单位的 90 多名技术人员参加了培训。

举办实验动物资源应用与应急管理网络培训班

2020 年 12 月 24 日至 31 日，由中检院实验动物资源研究所和北京市实验动物管理办公室共同主办的实验动物资源应用与应急管理网络培训班顺利召开。来自全国各省市实验动物饲养与使用机构的 1860 人报名参加此次培训。该培训班首次以网络的形式在“中检云课”进行直播，并通过微信群进行互动。培训内容涉及：实验动物应急管理、新冠肺炎疫情下的管理实践、我国生物安全形势与生物安全管理、实验动物从业人员个人防护、实验动物资源保存与共享利用、遗传修饰动物模型资源与人类健康、封闭群实验动物质量控制与管理等方面。

组织实验动物从业人员上岗培训

2020 年，中检院共计 105 人参加了实验动物从业人员上岗培训，37 人参加换证考试。培训内容涉及实验动物学基本概念、学科研究范围及应用领域、学科发展趋势、质量控制、生物安全等方面，并根据以往培训的反馈意见增加了实验动物福利、伦理和从业人员职业道德等方面的内容，对从业人员能力提高有较大帮助。培训结束后，学员参加了北京实验动物行业协会组织的考试，成绩合格，获得“全国实验动物从业人员岗位证书”。

安全评价研究所

国家科技重大新药创制专项“创新药物非临床安全性评价关键技术研究”项目进展中期会议

2020 年 9 月 6 日，中检院国家药物安全评价监测中心在北京市举办了重大新药创制专项“创新药物非临床安全性评价关键技术研究”项目进展中期会议。课题承担单位、各子课题及任务负责人及骨干成员，以及五位特邀项目进展评估专家，一共 26 人出席了会议。中检院李波院长主持会议，各课题、子课题及任务负责人分别汇报了 10 个课题任务的具体实施情况、考核指标完成情况、取得的突破性成果、经费使用情况、受疫情影响情况、存在的问题和建议等。五位特邀专家认真听取了汇报，对课题实施进展和取得的成果给予了充分肯定和高度评价，并针对项目中的问题和难点，展开了深入交流与讨论。

评议专家认为，各课题承担单位能够围绕课题任务要求，形成鲜明的课题特色，能够建设完善 GLP 平台、创新研发新的技术，同时提高整体水平与能力，向特色化和产业化发展，取得了较好的课题研究成果。会议指出，应进一步梳理课题成果、突出亮点和特色，如在新冠肺炎疫情方面发挥的重要作用等。做好关键技术和方法的转化应用，对于已有的关键技术，进行后续性研究，保证技术的应用和落地。对于同一领域或同一类技术药加强联合研究，形成专家共识和团体标准，通过培训班、学术会议等在行业内推广应用。进一步讨论和总结医药行业内发展的瓶颈问题和研发需求，形成课题建议书，为“十四五”课题立项和发展方向的确定奠定研究基础。

耿兴超、文海若在线参加 2020 年全球监管科学峰会线上会议

根据中检院 2020 年出国计划安排，经国家药监局批准，安全评价研究所耿兴超研究员和文海若研究员随国家药监局科技与国际合作司毛振宾巡视员（团长）、周乃元处长、药品审评中心王涛研究员、器械审评中心彭亮研究员等一行 6 人，于 2020 年 9 月 28 日至 30 日以线上参会的形式参加了原定于美国华盛顿市举办的 2020 年全球监管科学峰会（Global Summit on Regulatory Science，GSRS），共同参与讨论全球监管科学发展的问题。本次会议还邀请了北京工商大学化妆品监管科学研究院、中国中医科学院中药监管科学研究中心、北京中医药大学、四川大学医疗器械监管科学研究院、华南理工大学等监管科学研究基地的专家同行列席参会学习。来自欧洲各国、美国、中国、日本、加拿大、新加坡、韩国、印度、智利、阿根廷等 30 多个国家和地区的专家和代表参加了本次会议。

本次 GSRS 大会的主题是“新兴技术及其在监管科学中的应用”，主要会议内容包括食品、药品和个人护理产品的安全性评估，用于监管应用的新兴技术的标准化和验证方法，以及新兴技术的挑战和机遇以及决策的替代方法等。本届峰会为期 3 天，来自欧洲各国、美国、中国、日本、加拿大等政府、高校、研发机构、企业的专家代表共进行约 50 个报告，所有报告内容均通过网络视频形式观看。

第十四部分　大事记

中检院 2020 年大事记

1 月 2 日

中共国家药品监督管理局党组研究决定：免去张志军同志中国食品药品检定研究院（国家药品监督管理局医疗器械标准管理中心，中国药品检验总所）副院长（副主任、副所长）职务，按有关规定办理退休手续（国药监党任〔2020〕1 号）。

发布实施《中检院 2020—2022 年专业技术岗位调整、竞聘工作方案》。

1 月 3 日

印发《中检院科研课题绩效分配细则》（中检办科研〔2020〕1 号）。

1 月 7 日

美国个人护理品协会（PCPC）代表团一行来访。食品化妆品检定所和化妆品安全技术评价中心进行接待。

1 月 10 日

国家药监局党组成员、副局长陈时飞来中检院督导院党建及党风廉政建设工作。国家药监局人事司司长王维东陪同，院长李波、党委书记肖学文、副院长张志军、副院长邹健参加，全体党委委员列席。

中共国家药品监督管理局党组研究决定，任命：张辉同志为中国食品药品检定研究院（国家药品监督管理局医疗器械标准管理中心，中国药品检验总所）副院长（副主任、副所长）。（国药监党任〔2020〕3 号）

副所长杨振、副研究员周海卫赴武汉市配合国家卫健委，指导防控试剂研制并分析其质量状况。

中检院学术委员会组织召开院级科技评优活动，由院学术委员会委员和院 4 个分委会委员的 29 位专家担任评委，听取了 25 个报告人的汇报，评选出一等奖 3 名，二等奖 10 名，三等奖 9 名。

1 月 12 日

助理研究员江征应英国国家生物制品检定所（NIBSC）邀请赴英国参加 NIBSC 关于 Sabin 株脊髓灰质炎灭活疫苗标准化和质量控制研修班。为期 12 天。

1 月 20 日

中检院（大兴区）获得北京市人民政府首都绿化委员会 2019 年度“首都绿化美化花园式单位”称号。

1 月 24 日

中检院体外诊断试剂检定所制定完成“2019 - nCoV 核酸检测试剂注册检验操作技术指南（试行）”，并发给北京所、广东所、山东所和上海所等有关检验机构，以便各单位按统一标准开展应急检验。

1 月 26 日

召开体外诊断试剂标准物质专家审评会议，完成新型冠状病毒核酸检测试剂国家参考品（应急用）审评。

1 月 29 日

中检院党委印发《关于充分发挥党支部的战斗堡垒作用坚决打赢疫情防控阻击战的通知》（中检党〔2020〕2 号），印发《致中国食品药品检定研究院全体党员干部职工的一封信》（中检党〔2020〕3 号）。

2 月 6 日

中检院副所长母瑞红赴武汉市参加中央指导组物资保障组的工作。为期 50 天。

2月11日

受国家药品监督管理局委派，院士王军志在线远程参加世界卫生组织（WHO）在瑞士举办的“WHO 2019新型冠状病毒全球研究与创新论坛：科研路线图”会议，为期2天。

2月15日

院士王军志和研究员李长贵加入国务院的联防联控机制科研攻关组疫苗研发专班专家组，院士王军志任专家组副组长。

2月18日

召开体外诊断试剂标准物质专家审评会议，通过新型冠状病IgG抗体国家参考品（应急用）和新型冠状病IgM抗体国家参考品（应急用）审评。

2月19日

经2020年第3次院长办公会研究决定：授予办公室等7个部门“2019年度中国食品药品检定研究院先进集体”荣誉称号，授予食品化妆品检定所生物检测室等18个科室“2019年度中国食品药品检定研究院优秀科室”荣誉称号，授予肖妍等62名同志“2019年度中国食品药品检定研究院先进个人”荣誉称号，授予张玉等39名同志“2019年度中国食品药品检定研究院优秀员工”荣誉称号。

2月20日

中检院党委印发《致中国食品药品检定研究院全体党员干部职工的一封信（二）》（中检党〔2020〕5号）。

中检院党委召开2020年院党委理论学习中心组第一次扩大学习会。会议学习《在中央政治局常委会会议研究应对新型冠状病毒肺炎疫情工作时的讲话》《在“不忘初心、牢记使命”主题教育总结大会上的讲话》《中国共产党第十九届中央纪律检查委员会第四次全体会议公报》，并就院2020年纪检工作作出部署。

3月3日

召开《医用增材制造　粉末床熔融成形工艺金属粉末清洗及清洗效果验证方法》标准草案讨论视频会议。来自医疗器械技术审评中心、医疗器械检验机构、相关生产企业、临床机构、高等院校以及科研院所等共计47位专家及代表参加。

“一种EV71疫苗的体内效力评价方法及抗病毒药物筛选方法”获得发明专利证书。发明人：范昌发、周舒雅、刘强、吴星、陈盼、吴曦等，专利号：ZL 2015 1 0622430.1。

3月6日

“转基因细胞测活方法测定IL－5或IL－5Rα抗体活性”获得发明专利证书。发明人：王军志；高凯；王兰；于传飞；付志浩；徐刚领。专利号：ZL 2018 1 0871854.5。

3月9日

根据疫情防控要求，建立SARISensor监控系统（学生定位健康采集系统）。

3月11日

召开体外诊断试剂国家标准物质专家审评会，通过新研制的新型冠状病毒抗原国家参考品（应急用）审评。

实验动物资源研究所获得中国合格评定国家认可委员会颁发的实验动物机构认可证书，注册号：CNAS LA0008。

3月18日

院士王军志等在线远程参加国际药品监管机构联盟（ICMRA）组织全球药品监管机构召开的针对SARS－CoV－2疫苗临床前评价研讨会。

3月19日

经中检院党委常委会讨论，批准发展奋战在应急检验一线的许四宏、周海卫同志为中共预备党员。

3月25日

“固体制剂辅料与处方评估系统V1.0”获得中华人民共和国国家版权局计算机软件著作权登记证书。著作权人：重庆科技学院；戴传云；中检院；孙会敏；管天冰；王珏；白玉菱；谢文影；万书林；古明鲜；张涵。证书号：软著登字第 5167348 号；登记号：2020SR0288652。

3 月 31 日

召开《医用增材制造 粉末床熔融成形工艺金属粉末清洗及清洗效果验证方法》网络讨论会。来自第一届医用增材制造技术医疗器械标准化技术归口单位专家组、标准起草组、验证工作参加单位人员以及归口单位秘书处等共计 29 位专家及代表参加。

4 月 7 日

首批 358 只人源化小鼠模型 hACE2 - KI/NIFDC 免费供应给多家单位，用于支持新冠状病毒动物模型建立、新冠疫苗评价、新冠抗体研究及感染机制的研究。

4 月 9 日

召开体外诊断试剂国家标准物质专家审评会，通过新研制的新型冠状病毒 IgM 抗体检测试剂（酶免法）国家参考品和新型冠状病毒 IgG 抗体检测试剂（酶免法）国家参考品审评。

全国化妆品抽检工作会议在河北省石家庄市召开。副院长邹健、国家药监局化妆品监管司监管二处处长李云峰、河北省药监局副局长王庆新等领导出席会议并讲话，承担国家化妆品抽检任务的各检验机构负责人共 120 余人参加。

4 月 10 日

《中检课堂》正式上线。

4 月 15 日

国家药品监督管理局批准中检院设立一级专业技术岗位，院士王军志调整为一级专业技术岗位，同时兑现一级专业技术岗位工资待遇。

4 月 16 日

在“注册检验用体外诊断试剂国家标准品和参考品目录（第八期）”发布研制完成新型冠状病毒检测试剂国家参考品和标准品 9 个（含替换批）。分别为：新型冠状病毒 IgM 抗体检测试剂（酶免法/化学发光法）国家参考品、新型冠状病毒 IgG 抗体检测试剂（酶免法/化学发光法）国家参考品、新型冠状病毒抗原检测试剂国家参考品、新型冠状病毒 IgM 抗体检测试剂国家参考品（含替换批）、新型冠状病毒 IgG 抗体检测试剂国家参考品（含替换批）、新型冠状病毒核酸检测试剂国家参考品（含替换批）。

4 月 17 日

人工智能医疗器械标准化技术归口单位专家组召开启动 2020 年度标准研究工作网络研讨会。归口单位专家、观察员、秘书处工作人员和标准起草相关人员共 70 余人参加。

4 月 22 日

中检院完成厦门万泰沧海生物技术有限公司生产的国产双价人乳头瘤病毒疫苗的批签发报告，国产宫颈癌疫苗首次投入市场。

4 月 23 日

根据工作需要，经 2020 年 4 月 23 日第 6 次党委常委会研究，并报分管局领导及国家药监局人事司备案，任命：李冠民为实验动物资源研究所所长；柳全明为人事处处长。同时免去上述 2 名同志的原任职务。（中检党〔2020〕28 号）

4 月

完成 WHO 组织的多国产品质量调查药品分析项目“Laboratory testing ofantibitiotic and malaria medicines for WHO in multi – country product quality survey”（APW No.：2019/894914 – 0）。

5 月 3 日

孙会敏作为美国药典委员会（USP）药用辅料专家委员会委员，应邀在线远程参加美国药典委员会两百周年成立大会暨换届大会，并被选举为 USP 新一届复杂辅料专业委员会委员，同时成为 USP 大会委员。为期 4 天。

5 月 9 日

按照国家药监局《关于印发 2020 年国家药品抽检计划的通知》（国药监药管〔2020〕1 号）要求，国家药品抽检的检验报告书通过“国家药品抽检信息系统”传递，不再寄送书面检验报告书。

5月13日

中检院党委召开2020年院党委理论学习中心组第二次扩大学习会。会上组织学习《党委（党组）落实全面从严治党主体责任规定》《习近平主持中央政治局会议分析国内外新冠肺炎疫情防控形势　研究部署抓紧抓实抓细常态化疫情防控工作　分析研究当前经济形势和经济工作》《习近平：巩固疫情防控成果　决不能前功尽弃》，国家药监局机关党委《关于认真学习贯彻〈党委（党组）落实全面从严治党主体责任规定〉的通知》及中共中央办公厅发布的《党委（党组）落实全面从严治党主体责任规定》全文。传达中央国家机关党的工作暨纪检工作会议和国家药监局会议精神。

5月18日

中检院副所长许明哲作为世界卫生组织（WHO）国际药典与药品标准专家委员会委员，应邀参加WHO国际药典与药品标准专家委员讨论会线上系列视频会议。许明哲对中国药检系统承担起草的9个品种的标准研究和起草情况进行报告并回答专家提问。为期5天。

5月19日

中检院学术委员会秘书处组织专家通过答辩评审的形式，对2017年度立项及2015年度、2016年度延期的13个中检院中青年发展研究基金课题，7个学科带头人培养基金课题进行验收，20个课题均通过验收。为期3天。

5月20日

岳秉飞作为医卫界委员参加中国人民政治协商会议第十三届全国委员会第二次会议。为期8天。

5月23日

中国电子集团有限公司将P3实验室整体移交中检院。

5月26日

中央巡视组来中检院现场下沉调研。

5月27日

中检院党委副书记、纪委书记姚雪良同志主持召开院纪委2020年第3次会议。审议通过《中检院纪委党风廉洁建设监督责任清单》和《中检院纪委委员分片挂钩办法》。中检院纪委委员及纪检监察室工作人员共10人参加会议。

5月29日

配合国家药监局综合司制定的《提升我国医疗器械检验检测能力建设项目实施方案》获批，项目总投资259724万元，中检院作为牵头单位，获得投资29914万元，涉及8个重点领域，262台套设备建设规模。

6月8日

院士王军志、研究员王佑春、副所长徐苗、研究员毛群颖应世界卫生组织（WHO）邀请参加WHO关于《EV71疫苗质量、安全性和有效性指南》制订非正式磋商网络国际会议。为期3天。

6月11日

因工作需要，经2020年6月11日第10次党委常委会研究决定：免去李佐刚安全评价研究所药物代谢动力学室副主任职务，并按要求办理退休手续。（中检党〔2020〕32号）

6月16日

印发《中检院博士后科研工作作站管理办法》。

6月23日

“人血白蛋白分子大小分布超高效液相色谱测定方法”获得发明专利证书。发明人：王敏力侯继锋。专利号：ZL 2018 1 0530558.9。

6月24日

中检院副主任陈华随国家药监局药品监管司团组应世界卫生组织（WHO）邀请参加WHO大麻列管建议线上第一次专题会议。为期2天。

6月26日

“一种用于检测柯萨奇病毒A组6型中和抗体的方法及其所应用的重组病毒”获得发明专利

证书。发明人：吴星、苏瑶、梁争论、陈盼、董方玉、孙世洋、毛群颖、高帆、卞莲莲、姜崴、胡亚林。专利号：ZL 2018 1 0135964.5。

6月29日

经国家药监局批准，研究员王佑春作为英国动物实验替代、优化和减少国家中心（NC3Rs）关于世界卫生组织（WHO）生物制品指导原则中实验动物替代、优化和减少（3Rs）审核工作组成员应邀参加该工作组视频会议。

6月

中国食品药品检验检测技术系列丛书——《实验动物检验技术》，正式出版（ISBN：978－7－5214－1836－1）。

7月2日

根据工作需要，经研究，任命：袁力勇同志为生物制品检定所百白破疫苗和毒素室副主任，免其原任职务。（中检党〔2020〕44号）

7月7日

根据需要，经中检院2020年7月7日第14次党委常委会研究，任命：仲宣惟为办公室主任；余新华为医疗器械标准管理研究所所长；于欣为检验机构能力评价研究中心（质量管理中心）主任；试用期一年，免去以上同志原任职务。（中检党〔2020〕76号）

根据生物制品检定所主要职责和内设机构规定，结合工作需要，经研究，任命：王斌同志为生物制品检定所细菌多糖和结合疫苗室副主任，免去其原任职务。（中检党〔2020〕45号）

7月9日

国家药监局党组成员、机关党委书记、副局长颜江瑛同志到化妆品评价中心党支部指导工作。中检院党委书记肖学文、副院长路勇、化妆品评价中心党支部书记和中心主要负责人及党员与职工代表参加。

院党委印发《中检院开展违反中央八项规定精神突出问题专项治理暨廉洁自律警示教育工作实施方案》（中检党〔2020〕47号）。

7月14日

“医用内窥镜成像质量检测用辅助装置”获得外观设计专利证书。发明人：孟祥峰、李宁、王浩、唐桥虹、李佳戈。专利号：ZL 2020 3 0153137.7。

7月21日

国家药监局局长焦红赴中检院，就贯彻落实《化妆品监督管理条例》和加强化妆品监管技术支撑体系建设进行调研。

由国家药监局药品监督管理司和药品注册管理司指导，中检院和中国药学会主办，安徽省阜阳市临泉县人民政府、安徽省宿州市砀山县人民政府、中国药学会科技开发中心承办的2020年“科学用药　科普扶贫”活动在光明网网络平台举办。

7月22日

经国家药监局批准，院士王军志、研究员王佑春作为专家组专家应世界卫生组织（WHO）邀请参加WHO新冠病毒病（COVID－19）检测方法工作组视频会议。王佑春应邀作题为“新冠病毒S蛋白变异对病毒感染性和抗原性的影响”的报告。

全国药品抽检工作电视电话会议在北京市召开。国家药监局药品监管司司长袁林、中检院副院长邹健出席会议并讲话，部分省（区、市）药品监督管理局相关负责人，承担国家药品抽检任务的各药品检验机构负责人等180余人参加。

7月24日

“一种微生物低温保存保护液”获得发明专利证书。发明人：赵爱华、王国治、付丽丽、寇丽杰。专利号：ZL201810871854.5。

7月28日

“标准物质领用系统V1.0”计算机软件著作权登记证书。证书号：软著登字第5715970号；著作权人：王晨、冯艳春、姚尚辰、许明哲、王欣；登记号：2020SR0837274。

“检测抗HIV抗体的ADCC活性的方法”获得发明专利证书。发明人：王佑春、王萌、聂建辉、黄维金、刘强。专利号：ZL201710055370.9。

7 月 29 日

中检院党委召开 2020 年院党委理论学习中心组第三次扩大学习会，主题为“推进党的政治建设 强化权力运行约束”。会议学习《习近平总书记关于推进中央和国家机关党的政治建设重要指示精神》《贯彻落实中央决策部署不能空喊口号、流于形式》《一以贯之全面从严治党，强化对权力运行的制约和监督》《十八届中央政治局关于改进工作作风、密切联系群众的八项规定》《李克强在国务院第三次廉政工作会议上发表重要讲话》《加强中央和国家机关所属事业单位的建设的意见》。

7 月

完成 EDQM 组织的细菌内毒素能力验证工作（PTS203，实验室编号：10），检测结果为合格。

“戊型肝炎病毒抗体以及利用所述抗体检测戊型肝炎病毒的方法和试剂盒”获得第二十一届中国专利优秀奖。发明人：王佑春、李秀华、张峰、乔杉。专利号：ZL 2006 1 0056960.5。

8 月 3 日

中检院纪委在新址报告厅组织廉政提醒谈话，院党委副书记、纪委书记姚雪良同志出席并讲话，党办（监察室）主任陈为同志进行廉政谈话，副主任邵长军同志主持谈话。全院 170 余名专家骨干参加。

8 月 4 日

因工作需要，经 2020 年 8 月 4 日第 15 次党委常委会研究决定：免去岳秉飞实验动物研究资源研究所实验动物质量检测室主任职务。（中检党〔2020〕51 号）

因工作需要，经 2020 年 8 月 4 日第 15 次党委常委会研究决定：付瑞任实验动物资源研究所实验动物质量检测室临时负责人。（中检党〔2020〕63 号）

8 月 5 日

药品外观快速检测及勘验数据分析技术网络培训研讨会议召开，全国各省、自治区、直辖市、计划单列市药品检验研究院（所）快检技术负责人、相关技术主管和技术骨干，部分省市市场监管、药品专业检查员、稽查人员参加会议培训，总计 63 个单位 500 余人参加。为期 2 天。

8 月 18 日

接受外部专家进行的能力验证提供者认可工作（PTP）现场评审，玻璃棒线热膨胀系数、塑料膜的氧气透过量测定、羟苯苄酯含量检测、聚乙二醇 1500 分子量检测以及 121 度颗粒法耐水性测定测量 5 个项目通过评审。为期 2 天。

8 月 19 日

全国人大常委会副委员长、农工党中央主席陈竺率农工党中央调研组来中检院重点考察疫苗研制等问题。

8 月 20 日

院士王军志受国家药监局推荐，作为专家参加世界卫生组织（WHO）新冠疫苗团结临床试验优先遴选专家工作组及其专家会议。

通过中国合格评定委员会实验室认可暨资质认定二合一扩项及复评审现场评审。为期 2 天。

8 月 24 日

院士王军志、研究员王佑春、副所长徐苗应世界卫生组织（WHO）邀请参加 WHO 第 71 届生物制品标准化专家委员会（ECBS）网络特别会议。院士王军志、研究员王佑春作为 WHO ECBS 正式委员参加 WHO ECBS 闭门会议。为期 5 天。

中检院副主任陈华随国家药监局药品监管司团组应世界卫生组织（WHO）邀请参加 WHO 大麻列管建议线上第二次专题会议。为期 2 天。

8 月 27 日

国家药监局 2020 年“监管科学 创新强国”科技周开放日活动在中检院举办。受疫情影响，这次开放日活动采用线上直播方式。

8 月

经批准，中检院化学药品检定所副所长兼抗

生素室主任许明哲博士被聘为美国药典委员会生物制品4（抗生素）专家委员会委员，任期2020年8月至2025年8月。

9月4日

与中国药学会联合举办致癌性、致畸性和致突变性相关ICH指导原则培训。来自全国GLP从业人员参加培训。为期2天。

9月10日

中检院党委召开2020年院党委理论学习中心组第四次扩大学习会，主题为“学习习近平总书记批示指示精神，吸取长春长生问题疫苗案深刻教训，推进药品监管治理体系和治理能力现代化”。会议重温了习近平总书记提出的“四个最严”“习近平总书记在2015年5月中央政治局集体学习的讲话摘录”以及关于长春长生案件等药监工作的批示指示精神。会议学习了习近平总书记关于制止餐饮浪费行为的重要指示精神，以及《习近平谈治国理政》（第三卷）——《坚持和完善中国特色社会主义制度、推进国家治理体系和治理能力现代化》（习近平同志在十九届四中全会第二次全体会议上的讲话节选）《中央和国家机关党员工作时间之外政治言行若干规定（试行）》。张辉、饶春明、徐苗同志围绕学习主题作了交流发言。

9月15日

国家药监局发布“关于成立医用机器人标准化技术归口单位的公告”（2020年第102号），批准成立医用机器人标准化技术归口单位。第一届医用机器人标准化技术归口单位专家组由60名成员组成，秘书处由中检院承担。

2020年国家药品抽检工作培训班在北京市召开。各省（区、市）药品监督管理局、承担国家药品抽检任务的各药品检验机构有关专家等200余人参加。为期2天。

9月18日

“国家药品监督管理局药用辅料质量研究与评价重点实验室2020年第一次学术委员会会议”在上海市召开。中国科学院院士陈凯先、国家药监局科技和国际合作司巡视员毛振宾、中检院副院长邹健、所长孙会敏，国家药监局药用辅料重点实验室学术委员会委员、中科院上海药物研究所，国家纳米科学中心等40余名专家学者出席会议。

《药物分析杂志》第九届优秀论文评选交流会于湖南省长沙市举行。来自全国各地高等院校、科研院所、药品检验机构和相关企事业单位的代表参加会议。

由中国药学会药物分析专业委员会主办，中国药学会编辑出版部、《药物分析杂志》编辑部、湖南省药品检验研究院承办，北京普析通用仪器有限责任公司、安捷伦科技（中国）有限公司协办的“2020年中国药学会药物分析专业委员会学术年会”在湖南省长沙市召开。此次年会线上线下相结合，线下500余人、线上超过1万人全程参加会议。为期2天。

9月21日

经2020年第10次党委常委会和第20次院长办公会研究决定聘任：王佑春为疫苗检定首席专家，马双成为中药民族药检定首席专家，聘期三年。

9月23日

研究员王佑春、所长马双成、副所长许明哲、研究员聂黎行、助理研究员贺鹏飞应世界卫生组织（WHO）邀请参加全球卫生学习中心（GHLC）中国毕业生和WHO合作中心网络研讨会。

“人源化小鼠模型研究进展研讨会”在北京市召开。院长李波、国家药监局药品审评中心药理毒理部部长王庆利、国家科技基础条件平台中心业务一处处长卢凡，以及来自北京昭衍、成都华西海圻、美迪西、西山生物等国内10余家代表性GLP中心的机构负责及其代表参加。

国家重点研发计划项目“新一代生物材料质量控制关键技术研究”，国家科技重大专项课题

"抗体生物大分子"，首次接受科技部专家组的"飞行检查"。

9 月 26 日

中检院新址加层建设项目开工。

9 月 28 日

中检院党委召开2020年院党委理论学习中心组第五次扩大学习会，主题为"不忘初心、牢记使命，以人民为中心，满足人民群众药械化需求"。会议重温《中国共产党章程》（党员权利和义务），学习了中共中央办公厅印发的《关于巩固深化"不忘初心、牢记使命"主题教育成果的意见》、《习近平谈治国理政》（第三卷）——《人民是我们党执政的最大底气》（2018年3月1日至2019年12月27日）、《公职人员政务处分法》。李波、许鸣镝、李静莉、陈亚飞同志围绕学习主题作交流发言。

研究员耿兴超、副研究员文海若随国家药监局科技国合司巡视员毛振宾等应邀参加2020年全球监管科学峰会线上会议。文海若作"应用NSG小鼠评价嵌合抗原受体修饰的抗CD19 T细胞的临床前安全性"大会报告。为期3天。

9 月 29 日

母瑞红同志荣获中华全国妇女联合会"抗击新冠肺炎疫情全国三八红旗手"称号，生物制品检定所荣获中华全国妇女联合会"抗击新冠肺炎疫情全国三八红旗集体"称号。

9 月 30 日

中检院所长马双成、研究员聂黎行应世界卫生组织（WHO）邀请参加WHO国际植物药监管合作组织（IRCH）第4次指导小组网络会议。马双成作题为"中国中药质量控制进展及WHO IRCH未来发展建议"报告。

9 月

"创新型疫苗质控和评价技术体系的国际化和标准化研究"获得中国药学会科技二等奖。主要完成人：毛群颖、徐苗、梁争论、高帆、王一平、卞莲莲、郝晓甜、吴星、贺鹏飞、张洁。

10 月 9 日

"一种医用内窥镜成像质量检测系统及其辅助装置"获得实用新型专利证书。发明人：李宁、孟祥峰、王浩、唐桥虹、李佳戈。专利号：ZL 2020 2 0565968. X。

10 月 12 日

中检院副所长许明哲作为世界卫生组织（WHO）药品标准专家委员会委员应邀参加WHO药品标准专家委员会第55次会议。许明哲对中检院牵头起草的5个国际药典质量标准进行大会发言。为期5天。

10 月 13 日

"GLP－1样化合物的生物学活性的体外检定方法"获得发明专利证书。发明人：梁成罡、魏云林、王杰、吕萍、季秀玲、张胜婷、李晶、张慧。专利号：ZL201710700286. 8。

10 月 14 日

中药质量标准研究及检验方法培训班在福建省厦门市举办，来自全国140余名学员参加本次培训。为期2天。

中检院党委印发《中检院党委配合国家药监局党组内部巡视工作方案》（中检党〔2020〕30号）。

10 月 19 日

院士王军志、研究员王佑春、副所长徐苗应世界卫生组织（WHO）邀请参加第72届WHO生物制品标准化专家委员会（ECBS）网络会议。院士王军志、研究员王佑春作为WHO ECBS正式委员参加WHO ECBS闭门会议。此次会议审议通过WHO肠道病毒71型（EV71）灭活疫苗的质量、安全性及有效性指导原则。为期5天。

中检院主任何兰、研究员刘阳、副研究员张才煜应会议组委会邀请在线参加第八届核磁共振工业实际应用年会，并作题为"核磁技术在药品质量控制中的应用"的海报展示。为期3天。

10 月 20 日

国家药监局党组第一巡视组巡视中检院党委

工作动员会召开。第一巡视组副组长盛银冬、杨继涛及巡视组其他7名同志，局党组巡视办有关同志，中检院党委领导班子成员等出席会议，科室负责人以上干部和相关部门人员参加会议。

10月22日

“强化创新发展　支撑安全用械”医疗器械标准管理等技术支撑交流宣传日在北京市举办。来自省级监管部门、医疗机构、生产经营企业等相关单位共80余人参加。GB 9706.1—2020免费网络培训公开课5900余人参加。

中检院学术委员会秘书处组织召开2020年度中检院中青年发展研究基金课题申报答辩评审会，28位课题申请人进行了现场答辩。通过答辩评审、院领导审批，给予22个课题立项支持，专项经费158.986万元。

10月23日

根据工作需要，经2020年10月23日第24次党委常委会研究，任命：崔生辉为食品化妆品检定所生物检测室主任，曹进为食品化妆品检定所理化检测室主任；于健东为中药民族药检定所综合办公室主任，魏锋为中药民族药检定所中药材室主任，戴忠为中药民族药检定所中成药室主任，金红宇为中药民族药检定所天然药物室主任，郑健为中药民族药检定所民族药室主任；王岩为化学药品检定所综合办公室主任，陈华为化学药品检定所麻醉和精神药品室主任，梁成罡为化学药品检定所激素室主任，马仕洪为化学药品检定所微生物室主任，牛剑钊为化学药品检定所仿制药质量研究室主任；黄维金为生物制品检定所艾滋病性病病毒疫苗室主任，叶强为生物制品检定所细菌多糖和结合疫苗室（医学细菌保藏研究中心）主任，赵爱华为生物制品检定所结核病疫苗和过敏原产品室主任，侯继锋为生物制品检定所血液制品室主任，孟淑芳为生物制品检定所细胞资源保藏研究中心主任；陈鸿波为医疗器械检定所综合办公室主任，徐丽明为医疗器械检定所质量评价室主任；邢书霞为食品化妆品检定所安全评价室主任；赵霞为药用辅料和包装材料检定所包装材料室主任；张春青为医疗器械标准管理研究所技术研究室主任，汤京龙为医疗器械标准管理研究所标准管理二室主任，黄颖为医疗器械标准管理研究所标准管理三室主任；宋钰为化妆品安全技术评价中心综合办公室主任；巩薇为实验动物资源研究所综合办公室主任，刘佐民为实验动物资源研究所实验动物生产供应室主任，梁春南为实验动物资源研究所动物实验室主任，范昌发为实验动物资源研究所模式动物研究室主任；刘明理为标准物质和标准化管理中心综合办公室主任；耿兴超为安全评价研究所综合办公室主任，霍艳为安全评价研究所毒理一室主任，王三龙为安全评价研究所毒理三室主任；姚蕾为技术监督中心综合办公室主任，张欣涛为技术监督中心医疗器械技术监督室主任，王慧为技术监督中心化妆品技术监督室主任。试用期一年，免去以上同志原任职务。（中检党〔2020〕77号）

根据工作需要，经2020年10月23日第24次党委常委会研究，任命：冯克然为食品化妆品检定所综合办公室副主任，李波为食品化妆品检定所毒理功效实验室副主任；王兰为生物制品检定所单克隆抗体产品室副主任；韩倩倩为医疗器械检定所生物材料室副主任，李佳戈为医疗器械检定所光机电室副主任；李丽莉为体外诊断试剂检定所综合办公室副主任，黄杰为体外诊断试剂检定所非传染病诊断试剂室副主任，周诚为体外诊断试剂检定所传染病诊断试剂一室副主任，许四宏为体外诊断试剂检定所传染病诊断试剂二室副主任；王海燕为食品化妆品检定所理化检测室副主任；汤龙为药用辅料和包装材料检定所综合办公室副主任，杨锐为药用辅料和包装材料检定所药用辅料室副主任；许慧雯为医疗器械标准管理研究所综合办公室副主任，郑佳为医疗器械标准管理研究所标准管理一室副主任；付瑞为实验动物资源研究所实验动物质量检测室副主任；吴先富为标准物质和标准化管理中心标准物质技术研究室副主任；刘丽为安全评价研究所药物代谢动力学室副主任；王翀为技术监督中心药品技术监督室副主任。试用期一年。（中检党〔2020〕78号）

10月26日

研究员徐丽明、研究员陈亮应国际标准化组织邀请在线参加国际标准化组织外科植入物和矫形器械标准化技术委员会（ISO/TC150/SC7）年度工作会议。为期2天。

开展2020年院科技周活动，4个学术委员会分委会分别组织了线上视频会议，进行学术报告和交流，国内专家、中检院专家和优秀青年人才进行了报告。中检院职工及部分省市药检所、高校、相关企业等相关人员，共计500余人次参加此次交流活动。为期4天。

向定点扶贫地区安徽省临泉县和砀山县市场监督检验人员提供线上业务培训。临泉4人，砀山2人。

10月27日

国家啮齿类实验动物资源库（NationalRodent Laboratory Animal Resources Center，简称“NRLA”）网站正式上线，网址：https：//nrla. nifdc. org. cn/。

10月29日

疫苗等生物制品批签发及检验检测能力建设工作研讨会在北京市召开，19个药检机构的50名人员参会。

10月30日

“芬布芬共晶及其制备方法及应用”获得发明专利证书。发明人：杨化新、卢忠林、何兰、陈颖、刘睿。专利号：ZL 2017 1 0322276. 5。

10月

“GB/T 29858—2013《分子光谱多元校正定量分析通则》”获得中国标准创新贡献奖三等奖。获奖者：尹利辉。证书编号：2020－60－3－01－R06

11月1日

标准物质正式启用即撕即毁防伪标签。

11月3日

“人工心脏的抗振检测装置”获得实用新型专利证书。发明人：李澍。专利号：ZL 2020 2 0668228. 9。

11月4日

医用增材制造技术医疗器械标准化技术归口单位2020年年会暨行业标准审定会在北京市召开。国家药监局、国家药监局医疗器械技术审评中心、标准管理中心、检验机构、相关生产企业、临床机构、高等院校及科研院所等单位专家及代表共50余人参加。为期2天。

11月9日

因工作需要，经2020年11月9日第28次党委常委会研究决定：免去李冠民实验动物资源研究所所长职务，并按有关规定办理退休手续。梁春南任实验动物资源研究所临时负责人。（中检党〔2020〕83号）

新冠灭活疫苗批签发技术培训在北京市举办，来自北京所、湖北院和广东所14名技术人员参加。为期2周。

11月10日

中检院副所长许明哲作为世界卫生组织（WHO）药品标准专家委员会委员、副主任尹利辉作为药品快检技术专家应邀参加第七届WHO药品质量控制实验室国际网络研讨会。许明哲为本次会议新技术利用分会场的共同主席，尹利辉应邀作题为“药品快检技术在中国的应用”技术报告。为期3天。

11月12日

中检院党委组织召开学习党的十九届五中全会精神大会，传达学习全会精神，对贯彻落实工作作出部署。院领导班子成员、全院科室副主任以上干部，各党总支、直属党支部支委近150人参加会议。

动物源性制品安全性评价技术网络培训班在北京市举办。来自企事业单位的90多名技术人员参加培训。为期9天。

11 月 16 日

研究员王佑春作为英国动物实验替代、优化和减少国家中心（NC3Rs）关于世界卫生组织（WHO）生物制品指导原则中实验动物替代、优化和减少（3Rs）审核工作组成员应邀参加该工作组第二次视频会议。

11 月 17 日

中检院副所长许明哲、主任何兰、研究员刘阳和副研究员张才煜应美国药典委员会（USP）邀请参加 USP 新兴技术研讨会——定量核磁共振和数据应用概述与展望网络视频会议。何兰、刘阳应邀介绍我院化学药品室采用定量核磁技术在药品质量控制中的应用。为期 3 天。

医用机器人标准化技术归口单位成立大会暨年会在北京市召开。国家药监局医疗器械技术审评中心、标准管理中心、检验机构、生产企业、临床机构、高等院校、医院及科研院所等单位的专家代表近 70 人参加会议。

11 月 18 日

装量较大的对照药材正式启用含防潮盖的塑料瓶包装。

11 月 19 日

科技部徐南平副部长来中检院调研。

新法规下原辅包法规标准检测技术方法实施解读及案例分析网络培训班在北京市举办。来自全国药品检验检测机构，药品、药用辅料和药包材企业，高等院校及科研单位等从事药用辅料药包材及洁净环境标准检验检测和管理人员等 320 人参加。为期 2 天。

11 月 21 日

安全评价研究所临床检验实验室通过 CNAS PTP 复评审。

11 月 23 日

人工智能医疗器械标准化技术归口单位 2020 年会暨标准审定会在北京市召开。国家药监局、国家药监局医疗器械技术审评中心、标准管理中心、医疗器械检验机构、相关生产企业、临床机构、高等院校及科研院所等人工智能医疗器械标准化技术归口单位专家组成员、观察员及行业代表近 100 人参加。为期 2 天。

北京市教委督导组进行招生工作的督导检查。

11 月 24 日

因违反政治纪律问题，经 2020 年 11 月 24 日第 29 次党委常委会研究决定：免去赵国雄后勤服务中心物资供应部副主任职务，其原分管工作由后勤服务中心副主任陈欣暂时负责。（中检党〔2020〕86 号）

11 月 25 日

中检院所长马双成、研究员聂黎行应世界卫生组织（WHO）邀请随国家药监局团组参加 WHO 国际植物药监管合作组织（IRCH）第十二届年会（线上）。马双成代表中国汇报了国际植物药监管合作组织第二工作组“中药材及产品（包括标准物质）”的工作进展。为期 3 天。

11 月 26 日

国家药监局医疗器械质量研究与评价重点实验室 2020 年年会暨学术交流会议在北京市召开。来自国家级监管部门人员、乔杰院士、顾晓松院士和学术委员会委员等 40 余人参加会议。

2020 年全国抗感染药物质量评价暨全国抗感染药物检验技术交流研讨会视频会议召开。来自全国药检系统各省、自治区、直辖市、计划单列市（食品）药品检验所（院）和各口岸药品检验所，中央军委后勤保障部卫生局药品仪器检验所的化药或抗生素室主任和分管所（院）领导，共计 130 余名代表参加。

11 月

改版后的中检院网站正式上线使用。

12 月 2 日

国务院副总理孙春兰、国务委员王勇在中检院实地考察，调研新冠病毒疫苗批签发准备情况。

国家药监局党组书记李利深入党支部工作联系点中检院化学药品检定所第二党支部宣讲党的

十九届五中全会精神，调研基层党建工作。

开展NRA评估批签发和实验室板块培训会，来自全国19个省药品检验院/所共60余人参加。

12月4日

印发《中国食品药品检定研究院学术委员会章程（2020年修订）》。

人类辅助生殖技术用医疗器械标准化技术归口单位2020年年会召开。国家药监局医疗器械技术审评中心、医疗器械检验机构、相关生产企业、临床机构、高等院校及科研院所等近30人参会。

12月7日

首次申请完成第一笔电子发票的开具。

12月8日

"一种离心机防夹手装置"获得发明专利证书。发明人：苗玉发，张河战，霍艳，王三龙，周晓冰，耿兴超，专利号：ZL 2020 2 0348903. X。

12月9日

院士王军志、研究员王佑春作为世界卫生组织（WHO）生物制品标准化专家委员会（ECBS）委员应邀参加第73届WHO生物制品标准化专家委员会会议及闭门会议（视频会议）。为期2天。

12月10日

中检院党委举办党外干部和归侨侨眷"智库论坛"活动。会上11位同志围绕"贯彻党的十九届四中、五中全会精神，全面建设小康社会、推进检验体系和能力确保食品药品安全，喜庆建院70周年"等主题做了主旨发言。参加论坛会议的有各民主党派代表以及中共党支部代表60余人。院党委副书记、纪委书记姚雪良同志参加并讲话。

12月11日

"一种色谱柱管理装置"获得实用新型专利证书。发明人：王晨、许明哲、王欣、冯艳春、姚尚辰、张斗胜。专利号ZL2019 2 1623835. 7。

12月13日

全国化妆品抽检工作总结会议在北京市召开。国家药监局化妆品监管司监管二处处长李云峰出席会议并讲话，各省（区、市）药品监督管理局相关负责人、承担国家化妆品抽检任务的各检验机构负责人共90余人参加。

12月15日

国家药监局党组第一巡视组向中检院党委反馈巡视情况。局党组第一巡视组副组长及有关同志，局巡视工作领导小组办公室、人事司有关负责同志，中检院领导班子成员及科室负责人以上干部参加会议。

12月16日

中检院研究员王佑春、所长马双成、副所长许明哲、研究员聂黎行和助理研究员江征应世界卫生组织（WHO）邀请参加WHO合作中心全球（线上）研讨会。

12月17日

国家药监局党组成员、副局长、机关党委书记颜江瑛同志参加中检院化妆品支部建设及业务工作情况调研交流活动，组织召开了专题座谈会。局纪委书记安抚东、化妆品监管司全体党员、中检院院长李波、党委书记肖学文、副院长路勇、化妆品评价中心和化妆品所的党支部书记、主要负责人及党员代表30余名同志参加了活动。

中检院纪委组织召开新任职干部集体廉政提醒谈话会。院纪委书记姚雪良同志对全院新任职的3名正处级干部、57名科室正副主任，以及6名党支部书记进行廉政谈话。

"中检云课"开具第1张增值税电子普通发票。

12月18日

抗击疫情学术报告会及先进表彰会暨建院（所）七十周年科技成就展召开。

12月22日

中央和国家机关青年联合会第一届委员会第

一次全体会议在北京市召开，刘东来同志作为中央和国家机关青年联合会第一届委员会委员参加会议。

12月23日

中检院党委印发《国家药监局党组第一巡视组关于巡视中检院党委的反馈意见、在巡视情况反馈会议上陈时飞同志讲话和肖学文同志表态讲话》（中检党〔2020〕89号）

12月24日

与北京市实验动物管理办公室共同主办的实验动物资源应用与应急管理网络培训班在北京市召开。来自全国各省市实验动物饲养与使用机构的1860人报名参加此次培训。为期8天。

12月28日

高华被批准享受国务院政府特殊津贴。证书号：政府特殊津贴第2020329002号。

12月29日

《药物分析杂志》《中国药事》继续被收录为“中国科技核心期刊”（中国科技论文统计源期刊），证书编号分别为2019－G087－1691、2019－G913－2134。《药物分析杂志》获2020年“中国精品科技期刊”证书，证书编号：2019－G087－JP195。

12月30日

完成对全国GLP系统的临床检测能力验证工作，参加单位181家次，指标包括血液学、血清生化、尿生化和血凝学等37项。

实现财务系统与收入合同系统、支出合同系统对接。

12月31日

李倩倩荣获2020年博士研究生国家奖学金。编号：BSY202007026。

12月

梁争论获第二十一届吴阶平—保罗·杨森医学药学奖。

全年

派出1人赴英国研修；共办理60余人次在线参加世界卫生组织、国际标准化组织、国际药品监管机构联盟、全球监管科学峰会、美国药典委员会等国际组织、学术机构举办的国际会议、学术交流，中检院专家应邀在国际/学术会议上作了8个大会报告。接待来访外宾9人。

完成新型冠状病毒诊断试剂注册检验发出报告238个产品（共715批次）。

第十五部分　地方食品药品检验检测

北京市医疗器械检验所

概　况

北京市医疗器械检验所始建于1983年，前身为北京市医疗器械检验站，挂靠原北京医疗器械研究所，隶属北京市医药总公司。2000年划归原北京市药监局，定名为北京市医疗器械检测中心，2003年更名为北京市医疗器械检验所（以下简称“北京市器检所”），为公益二类差额拨款独立法人事业单位，现有办公及实验室面积1.6万余平方米，各类先进的检验检测设备3300余台(套)。

北京市器检所是中国国家认证认可监督管理委员会（CNCA)、中国合格评定国家认可委员会(CNAS)、原国家食品药品监督管理总局等部门认可授权的一所综合性医疗器械产品检验检测机构。截至目前，共获得授权检测项目近1325项。检验检测范围涵盖医用电子、医用射线、核医学、电声学、体外诊断系统、一次性医疗产品、医用防护用品、医用橡胶制品、口腔材料、生物防护设备等专业领域，检测能力涵盖医疗器械电气安全、电磁安全、生物安全、材料安全等安全性指标。

此外，北京市器检所加强与境外机构开展检验业务技术合作，获得德国TüV PS实验室认可资格，并与美国UL、加拿大CSA等国际权威认证机构开展国际认证检测业务合作，为国内医疗器械产品走向国际市场提供便捷的检测技术服务。

检验检测

2020年，北京市器检所共接收应急检验任务701批，产品品种主要涉及医用口罩、防护服、新冠病毒检测试剂、体温监测设备、急救医疗设备等5大类。为北京市医用防疫物资的快速调配、使用提供了科学依据，充分发挥了技术支撑作用。

北京市器检所先后对北京43家准备生产防控物资的企业给予技术指导，为企业提供个性化摸底检测测试435次，解决了企业快速审批最关键的技术达标问题。

作为全国医用生物防护用品标准化技术归口单位，北京市器检所应邀为国务院办公厅、国家卫健委、科技部、市场监管总局、中央电视台、军科院、国家药监局等部门提供技术咨询和专家论证50余人次，为政府决策提供了强有力的技术支持。

2020年牵头并参与16个品种的检验工作，实际接收有效样品151批次。对经营、使用环节抽取的39批次样品进行了资料跟踪索取。最终，牵头的四个品种、参与的五个品种经专家评议为优秀质量分析报告。北京市抽工作：2020年共收到样品133批次，并首次承担北京市抽抽样工作，按市药监局要求圆满完成50批次抽样任务。北京市区抽工作：各区对经营使用环节组织的区级抽验，共收到样品476批次，涉及16个区。专项检验工作。国家专项检验：按照国家药监局新冠试剂专项抽验工作要求积极推进相关工作，接收并完成3批次检验任务。北京市专项检验：共接到北京市药监局防护品种专项检验任务3批次，针对当时获证“口罩”产品开展检验；无菌植入专项检验任务共16批次。

科研工作

北京市器检所积极争取国家及省部级科研项

目，并积极申请多项专利。为应对疫情，组织科研骨干联合各大科研院所申报了6项应急项目。同时，牵头承担的科技部项目“放射治疗装备可靠性与工程化技术研究”已经通过课题绩效考评并且获得了专家好评，下一步准备迎接科技部组织的项目绩效考评。全年发表并见刊的科研文章33篇；申请发明专利3件；获得授权实用新型专利1件，发明专利1件。

标准化工作

北京市器检所是3个全国医疗器械标准化（分）技术委员会秘书处所在单位。

按照“提升检验水平、服务产业发展、提高产品质量”的工作思路，2020年，北京市器检所组织开展标准制修订任务共37项，其中国家标准15项，行业标准20项，外文版翻译项目2项，满足医疗器械科学监管要求和产业发展需要。

充分发挥标委会桥梁纽带作用，搭建与监管机构、技术机构、企业间的信息沟通和交流平台，开展大中规模审标会、年会、标准培训会17次。为推动标准有效实施和提供社会公益服务，通过宣贯会和云课录制培训标准47项。

能力建设

2020年，北京市器检所申请并获批扩项76项，主要涉及X射线、激光、超声、医用高分子材料、齿科材料、外科植入物、体外诊断试剂盒和电磁兼容等领域。目前检验能力共计1325项，检验范围基本覆盖北京市医疗器械生产企业主要生产品种的检验项目。

积极申报国家药监局重点实验室，国家药监局认定并发布重点实验室名单中，北京市器检所“体外诊断试剂质量评价重点实验室”和“放疗设备监测与评价重点实验室”成功获评，为本次获评最多的医疗器械检验机构之一。未来，两重点实验室将成为聚集和培养优秀人才、促进科技成果转化、提升检验检测水平和技术支撑能力的重要载体。

二期工程建设

2020年，北京市器检所将综合性医疗器械检验基地二期项目（以下简称“北京市器检所二期项目”）作为重要工作紧抓不懈，实现了阶段性、成果性突破。在市药监局的支持与协调下，北京市器检所二期项目在各级政府部门的支持下，2019年成立了专项工作组推进工程建设，2020年得到了市药监局领导的高度重视，做出了全力推进的重要指示，并于2021年3月进入施工阶段。

党风廉政建设

2020年，北京市器检所党委认真贯彻落实党的十九大和十九届二中、三中、四中和五中全会精神及习近平总书记系列重要讲话精神，以习近平新时代中国特色社会主义思想为指导，落实全面从严治党主体责任，狠抓党风廉政建设和反腐败工作。一是加强组织领导；二是加强学习教育；三是强化组织建设；四是强化党风廉政建设，进一步提高广大党员干部的廉政风险防控意识，筑牢拒腐防变思想防线。

北京大学口腔医学院口腔医疗器械检验中心

概　况

2020年，北京大学口腔医学院口腔医疗器械检验中心（以下简称“北大中心”）较好地完成了国家药监局和中检院布置的各项工作任务。北大中心作为全国口腔材料和器械设备标准化技术委员会SAC/TC99秘书处所在单位，承担着国家和行业标准的制修订工作，并积极参与国际标准化组织ISO的标准制修订工作。2020年，完成了4项行业标准和2项国家标准的制修订工作。不断提升的标准制修订质量为严格控制产品质量，维护公众用械安全提供保证，并为医疗器械监管部门提供强有力的技术支撑和技术保障。

检验检测

2020年检验中心认可范围内的口腔医疗器械和其他医疗器械产品共计53类，涉及检验项目627项；口腔护理用品产品5类，涉及检验项目40项；医疗器械生物学通用方法136项；药品微生物检验方法5项；化妆品生物学通用方法21项；口腔护理用品生物通用方法11项；医疗器械化学通用方法53项；材料学物理机械通用方法36项。认可能力范围内承检总项目数为929项，标准检测方法430余种。此外，使用医疗器械注册产品标准和产品技术要求的认可范围外的承检产品为73个，检测项目480项。总能力范围项目数为1409项。2020年北大中心共接收送检样品953份（境外318份，境内653份）。发出检测报告1347份（境外430份，境内917份）。

医疗器械抽检工作

2020年国家医疗器械抽检共抽取窝沟封闭剂10批次，涉及生产企业8家（厂家覆盖率约67%），注册证8个（注册证覆盖率约53%）。检验未发现不合格产品，不合格检出率为0。该产品未曾进行过抽检，此次抽检亦未发现不合格项目，产品质量良好。所涉及的8家企业的技术要求均未见缺项，项目所规定的限定值与强标一致，贯标情况良好。

从抽样方案和检验方案制定、评价指标确定、抽样培训教材的编写、视频光盘脚本制作和录制，以及产品质量评价检验，全部由北大中心完成。对该产品进行全国市场监督抽验工作，主要是北大中心具备了相关的专业背景和设备及人员，为国内医疗器械上市后监管做出了贡献。

技术支撑体系建设

全年共组织各类培训20次，培训人员266人次。其中思想教育类培训2次，培训人员37人次；实验技术类培训3次，培训人员29人次；安全教育类培训2次，培训人员25人次；质量管理体系文件宣贯10次，培训人员171人次；参加外部培训3次，培训人员4人次。以上培训效果基本满意，2020年人员培训计划基本完成。

2020年8月29日至30日，北大中心接受并通过了实验室认可（CNAS）和检验检测机构资质认定（CMA）二合一复评审。2020年10月21日，中国国家认证认可监督管理委员会批复了北大中心的能力扩项和变更申请。

科研课题研究、发表论文及著作等

2020年，北大中心发表学术论文11篇，其中SCI论文9篇，第一作者或通讯作者8篇，含科室绩效5篇，其中SCI论文3篇，总IF为10.224。

自有专利5项，其中授权国家发明专利2项，授权实用新型专利2项，新申请国家发明专利1项。参与专利5项，其中授权国家发明专利4项，参与新申请国家发明专利1项。

共有科研项目19项。其中新获批项目3项、在研纵向项目8项、结题1项、横向项目3项、标准研究项目4项。

天津市药品检验研究院

概　况

天津市药品检验研究院（以下简称“天津市药检院”）2020年着重落实“六稳”“六保”政策，优化营商环境，积极服务企业，完成与110家生产单位、医疗机构及科研单位合作的311份技术服务合同的评审、签订，全年接收235个生产企业的574个品种共计2005批次的委托检验任务。在发挥检验职能的同时，利用技术优势服务企业，助力企业发展，提供药品标准制修订、方法起草验证等技术服务，接收38家企业159个品种474批技术服务检品的检验。疫情期间，落实国家药品抽样任务，院内共出动300余人次进行抽样，抽样97个品种、285批次，共在74家生产、经营和使用单位抽到了样品，其中包括34家批发企业，23家医疗机构，以及17家药品生产企业，样品涉及国内外183家生产企业。积极拓展检验能力，组织检验技术科室筛选能力验证项目，完成了中检院、LGC等能力验证计划24个项目的线上/线下申报，提交了CMA扩项+变更申请书，接受了天津市工业产品许可证审查中心委派资质认定评审组的现场核查，2020年9月天津市药检院接受了CNAS的现场评审。在没有进口抽验经费来源的情况下，圆满完成进口检验工作任务，进口抽检2590件，总货值11.5亿美元。

检验检测

2020年，收检6914批，收检是去年同期（5779批）的120%，其中，进口收检2453批，是去年同期（2085批）的117.6%；完成检验7113批，是去年同期（5400批）的131.7%，完成的进口收检2364批，是去年同期（2025批）的116.7%。重点完成国家组织药品集中采购“4+7”批批检专项抽检，收检检验270批，均合格；地方监督抽检收检663批，完成360批，检出4批不合格；疫情防控应急样品抽检83批，全部完成，均合格。支援西藏昌都昌平市抽检工作：收样12批，样品均在检验中；注册检验检验共收检303批样品，国内注册收检215批，进口注册收检88批；完成国家化妆品监督抽检11类产品、412批次样品的检验，检出1批爽身粉类不合格。完成省内监督抽检32批，风险监测检验152批样品的检验，均合格。

重要活动、举措和成果

开通疫情药品检验绿色通道，以最快速度完成83批疫情防控药品应急检验任务，对接医药企业开展疫情防治药品检验，做到检品随到随检，根据检验项目，将检验周期由20个工作日分别缩短至3个、7个、10个工作日；促进进口药品的抽验和放行检验，检验周期由20个工作日缩短到15个工作日；缩短注册检验时限，加快放行检验，为企业产品上市生产和市场供应赢得时间，将药品注册检验周期由60个工作日压缩到28个工作日，为企业减免检测费用33.32万元。疫情期间配合市药监局快速审评审批，赴39家企业开展防疫类用品生产车间洁净环境检测55次，为多家标准化防护用品生产厂房选址、车间工艺布局设计、改扩建方案提供义务技术咨询和现场技术指导；配合静海区市场局检验检测疑似假药23批次，由于抗疫药物、医疗器械应用集中，不良反应报告病例增多，上报药品不良反应报告58例，医疗器械20例，化妆品2例。

持续开展精准帮扶，累计深入企业62家次，帮扶企业148余家次，有8个技术科室为90家企业提供了技术帮助，解决了20个药品品种及39个洁净检测的技术性难题，完成了17家企业应急注册审批复核的检验工作，对符合减免条件的项目予以检验费用减免，减免检测费用70.86万元。

加快疫苗检测能力建设，先后三次派出实验人员到中逸安科生物技术有限公司交流学习，陆续购置了仪器、样品、对照品等，开展了卵清蛋白含量、血凝素含量等5项模拟实验，为筹建疫苗批签发实验室做好技术储备。

持续推动京津冀地区协同发展，成功举办京津冀第一次洁净检测网络培训，开展云上技术交流，为进一步加强京津冀地区洁净检测技术联盟合作，做到洁净检测统一标准、统一做法、统一尺度打下良好基础。

2020 年天津市药检院申报市场监管委委科技计划项目 3 项，申报 2020 年度市药监局科技计划项目 7 项，均获立项；2020 年 1 月完成了国家药监局课题“藿香正气水质量评价方法研究”的成果申报和登记工作；2018 年、2019 年天津市市场委科技计划立项共计 15 项，项目均在进行中。

天津市药检院承担的国家药品抽检注射用盐酸地尔硫䓬课题在国家药监局组织的质量分析报告评议中获优秀等次；制定的“小败毒膏中莨菪碱类生物碱检查项的补充检验方法”，国家药监局已于 2020 年 11 月 23 日批准发布实施，应用该补充检验方法检验天津市博爱生物药业有限公司生产的小败毒膏 24 批；完成国家药典委标准提高课题 58 个品种的起草工作，其中 28 个品种已报国家药典委，30 个品种等待复核所意见。

2020 年 1 月 8 日，天津市药检院接受了国家药监局组织的专家组对 2018、2019 年国家药品抽检工作的检查，2020 年 2 月因在 2019 年国家药品抽检检验管理工作表现突出，获得了国家药监局的通报表扬。中药室荣获“全国市场监管系统先进集体”称号。

天津市医疗器械质量监督检验中心

概　况

2020 年，天津市医疗器械质量监督检验中心（以下简称“天津市中心”）按照上级主管部门的安排部署，紧紧围绕着“抢抓机遇、开拓进取、顺大势、求发展”的工作思路，解放思想、锐意进取，真抓实干，圆满完成了 2020 年的各项工作任务。

继续坚持党建统领，强化党支部战斗堡垒作用，党员领导干部带头，进一步发挥中心党支部党员干部的模范带头作用，提高人才队伍技术水平，加强各学科带头人建设，引领中心检验检测能力水平不断提升。

以“无源植入器械”重点实验室为依托，加强中心归口外科植入物、物理治疗设备领域的检验技术能力建设，不断提升服务科学监管的技术水平，为医疗器械监管提供坚实的技术保障。

2020 年初，天津市中心完成了国家药监局、国家发改委联合开展的全国医疗器械检验能力提升项目建设的项目申报工作。该项目于 2020 年 6 月 3 日获批（发改委 2020 年 826 号文件），项目为期 3 年，项目的外科植入物检验检测实验室、医用康复及理疗器械检验检测实验室、3 米法电波暗室、动物实验室、PCR 实验室建设等工作已经全面启动。

检验检测

2020 年，天津市中心累计完成 3830 批次日常检验任务。全年共承担天津市辖区内医用防护服、医用外科口罩、额温枪、呼吸机等新冠疫情防疫物资应急检验任务共计 836 批次。

2020 年，天津市中心全年共完成关节训练设备、中频电疗仪、股骨球头等 12 大类产品的国家监督抽验任务共计 324 批次。完成天津市医疗器械 313 批次的监督抽验项目投标、竞标工作；完成了 2020 年中心负责牵头的 10 大类国家监督抽验产品质量分析报告的编写工作；完成了 2021 年 7 个品种的国家医疗器械质量监督抽验品种遴选上报工作。

2020 年，天津市中心获批的承检能力共 1303 项，涵盖有源医疗器械、无源医疗器械、生物相容性、电磁兼容、制药机械等专业领域。

标准体系建设

2020 年，天津市中心归口的全国外科植入物和矫形器械标准化技术委员会组织架构体系进一步完善，第三届骨科植入物分委会、第三届心血管植入物分委会获批成立。

2020 年度，天津市中心挂靠的 4 个标准化技术委员会共完成医疗器械标准制修订项目 12 项，其中国家标准 5 项，行业标准 7 项。

2020 年，天津市中心完成《骨科手术器械通用名称命名指导原则》《无源植入器械通用名称命名指导原则》《医用康复器械通用名称命名指导原则》《中医器械通用名称命名指导原则》4 项医疗器械通用命名术语指南报批。

科研成果

天津市中心获批两项国家重点研发计划科研项目，分别是“多应用场景主动健康产品质量评价平台及体系研究”课题 3“基于知识图谱的中医望诊特征辨识与表征方法研究”、《中医药现代化研究》重点专项中子课题 4“中医诊疗设备国际标准研制”，中心目前参与国家级科研项目 9 项。

河北省药品医疗器械检验研究院（河北省化妆品检验研究中心）

概　况

2020 年，河北省药品医疗器械检验研究院（以下简称“河北省药械院”）紧紧围绕贯彻落实河北省药监局重点工作任务，以深入学习党的十九大精神和全面推进党风廉政建设为抓手，坚持稳中求进的监管工作总基调，坚定实施“创新发展战略”，认真做好机构调整、事业发展以及“2020 年制度建设年”各项工作，“两不误”、“双促进”，健全和完善检验检测体系，增强核心竞争力，为政府监管及产业创新发展提供技术支撑，在圆满完成机构改革的基础上，圆满完成各项任务指标，全年各项工作取得了新的业绩，未发生任何违法违纪违规问题。

检验检测

2020 年，河北省药械院共受理药品、医疗器械、化妆品、保健食品、药包材五大类样品数量 9341 批次，比 2019 年（7620 批次）增长 23%。其中：社会委托检验（含注册、委托等）5435 批次（2019 年 3248 批次），社会委托检验数量增加 67%。药品监督抽样、药品质量分析、医疗器械新冠检测试剂检测能力、化妆品监督抽验等四项工作得到国家药监局发文或主要领导的表扬，重点实验室建设、科技进步二等奖、区域技术中心建设、医疗器械检验能力项目等工作在省市场监管局、药监局主要领导的工作报告中得到充分肯定。实验室资质认定扩项现场评审，通过了医用电器、体外诊断试剂的国家级资质认定评审，新增涉及 2022 年冬季奥运会保障设备（包括医用软件、康复器械、体外诊断设备、运动心电、呼吸类急救装备、核酸试剂盒等）的医疗器械检验参数 60 项。全院新增检验资质 100 多项。全年通过国际能力考核 3 项、国家能力考核 8 项，结果全部为满意。组织河北省药品生产企业实验室比对一次，参加单位 300 余家，组织全省药品和医疗器械企业培训 5 次，实现生物制品检验能力。成立疫苗检验技术攻关组，通过乙肝疫苗、犬苗的省级 CMA 认证，提前完成国家药监局属地检验要求。积极申报国家药监局疫苗等生物制品批签发实验室，成为全国 13 家指定检验机构之一。

实现新冠病毒防疫产品检验能力。成立新冠病毒防疫产品能力提升联合攻关组，体外诊断试剂取得国家级 CMA 认证，现已具备口罩、防护服、体外试剂、额温枪、呼吸机等各类抗疫产品检验资质，为河北省以及全国范围防疫工作提供技术储备。

全面稳步实施医疗器械检验检测能力建设项目。成功获批国家发改委医疗器械检验检测能力建设项目依托医疗器械省级重点实验室和国家级标委会建设，着力打造智能康复承载器械的优势领域，成为全国医疗器械 17 个重点机构之一。

科研工作

2020年，河北省药械院获批国家药监局仿制药一致性评价重点实验室、河北省科技厅中药质量评价与标准研究重点实验室、河北省知识产权贯标单位、河北省知识产权培训基地。获得“河北省科技工作者之家”称号。河北省医疗器械检验评价重点实验室顺利通过验收。正式获批国家高新技术企业，享受国家减免税收政策。积极申报河北省科普基地，谋划申报国家科普基地、河北省医疗器械产业标准化技术委员会、河北省发改委重点实验室等。聘请中国工程院院士吴以岭、全国名老中医药专家孙宝惠、国家药典委中成药专委会副主任委员冯丽等作为客座研究员，建立专家工作室，建设“吴以岭院士中药质量控制联合实验室”，重点攻关中药领域的重大课题和重点实验室。

围绕重点实验室建设，依据科技厅对重点实验室的考核指标，形成了管理制度14项，建成了知识产权管理体系，获批科技部项目1项、科技厅项目3项、高层次人才项目2项、省市场监管局项目8项，获批科研经费150余万元。获得河北省科技进步奖2项、省部级（全国商业联合会）科技进步一等奖2项、全省优秀科普微视频奖励1项，发表论文18篇（国际SCI收录3篇）、形成国家专利3项。1人次获批国务院特殊津贴专家，1人次获批河北省最受关注的科技工作者，1人次获批河北省三三三人才二层次人选、2人次获批三层次人选。

疫情防控

疫情防控以来，河北省药械院干部职工始终主动担当、自觉配合、勇挑重担，涌现出一批优秀集体和先进个人，先后获得河北省抗疫先进集体、市场监管总局抗疫先进个人。

在疫情物资检验基础上，优化疫情防控物资检验绿色通道，加强对企业的提前技术介入和帮扶企业整改，口罩等防护品注册检验周期压缩了一倍以上，进一步研究新冠医用防护品质量安全问题，第一时间为国家药监局提供欧盟标准翻译30余万字。承担了1项科技部重点研发项目、1项河北省科技厅新冠病毒应对攻关项目、4项省市场监管局疫情防控应对项目，联合开展的胶体金试剂研发与质量控制获得2020年河北省科技进步二等奖。创作了《关于口罩，不知道的那些事》科普微视频获得河北省2020年优秀科普微视频奖励，为增强河北新冠病毒疫情科学防控做出了贡献。

党风廉政建设

2020年，河北省药械院严格落实党委主体责任、纪检部门监督责任和“一岗双责”要求，以宣传宣讲常态化、专题活动常态化、主题教育常态化、教育培训常态化的学习方式宣传贯彻习近平新时代中国特色社会主义思想和党的十九大精神，明确了党风廉政建设的目标任务和要求，切实提高广大党员和干部职工的政治素质、理论水平以及业务能力。针对应急检验、招标采购、财务、外出检验等岗位廉政风险点，制定了24条全面的风险点控制计划和8条问题清单整改机会，围绕巡视整改，加强制度建设、强化人员教育、加强纪律监督，率先提出“以技术管控技术”的纪检创新方式。扎实开展作风纪律整顿，制定年度学习计划，实施“周五下午”集中党建学习制度，着力加强院班子议事制度和学习制度，重要事项由院班子统一讨论、统一思想，全院在水房加挂意见箱10余个，充分听取和采纳各方面意见和建议，鼓励并要求职工合理合法反映问题。

内蒙古自治区食品检验检测中心

检验检测

加大科技和科研投入力量，通过设备升级、

实验室更换不间断电源、微生物实验室改适、技术引进和人才培训等多种手段，不断强化自身业务能力，全面提升检验检测水平。全年共完成检验检测任务 6953 批次，其中市场监管总局转移支付食品安全抽检样品 4023 批次、市场监管总局转移支付评价性抽检 379 批次、呼和浩特市农牧业局委托 1792 批次、“蒙”字标认证检验 6 批次及其他应急检验任务。受理食品安全监督抽检复检申请 4 起。

能力建设

持续推行精益化管理，按照建设国内一流国际先进检验机构、培养具有国际视角科研技术队伍的目标，整合党建、业务、群团等合力，切实激发干部职工干事创业活力。瞄准食品检验检测技术前沿，积极参加中检院组织的 7 项能力验证，1 项结果已反馈为满意；参加由英国 FAPAS 分析实验室组织的 2 项能力验证，结果均为满意；顺利通过食品中非法添加、农药残留、兽药残留等 61 个参数、25 种检测方法扩项申请，完成农产品资质认定复评审。2020 年检验机构检验检测能力考核结好为良好。

科研工作

顺利完成了内蒙古自治区科技重大专项《基于同位素的内蒙古羊肉产地溯源技术研究》的结题验收。提交课题申请 4 项，结果未出。发表《基于碳、氮稳定同位素技术的羊肉产地溯源可行性研究》等学术论文 6 篇，其中 SCI 2 篇；自治区公安厅食品快检实验室在中心挂牌。

党建工作

持续深入学习习近平总书记重要讲话精神，健全支部组织，落实“一岗双责”。深化理论学习，通过讨论、撰写心得、知识竞赛等形式，抓实“不忘初心 牢记使命”主题教育，强化制度落实。服务自治区市场监管局在疫情常态化防控中加快推进复工复产，扎实做好“六稳”工作，落实“六保”任务。注重意识形态教育和保密教育，认真落实机关党委安排，组织好“三会一课”、主题党日等活动。利用学习强国 APP、微信群等平台抓好职工零散时间学习，坚持辅导、研讨并举，鼓励非党员积极进行学习。

全面落实《中国共产党支部工作条例（试行）》，认真落实上级党组的工作部署，充分发挥支部委员会领导作用和党员大会议事决策工作机制。疫情期间党员同志积极响应号召，带头捐款、职班职守，形成“我是党员，我先上”的良好氛围。严格按照规定做好发展党员管理等日常工作，将支部标准化建设作为实现中长期规划目标的有力抓手。

注重群团建设。积极发挥群团组织作用，助力疫情防控，参加自治区市场监管局“绽放战役青春　坚定制度自信”主题演讲比赛；持续推进职工文体、帮扶慰问等活动。开展了第四届健步走活动，树立以运动促健康、以健康防疾病的生活理念，增强团队凝聚力；召开白酒感官品评技能比赛，增强专业技术人员业务技能。团支部继承和发扬五四精神，荣获“五四红旗团支部”荣誉称号。荣获内蒙古自治区市场监管系统 2019 年度“先进集体”荣誉称号。

内蒙古自治区药品检验研究院

检验检测

全年完成各类检品 2068 批次，较去年增长 40%，检验 34812 项，较去年增长 52%；其中药品、医疗器械批次同比增长 66%、50%；检验项目同比增长 74%、117%；化妆品检验项目同比增长 40%；履约率分别为评价药品 93.3%、化妆品 99%、医疗器械 100%。

科研工作

全年完成国家药典委标准提高——小儿清肺

八味丸、沙参止咳汤散、红花清肝十三味丸等106个品种、地方标准——金牛草、没食子、珍珠透骨草等35个品种结题上报工作。成功申报“几种广泛应用于微生物发酵、微生物检测与疫苗生产的高端微生物培养基材料及相关评价体系的建立”“蒙药‘苏格木勒-7’的系统二次开发研究及质量标准体系建设”两项自治区关键技术攻关计划项目课题，目前已取得阶段性成果，上报两项技术专利已受理。完成国家药品——复方金银花颗粒、三子散和三子颗粒，医疗器械——一次性使用人体静脉血样采集容器等3个品种的质量分析报告撰写上报工作。全年发表科技论文22篇。中蒙药质量与安全标准创新研究团队入选自治区第十一批“草原英才”团队。

能力建设

参加中检院组织实施的6项能力验证和上海市食品药品检验研究院组织实施的一项能力验证，范围覆盖全部检验检测领域，结果均为满意，一次性通过率100%。其中，“药品中金黄色葡萄球菌检验”和“橡胶外科手套不透水性试验”2项能力验证计划满意结果并受到国家药监局综合司的发文通报表扬。化妆品、医疗器械资质认定扩项分别增加23个参数。参与承检的“一次性使用人体静脉血样采集容器”在2020年度国家无源医疗器械抽检质量分析报告网络评议中取得了全国第一名的好成绩。

疫情防控

新领导班子履职上任正值疫情防控阶段，一是迅速制定工作方案，立即开展风险排查，安排职工逐步返岗复工。二是制定应急检验预案，第一时间接检、第一时间开检，加班加点缩短了检验检测周期。三是助力企业“复工复产”，共减免检验检测费用十万余元。四是克服了疫情期间物流阻滞、仪器设备货源紧缺、厂家多未复工复产等种种困难，积极拓思路想办法，紧急购进仪器设备、改造实验室、申请资质扩项，仅用了45天时间实现了口罩、防护服的全项目检验。2020年底内蒙古自治区药品检验研究院被评为全国市场监管系统抗击疫情先进集体。

党建工作

深入贯彻新时代党的建设总要求，以创建“最强党支部”活动为抓手，通过加强和规范党内政治生活，夯实党支部战斗堡垒作用，充分激发党建活力。加强基层组织建设。选举成立新一届总支部委员会，下设四个支部、十个党小组，使党的路线方针政策能得到强有力的学习贯彻落实。按照《党支部工作条例》要求，严格落实“三会一课”、谈心谈话、主题党日活动等制度。落实党风廉政建设主体责任，开展廉政风险点排查，列出风险清单，制定风险防范措施，做到防微杜渐、警钟长鸣。

内蒙古自治区医疗器械检验检测研究院

检验检测

全年共受理医疗器械检验检测523批次，其中符合规定408批次，不符合规定104批次，未下结论11批次，合格率79.6%。

国家任务19批次，18批次符合规定，合格率为94.7%，样品涉及6个省（市、自治区）的19家被抽样单位，共涉及产品注册证14个。

自治区抽检任务62批次，其中符合规定51批次，合格率为82.2%。其中使用环节抽取26批次、经营环节21批次、生产环节15批次。样品涉及自治区的46家被抽样单位，有效样品的生产企业分布于9个省（市）的45家生产单位。

注册检验129批次，其中符合规定89批次，不符合规定40批次，合格率68.9%，不符合规定产品为医用口罩和防护服，不合格项目多为口罩带、通气阻力、抗静电性和环氧乙烷残留等，分析原因为疫情初期，防疫物资原材料紧缺，无法保证质量，生产单位生产线多为初次装配使用，生产工艺不熟练，导致无法保证产品质量。为助力企业复工复产，内蒙古自治区医疗器械检验检测研究院（以下简称“自治区器械院”）实验人员积极与生产单位沟通交流，耐心细致地帮助企业查找产品不合格问题的原因，督促其尽快整改完善。

专项监督检验23批次，不符合规定3批次，合格率为86.9%。

委托检验287批次，其中符合规定231批次，不符合规定45批次，未下结论11批次，合格率83.6%。

复验3批次，结果全部维持初检结论。

党风廉政建设

以习近平新时代中国特色社会主义思想为指导，认真学习党的十九大、十九届四中、五中全会精神和习近平总书记在内蒙古考察时的指示批示精神，进一步增强了“四个意识”，坚定了“四个自信”，坚决做到“两个维护”，始终坚决贯彻落实中央和自治区党委的各项决策部署。坚持以党建统领业务，严格落实“三会一课”制度，充实优化党务工作人员结构，制定全年党建工作计划和党员学习计划，设立了“党员先锋岗”、与全体党员签订《意识形态责任书》，全年开展了2次自评自查，受到了自治区药监局机关党委的表扬。

医疗器械检验中的重要活动、举措和成果

疫情防控最吃紧的阶段，在自治区药监局的大力支持下，紧急购进33台/套急需的检验仪器设备，同时高质量完成了防护用口罩、防护服专用恒温恒湿实验室、P2实验室的改造，仅用了45天时间实现了防护用品口罩、防护服的资质参数扩项全项检验。并将检验周期由原来40天缩短至16天，力争在最短时间内出具产品检测报告。疫情期间累计检验自治区应急审批的27家医疗器械生产企业医用口罩、医用防护服等防护医疗器械284批次，为应急审批提供了强有力的技术支撑。

自治区器械院前身为自治区医疗器械检测中心，加挂在内蒙古自治区药品检验研究院，内设医疗器械检测室。新冠肺炎疫情初期，医疗器械室仅有人员6名，其中专业技术人员5名，医疗器械检测参数少，检验人员少，硬件条件差，实验室面积、设施设备数量均达不到国家标准。为加强防疫用物资检验检测，助力企业高质量发展，有效发挥技术支撑作用，在自治区药监局党组的积极争取下，2020年12月经自治区编办批复，内蒙古自治区医疗器械检验检测研究院独立设置，为正处级公益一类事业单位，核定编制42名。

辽宁省食品检验检测院

概　况

2020年，辽宁省食品检验检测院（以下简称“辽宁省食检院”）在辽宁省检验检测认证中心党组的正确领导下，在社会各界的大力支持下，坚持以“服务监管需要，服务全面振兴，服务公众健康”为宗旨，严格按照中心党组关于常态化做好疫情防控工作和统筹推进全年重点工作的部署及要求，遵循中心“党建统领、稳中求进、专业为先、服务至上、科学管理、各方满意”的工作方针，充分发扬斗争精神，充分释放发展潜能和发展动力，在全院干部职工的共同努力下，出色地完成了年初既定的各项目标任务。

检验检测

全年累计完成检验任务11836批次，同比增加25.4%（2019年完成检验任务9437批次）。

其中，不合格/问题样品411批次，不合格/问题率3.47%。

辽宁省食检院共有动物源食品检验、植物源食品检验、特殊食品检验、微生物检验等4个专业。为制定科学合理的专业发展规划，提高专业发展速度，辽宁省食检院组织各专业认真对标国内、省内先进食品检验机构，查找差距和不足，不断加强自身能力建设，编制专业发展规划和“十四五”发展规划，推动专业发展。

科研工作

2020年，新获批1项辽宁省自然科学基金项目，参与2项食品安全国家标准检验方法研究工作，持续开展国家重点研发计划“食品中重点危害物质高效识别和确证关键技术研究”项目和8项省级科研课题。

能力建设

辽宁省食检院现有CMA、CNAS、CATL等资质，是特殊食品（保健食品、婴幼儿配方食品和特殊医学配方食品）备案机研究工作。构，已纳入国家食品复检机构名录，并加入“检验方法类食品安全国家标准协作组”。2020年，辽宁省食检院先后组织开展4次扩项，新增CMA检测参数421个，覆盖2020年食品安全抽检监测细则全部检验项目，并扩展了消毒与灭菌、涉水产品和生活饮用水领域检验资质。

辽宁省食检院高度重视质量管理工作，于2020年制定印发了《检测报告及记录质量管理办法》，多次召开质量工作专题会议，强化员工的责任意识和质量意识，研究部署质量管理工作。此外，辽宁省食检院认真开展年度管理评审和内审，每月开展检验报告质量自查，认真接受中心2020年度质量专项检查，提高检验检测报告及记录质量，多措并举守住质量安全底线。全年证书/报告自查覆盖率高于8%，证书/报告差错率控制低于1%，无质量安全事故。

辽宁省食检院检验业务大楼于2020年4月26日正式复工建设，于2020年底完成主体工程建设，于2021年初全面完成竣工验收，于2021年3月完成整体搬迁。新检验业务大楼是一所设计先进、布局合理、功能完备、设施良好的省级食品检验与技术研究实验室，这不仅为辽宁省食检院“十四五”时期实现高质量发展奠定坚实的基础，也将为全省食品安全监管注入更加有力的技术保障。

党建工作

2020年，辽宁省食检院党委坚持以习近平新时代中国特色社会主义思想为指导，深入贯彻党的十九大和十九届二中、三中、四中、五中全会精神，紧紧围绕新冠肺炎疫情防控工作和食品检验检测工作特点，扎实开展党的思想政治建设、组织建设、党风廉政建设、队伍建设和文化建设，有效实施“党建+营商环境建设”，扎实开展脱贫攻坚等工作，为辽宁省食检院的稳定、团结及业务发展提供了必要的政策指引和思想保障。

辽宁省药品检验检测院

概　况

2020年，辽宁省药品检验检测院（以下简称“辽宁省药检院”）以习近平新时代中国特色社会主义思想为指导，在辽宁省检验检测认证中心党组的正确领导下，全体干部职工凝聚思想共识，汇聚干事合力，坚定不移地围绕年初确定的工作目标，全力开展国家重点实验室申报、全面推进疫苗批签发能力建设、全部完成政府抽检任务，圆满地完成了全年各项工作，取得了可喜的成绩。

检验检测

全年共受理样品6173批，其中药品4830批，保健食品270批，化妆品888批，器械包材毒理42批，婴幼儿配方食品143批；共发出报告6164批。

能力建设

化学药品质量研究与评价重点实验室入选国家药品监督管理局重点实验室，这是东北地区唯一入选的化学药品领域重点实验室。重点实验室主要围绕化学药品安全有效性及相关技术标准开展关键技术研究，解决化学药品质量基础性、关键性、前瞻性和战略性的技术问题，以满足服务政府药品监管、服务公共用药安全、服务医药产业发展的需要。

高度重视疫苗批签发能力建设工作，经反复研究论证并经中心党组同意，确定了批签发实验室改造方案。已完成中药标本室的改建搬迁、疫苗批签发动物实验室及功能实验室整体设计、改建内容论证、造价公司及仪器搬迁公司招标、仪器采购等一系列工作。其余各项工作正顺利且有条不紊地推进。

历时三年的申请，2019年12月经国务院批准，同意增设沈阳航空口岸为药品进口口岸，同时增加辽宁省药检院为口岸药品检验机构。2020年6月19日正式挂牌，辽宁省药检院开始承担沈阳航空口岸的药品检验工作，这标志着向国际化发展方向迈出了一大步。辽宁省药检院将以此次挂牌为起点，持续加强检验检测能力建设、队伍建设和体系建设，通过与海关、口岸药品监管部门的互联互通，充分发挥药品进口口岸的平台作用，全方位推动沈阳药品航空口岸高效运行，推动辽宁医药健康产业蓬勃发展。

密切关注检验市场需求和业务发展趋势，积极扩充检验能力、拓展检验领域。2020年新增检验资质169项（CMA），顺利通过中国合格评定委员会（CNAS）的复评审＋扩项评审，扩项256项。参加国内及国际能力验证20项，参加国家药监局保健食品盲样考核12项，参加中心科技与质量部组织的微生物能力验证1项，反馈100%均为满意结果。

科研工作

科研工作突出针对性，深入研究，紧跟前沿。完成了市场监管总局科研项目《保健食品注册备案和生产许可管理制度分析研究》1项；完成省科技厅《盐酸倍他司汀中遗传毒性杂质质量控制方法研究》等2项科研项目立项工作；获批《一种快速测定注射用丙戊酸钠含量的方法》等2项国家发明专利；开展《托品酸等3个国家药品标准物质的质量监测》等4项科研课题研究；获批发表SCI论文2篇，在国家级学术期刊发表论文十余篇；积极申报了博士后工作站和辽宁省“兴辽英才计划”高水平创新团队；全年共完成11个品种国家标准起草工作及31个品种国家标准的复核工作，正在起草化药及辅料5个品种、复核18个品种的国家标准。

党建工作

辽宁省药检院党委深入贯彻落实党的十九大和党的十九届二中、三中、四中、五中全会精神，坚持“党建统领”，带领各党支部和广大党员干部增强“四个意识”，坚定“四个自信”，做到“两个维护”，始终在思想上、政治上、行动上同以习近平同志为核心的党中央保持高度一致。扎实推进“不忘初心、牢记使命”主题教育，注重主题教育成果转化运用。

辽宁省医疗器械检验检测院

概　况

辽宁省医疗器械检验检测院（以下简称“辽宁省器检院”）是辽宁省检验检测认证中心下设分支机构。成立于1988年，前身为辽宁省医疗器械研究所第二研究室。是十个国家级医疗器械检验中心之一、是全国医用X射线设备及用具标准化分技术委员会秘书处承担单位、IEC SC62B医学影像设备分会的中国对口单位。主要承担国家及省医疗器械、药用包装材料容器检测等相关工作，并开展医疗器械检验方法、标准、安全有效性研究等工作。获得CNAS、国家计量、省计量、国家医用X射线机质量监督检验中心授权等认证认可，通过TUV、CSA国际组织体系审核及授权相关检验检测。

检验检测

2020年，在辽宁省委、省政府及辽宁省检验检测认证中心的正确领导下，始终坚持“党建统领、稳中求进、专业为先、服务至上、科学管理、各方满意”的工作方针，积极迎接发展过程中的机遇挑战，有序推动医疗器械检验检测工作高质量发展。

全年共出具检验报告4475份，完成收入3908万元，同比分别增长101%、27%。全年停征、减免收费共计1044万元。承担各级监督抽检任务及风险监测任务208批次。

新冠肺炎疫情发生后，院领导班子第一时间安排部署应急工作，一线检验员大年初二返回岗位，加班加点，持续奋战，顺利完成辽宁省及湖北省等疫情地区的应急检验检测任务。同时，为大船集团、振兴集团等重点企业提供全面技术帮扶，帮助其解决生产技术难题，按下防疫物资紧急生产“快进键”。为疫情防控及企业复工复产做出积极贡献。应急检验期间，共出具应急检验报告316份，免收检验费用397万元。

保质保量完成各级监督抽检及风险监测工作共计208批次。（其中，国家58批次，辽宁省121批次，沈抚改革创新示范区10批次，沈阳市15批次，辽阳市4批次），品种包括：天然胶乳橡胶避孕套、电子血压计、牙科X射线机、一次性使用医用口罩、医用一次性防护服等。为人民群众用械安全保驾护航，为政府部门监督执法提供科学依据。

能力建设

完善质量体系文件。对管理体系文件进行1次改版、3次改进，确保体系文件的适宜性、时效性。参与内外部审核。组织年度内审，接受TUV实验室管理体系认证评审等3次外部评审，对不符合项进行深入分析，制定纠正措施，并组织整改。开展报告季度自查。累计对1212份报告进行了抽查，抽查比例达37.8%，创立部门季度质量分析会议模式，对查找出的问题深入剖析并全面整改。加强质量宣贯培训。召开“提高质量意识，保障运行体系”专题培训，并组织全员考试，有效强化员工的质量意识、风险意识、责任意识。

辽宁省器检院提升医疗器械检验检测能力建设项目获国家发改委、国家药监局、辽宁省发改委正式批复，项目获批建设资金共计15823万元，为确保如期完成建设任务，辽宁省器检院提前谋划布局，做好各项前期准备工作。预算指标正式下达后，立即全面启动项目建设，仪器设备采购与基础设施建设工作按照时间表、路线图顺利推进；拓展检验能力，通过CNAS/CMA“二合一”复评+扩项+变更评审，扩展了能力项目145项（1903个参数），增长43%。辽宁省器检院现有检验能力483项，承检范围涵盖了医用诊断X射线产品、磁共振成像设备、医用软件、电磁兼容、体外诊断试剂、医疗器械生物学等多个领域。

科研工作

坚持创新驱动。积极推进“疫情应急用车载医疗设备安全性研究”等7项省部级科研项目，提升科学研究水平；打造科研平台。国家医用数字成像设备重点实验室建设稳步推进，开展影像产品风险控制、监管科学项目研究。建成国内第一个医用显示器实验室，完成影像产品国产化核心部件标准体系，填补高端医疗影像产品国产化空白；辽宁省医疗防疫用品重点实验室顺利获批，为防疫产品检验领域深耕筑牢基础。

黑龙江省药品检验研究中心

概　况

2020年，黑龙江省药品检验研究中心克服疫情影响，紧紧围绕国家和省两级任务，全面落实省药监局党组各项工作部署，坚持高质量发展理念，以助力全民抗疫为主线，狠抓疫情防控物资检验，努力提升科研水平，不断强化队伍建设，深入推进机构改革，较圆满地完成了全年工作目标。

检验检测

2020年共受理样品5961批，其中国家药品评价性抽验257批，省药品计划抽验2922批，进口药材检验210批，医疗器械925批，化妆品561批，保健食品及其他1086批。按任务来源，监督抽验4160批，注册检验783批，合同委托检验680批，其他338批。

2020年2月，新冠肺炎疫情全面爆发后，黑龙江省药品检验研究中心迅速组织开展疫情应急检验。第一时间制定了省内应急注册容缺检验方案，协助省药监局制订了“3天完成应急注册关键防护指标检验检测方案”，对境外援助物资产品进行分类确认100多万只，鉴定各类口罩共计300余万只、防护服（衣）40万余件（套），完成各类防疫物资检验完成防疫物资检验1228批。

能力验证

2020年参加能力验证项目共计20项，包括国家药监局组织的6项，中检院组织的14项。其中药品8项、化妆品5项（理化4项、微生物1项）、医疗器械3项、食品4项（理化2项，微生物2项），覆盖黑龙江省药品检验研究中心全部检验领域。目前已全部完成结果报送，其中19个为满意结果，1个为可疑结果。

上海市食品药品检验研究院

概　述

上海市食品药品检验研究院（以下简称“上海市食药检院”）内设17个科室（中心），其中职能科室9个：办公室、党办（监察室）、组织人事科、质量管理科、财务科、业务科、信息中心，总务科、基建办、抽样科。检验科室7个：中药天然药物室/保健食品室、化学药品室/外高桥实验室、抗生素室/微生物室、药理毒理室/药物安全评价中心、生化药品生物制品室/放射性药品室、食品室、化妆品室。现有人员编制245名。目前承担检验工作有进口药品口岸检验、生物制品批签发、药品注册检验、药品国抽和评价性抽验、食品国抽和风险监测、市药监局的药品、化妆品和食品（保健食品）的监督、专项和风险监测检验。12月18日，根据中共上海市委机构编制委员会文件精神，上海市编办批复同意上海市食品药品检验所更名为上海市食品药品检验研究院。

检验检测

2020年共完成检验检测样品29250件，抽样17230件。

药品方面，圆满完成药品监督抽验。承担了五个品种的国抽任务，完成6个品种的带量招标专项检验、10个品种的国家集采专项检验。高效完成疫情防控专项及应急检验。持续做好批签发品种检测，保障抗疫一线临床供应。解决技术难题、助力创新药上市。加快新药登陆中国市场的进程，上海电视台进行新闻报道。助力名牌产品国际注册，为中医药国际化做贡献。

化妆品方面，完成国家药监局风险监测任务，撰写3份风险监测分析报告。持续建设高通量风险物质筛查、注册备案检验与毛发产品中安全风险物质检测平台。申报市科委研发公共服务平台专项。

食品方面，连续成为水产品及水产制品牵头单位。协助举办食品安全快检培训班暨食品安全快检技能竞赛。圆满完成第三届进博会食品安全现场保障工作。申报了市场监管总局重点实验室。

在疫情面前，上海市食药检院全力投入打赢疫情防控阻击战，为疫情防控用药的质量安全提供强有力的技术支撑。

完成“荆银颗粒”恢复生产后的标准审核和应急检验工作，该品种列入“上海市新型冠状病毒肺炎中医诊疗方案”，确保抗疫产品早日送达抗疫一线；加急完成布地格福吸入气雾剂和环硅酸锆钠散的首次进口通关检验，助力疫情防控；承担市药监局抗疫专项检验任务，完成利巴韦林注射液、痰热清注射液、生脉注射液的应急检验任务；24 小时内完成疫情防治方案中推荐使用的免疫调节药品胸腺法新的加急检验检测，以最快速度出具检验报告书；加快速度进行托珠单抗新标准的方法转移工作，以响应国家卫健委和中国红十字会紧急征调罗氏制药的进口托珠单抗用于武汉危重患者治疗的号召；持续做好应对疫情防控的生物制品批签发品种的各项检验检测，保障抗击疫情一线的临床供应。

除完成本所检验任务，还派员支援国家疫情防控相关工作。受新冠疫情影响，流感疫苗市场需求量明显增加，企业生产及送检量较往年增长一倍，中检院流感疫苗批签发工作压力大，派出两名技术骨干赴中检院协助检验。为支持新冠病毒疫苗的审评审批相关工作，再次派出两位技术骨干，支援国家药监局核查核验中心的新冠疫苗临床试验核查工作。

对流感疫苗开通“绿色检验通道”，加快检验，随到随检。为防止新冠肺炎疫情和季节性流感疫情在秋冬季出现叠加，加快流感疫苗上市速度，对上生所生产的五批流感疫苗进行了检验，共计 607773 人份。还完成江苏金迪克四价流感病毒裂解疫苗 54 批次安全性检查。

能力建设

主动适应职能调整新要求，不断拓宽检验检测能力和资质范围。共进行四次外部认证认可及检查。获得相关资质。PTP 工作顺利开展。组织实施 7 个 PTP 计划 8 个项目，331 家机构参加。为监管机构量身定制能力验证服务。连续三年承担国家药监局能力验证项目，参加实验室达 674 家。承担市市场监管局对获 CMA 资质机构的考核项目。承担对本市食品安全承检机构能力验证考核。组织全市化妆品注册与备案检验机构专项检查。推进疫苗国家监管体系评估准备等 WHO 相关工作。

科研工作

主办和协办国际学术会议 2 场。发表 SCI 论文 11 篇，合计影响因子达 30 分左右，创近年最高纪录。首次探索成功申报国际 PCT 专利。参与 ISO 中药国际标准制订，实现该领域零的突破。

获中国药学会科学技术奖二等奖、上海药学科技奖（应用类）一等奖和二等奖。获省部级以上科技课题立项 11 项；市局级立项 6 项。发表学术论文 73 篇。42 篇论文获省部级以上科技论文交流奖。获得 1 项实用新型专利授权，授权专利共计 24 项。新申请 13 项专利。成果登记 12 项。签订三技合同 41 项，成果转化服务全国 34 家药品企业。

上海市医疗器械检验研究院

概　况

2020 年，根据市委编委批复，上海市医疗器械检测所更名为“上海市医疗器械检验研究院”

（以下简称“上海市医械院”）。根据市委、市政府统一部署以及市市场监管局、市药监局工作要求，以习近平新时代中国特色社会主义思想为指导，始终坚持党建引领。在新冠肺炎疫情大考中，巩固和深化党建工作成效，充分发挥检验检测机构的技术优势，扎实做好疫情防控各项检验工作，助力企业复工复产，努力营造营商环境，全面完成年度各项目标任务。

检验检测

2020 年，上海市医械院共完成检验检测任务 4878 批次。承担 12 个品种的国家监督抽验任务，共计 212 批次，合格率 90.6%。完成国家药监局开展的新型冠状病毒检测试剂专项抽检工作，共计 6 批次，结果均符合标准要求。承担市级监督抽检任务 425 批次，涉及疫情防护产品 68 批次。完成当年检验检测任务 396 批次，合格率 98.4%。承担商品进口检测样品 156 批次，完成检测共计 144 批次，涉及超声外科吸引系统、电子消化道内窥镜、呼吸面罩、牙科综合治疗台等，合格率为 86.1%。

能力验证

2020 年，上海市医械院在医用防护用品、植入器械、体外循环产品等领域新增和更新 81 项标准检测授权，在上海健康医学院设立呼吸麻醉设备、骨科植入器械和体外诊断试剂三个专业实验室，并获得呼吸麻醉设备、体外诊断试剂以及无源植入器械专业领域 171 项标准检测授权，共具备检验检测资质认定授权 869 项，检测范围涵盖了医疗器械电气安全、生物安全、电磁安全、材料安全和性能检验等各技术领域。

科研工作

2020 年，上海市医械院完成医疗器械行业标准制修订任务 19 项，牵头申报《医用电气设备 第 2－90 部分 高流量呼吸治疗设备基本安全和基本性能》ISO 标准，是我国首个疫情防控医疗器械国际标准。

有序推进科技部项目“医学影像设备可靠性与工程化技术研究及应用”。获得“面向手术机器人的专用检测设备开发及方法研究”“呼吸机关键性能指标自动化测试系统的研制”2 项市科委课题立项。进一步完善科技成果转化及专利工作，技术合同登记 13 份，申请专利 4 项。

江苏省食品药品监督检验研究院

概　况

2020 年，江苏省食品药品监督检验研究院（以下简称“江苏省食药检院”）坚决贯彻习近平总书记关于食品药品“四个最严”要求，认真落实省市场监管局党组与省药监局党组各项工作要求，坚持新冠疫情防控与检验能力发展“两手抓，两手硬”，积极进取，开拓创新，为省药监局行政监管提供有力技术支撑。

检验检测

江苏省食药检院全年共完成各类检验 11135 批次。其中，完成各类抽检、复检等 5968 批（包括药品监督及专项抽验 1233 批，复验 13 批；保健食品安全风险监测及监督抽验 156 批；化妆品安全风险监测 657 批，复验 4 批；食品抽检监测 3861 批，复验 44 批）；各类注册检验 1870 批（全部为药品注册检验）；进口药品抽检 849 批；各类合同检验 1981 批（药品合同检验 1359 批，辅料合同检验 1 批，咨询检验 592 批，保健食品备案检验 3 批，化妆品备案检验 26 批）；委托检验 32 批；能力验证、实验室间比对、扩项模拟试验和实验室资质认定评审现场试验 435 批。

2020 年共抽取样品 6802 批次，包含食品 3871 批次，保健食品抽样 156 批次，药品 2118 批次，化妆品 657 批次。

江苏省食药检院在国家药品评价性抽验药品质量分析工作受到国家药监局表扬。2020年承担兰索拉唑系列等5个品种，所有三个参评品种分获小组评价第一名、第三名、第七名好成绩。

在省级专项抽验工作中，江苏省食药检院共承担进口药品省级监督抽检等5个专项检验，以及食品、保健食品、化妆品国家级与省级监督抽检与风险监测工作。

积极参与国家药监局核查中心药品注册核查，以及省药监局GMP检查、跟踪检查相关工作，委派专家174余次，计752天。向疫苗生产企业派驻场核查员。

食品药品检验中的重要活动、举措、成果

1月10日，江苏省药监局药品安全总监于萌一行赴江苏省食药检院专题调研疫苗和生物技术药物检验能力建设，实地考察了省食药检院位于北京西路6号新改建的疫苗检测中心、微生物和动物实验室。

2月，江苏省食药检院开展“我是党员，我先上”活动，从党员领导干部到普通员工一边开展新型冠状病毒感染的肺炎疫情防疫工作，一边开展抗疫药品应急检验、相关企业现场核查等工作，引起强烈反响。

3月19日开始，开展《疫苗管理法》《药品管理法》和《食品安全法实施条例》系列学习实践活动。开展了八期学习效果线上测试，达到较好学法效果。

4月23日至24日，江苏省食药检院通过资质认定扩项现场评审。本次评审涉及江苏省食药检院康文路17号和北京西路6号两个场所，包括药品、化妆品、保健食品、食品四个领域。向省市场监管局推荐康文路17号非食品领域（药品、化妆品、保健食品）三大类3小类8个参数，授权签字人10人；北京西路6号食品领域（食品中添加剂、农兽药残留、其他参数）一大类3小类113个参数，授权签字人3人。

5月23日至24日，江苏省食药检院通过实验室认可现场评审。本次评审共涉及江苏省食药检院康文路17号和北京西路6号两个场地，其中康文路为复评审，北京西路疫苗检测实验室申请扩项生物制品（疫苗）检测参数23个（含方法标准31个）。通过本次评审，评审组推荐江苏食省药检院申请扩项的全部生物制品参数。这些参数覆盖江苏省生产的四价流感病毒裂解疫苗等4种疫苗产品的全项检测能力，使江苏省食药检院向建立健全疫苗批签发技术能力、申请国家疫苗批签发机构迈出了坚实一步。

6月22日至24日，江苏省食药检院举办全省食药系统实验室生物安全培训班，院领导班子全体成员和生物安全相关人员近五十人参加培训，并组织十余家省市级食品药品检验机构共同参加。该培训班由市场监管总局认证认可研究中心主办。

7月15日，江苏省食药检院袁耀佐博士获2020年“江苏省有突出贡献中青年专家”荣誉称号。

7月30日，江苏省食药检院收到APLAC（亚太实验室认可合作组织）能力验证最终结果报告，参加的三个项目（大米粉中总砷、无机砷和镉）结果均为满意。江苏省食药检院作为四家CNAS选派实验室之一，代表中国食品检测机构参加此次国际能力验证。

9月，江苏省食药检院与经济薄弱村淮安市淮安区车桥镇桥头居签订“城乡结对、文明共建”协议。这是江苏省食药检院为充分发挥省级文明单位示范带动作用，推进江苏省城乡文明一体发展，同时为构筑道德风尚建设高地、建设社会文明程度高的新江苏开展的重要活动。

11月18日，江苏省食药检院举行了智慧检验信息管理系统项目开工会。历时半年，经调研论证、立项审批、招标采购等程序，省院信息化建设步伐进一步加快。

12月30日，江苏省药监局局长、党组书记田

丰赴江苏省食药检院调研，实地查看了受理大厅、实验室等场所，检查督导安全管理情况，并主持召开座谈会，深入了解工作进展，就加强江苏省食药检院工作提出明确要求，强调要着眼未来、定位一流，在改革创新中实现更高水平发展。

浙江省食品药品检验研究院

概　况

2020 年，浙江省食品药品检验研究院（以下简称“浙江省食药检院”）全面落实省药监局“干好三四六、继续争一流”的总体要求，以最严格的措施抓好疫情防控，以最有效的技术支撑科学监管，以最积极的态度推进创新研究，以最优质的服务助力企业发展，以最务实的作风推进重点工作和党的建设，较好地完成各项目标任务。全年共完成各类检验任务 18097 批次，其中国家和省级各类监督抽检专项检验 10908 批次，精准服务监管。全年新增省科技进步奖 3 项、标准创新奖 1 项，获科学监管突出贡献集体奖，2 个试点项目被评为全省药品安全治理创新最佳实践项目，承办首届药品科学监管与创新发展峰会得到各界好评。

检验检测

2020 年，共完成药品各类检验检测 9546 批次，其中国内药品 7169 批次，药包材 1547 批次。承担了国家级抽验 710 批次，省级抽验 2265 批次，进口药品 830 批。

2020 年，全年共完成食品各类检验检测 4581 批次，其中承担了食品国家级抽验 1637 批，省级抽验 2944 批。

2020 年，共完成保健食品各类检验检测 174 批次，其中承担了国家级抽验 99 批，省级抽验 70 批次。

2020 年，共完成化妆品各类检验检测 3796 批次，其中承担了国家级抽验 510 批次，省级抽验 2842 批次。

1 月 22 日，迅速启动应急检验准备工作，制定疫情防控相关产品应急检验绿色通道工作程序，做到即收即检即出报告。如，在新冠肺炎潜在药物“法维拉韦”应急注册检验中，面对项目繁多、方法复杂、时间紧急等诸多挑战，技术团队迎难而上，连续奋战 5 个昼夜出具检验报告，比常规检验提速 10 倍多，为疫情防控贡献力量。

能力建设

新增化妆品、食品等检验能力 236 项，全院能力总参数达到 1974 项，创建全国药检系统内首家具有生物安全三级防护实验室工况验证能力的检测机构。参加国家药监局 10 项能力验证获满意结果。4 项能力通过 WHO、FAPAS、LGC 等国际一流机构组织的验证。组织全省 25 家检验机构开展能力验证，从能力验证参与者转变为组织者。开展疫苗监管体系评估工作，完成甲肝、腮腺炎两个品种疫苗扩项实验。二期基建项目平稳推进，主体工程通过验收。召开《中国现代应用药学》主编会议和编委会，更加凝聚发展共识、明确发展方向和思路。开辟“新冠肺炎”专题，刊出稿件 28 篇，知网累计下载量超过 1.3 万次，为新冠肺炎的学术研究和临床治疗提供重要参考依据。与中国知网、科学出版社合作开启“网络首发”新模式，打造新媒体运营平台。制定特约稿件提速机制，得到业内人士充分好评。启动了生物医药创新公共服务平台建设，着力打造国内一流、全省首个集疫苗批签发实验室、高端生物制品检测实验室、研发中试基地于一体的创新服务平台。绍兴滨海新区安评中心 GLP 认证相关工作有序推进。积极筹建浙江省原料药安全研究中心。

科研工作

四个国家药监局重点实验室考核优秀，省

级重点实验室考核良好。科研成果再创佳绩，主持的“浙江中药饮片炮制规范关键技术研究与应用”和“氨基糖苷类抗生素质量控制关键技术创新及其应用”项目分获省科学技术进步奖二等奖、三等奖，参与的“冷鲜鸡质量安全控制关键技术集成与示范”项目获省科学技术进步奖二等奖，“主导制定载入国际药典和中国药典的抗结核病药品系列标准”荣获省标准创新贡献奖，浙江省食药检院成为全省唯一一个连续获标准创新奖的单位。标准创新工作得到了徐润龙局长、董耿总监的批示肯定，并在浙江政务信息上专报刊登。出版发行《法定药用植物志·华东篇》第四、五册，编写全国中药材探秘系列丛书之《探秘薏苡仁》。立项省部级课题7项，新增科技成果12项。

党建工作

深入学习习近平新时代中国特色社会主义思想和总书记系列重要讲话精神，切实增强理论水平。组织开展“学讲话、找差距、争当排头兵”等专题大讨论活动，切实增强“重要窗口”的责任担当，夯实改革发展的思想基础。各支部按照规定开展“三会一课”、主题党日、组织生活会、政治生日等，并推行“轮流主持人”、“互联网+”、“每周健康·正能量”推送、微党课等形式，成效明显。强化党务工作，组织开展“党员信息管理系统”、纪检干部能力提升等培训，确定入党积极分子6名，发展对象2名。层层签订党风廉政责任书，修订完善“三清单一对策”和“两清单一举措”，压实全面从严治党责任，拧紧廉洁自律“螺栓”。组织正风肃纪和质量管理融合检查66次，119个“微问题”得到有效整改。建立健全重点工作抓落实制度，实行清单式管理，在钉钉上开发全程督办系统，完成情况纳入部门年度考核。获批两个省级“青年文明号”。组织策划了15项群团活动，如组织全省食药检系统开展“跟着习总书记读好书”讲书大赛，开展了花艺、运河毅行活动暨微视频评选和系列心理咨询活动，取得较好成效。

浙江省医疗器械检验研究院

概　况

2020年，浙江省医疗器械检验研究院（以下简称“浙江省器械院”）按照省药监局“保安全、促发展、争一流”的工作目标，坚持聚焦“服务监管、服务产业、服务公众”这一新时代的使命，继续深入实施“三纵四横一平台”工作载体，疫情防控彰显担当，服务监管积极作为，服务产业精准发力，技术能力快速提升，队伍建设持续推进，圆满完成全年目标任务。

浙江省器械院牵头的人工晶状体、软性接触镜等2个国抽品种的质量分析报告在2020年度医疗器械抽检工作中评为优秀等级。2021年1月7日，浙江省器械院未来科技城院区正式启用，为杭州城西科创大走廊医疗器械企业研发和生产提供了一个高质量、专业化的公共服务平台。浙江省器械院收到眼力健（上海）医疗器械贸易有限公司的感谢信——服务首个通过海南博鳌真实世界数据试点的第一批唯一设备类产品飞秒激光眼科治疗系统。

与此同时，浙江省器械院黄丹同志获国际电工委员会（IEC）1906大奖；甄辉同志被授予“全国市场监管系统抗击新冠肺炎疫情先进个人”称号；张莉同志被授予“浙江省抗击新冠肺炎疫情先进个人”称号；颜青来同志入选全省市场监管系统科技尖兵。

检验检测

全年累计受理各类检测任务10667份，出具报告8740份，检测报告数量增长明显。开展国家级监督抽检，完成4个牵头品种354批次的检验任务，形成监督抽检质量分析报告；开展省级监督抽检，完成1132批次的检验任务。承接15个市/县级市场监督管理部门的委托抽检，共计完成280批次的检验任务。

积极响应开展应急检验工作，建立“7×24”应急检验机制，应急检验期间开展检验1555批次。累计开展防疫用医疗器械检测2698批次。积极配合开展防疫物资专项整治，保障防疫用医疗器械产品质量安全。开展医用防疫物资各类监督监督抽验400多批次；开展“420”案件涉案口罩的检测。参与新冠病毒检测试剂盒国家评价性监督抽验；完成“医用口罩和医用防护服检测实验室检查要点”编制；配合开展防疫用医疗器械监督检查、飞行检查等各项工作。

能力建设

依据ISO/IEC 17025建立完善的实验室质量管理体系，2020年度新增检验项目技术能力34项。目前，下沙核心院区通过检验机构资质认定（CMA计量认证）716项，中国认证认可委实验室认可（CNAS）611项；宁波实验室通过检验机构资质认定（CMA计量认证）38项，中国认证认可委实验室认可（CNAS）33项。

按照“一核三区”的总体布局，浙江省器械院奋力打造一流的综合型医疗器械检验研究机构。两个院区分别于2021年1月及2021年4月份正式揭牌启用。未来科技城院区建筑面积5000平方米，拥有接轨国际的材料安全和功能评价实验室、国内领先的高精度测量实验室以及涵盖生化免疫、核酸扩增、基因测序的体外诊断试剂实验室和公共应急防护物资检测实验室。余杭经济技术开发区院区建筑面积12000平方米，配套电气安全、电磁兼容、环境可靠性、医用机器人、医用软件等检测平台。投资约5亿元占地面积40亩的“长三角医疗器械检测评价与创新服务综合体”项目正式启动，以服务医疗器械产业创新发展为目标，成立“一站两中心一平台”，即“省药监局医药创新和审评柔性服务站”“公共卫生应急物资（医疗器械）检测中心”“医疗器械生物安全评价中心”以及“医疗器械全生命周期创新服务平台”。与此同时，提升医疗器械检验检测能力项目面向医用光学、医用机器人、生物学评价等三大领域，相关工作有序推进。

科研工作

浙江省器械院着力加强科研体系和科研能力建设，以科研创新激发内生动力。强化创新载体建设，国家药监局生物医学光学重点实验室组织召开第一届学术委员会议，讨论通过重点实验室建设方案，形成三年及五年发展规划。科研项目有序推进，全年申报并获得《医用机器人性能测试与安全评价平台建设》等8项科研项目立项，完成《医用激光产品安全分类检测系统的建立》等8项国家重点研发项目、院所专项、省药监局项目等验收，获得4项项目成果登记证书；进行7项专利申报。

浙江省器械院始终坚持“科研支撑标准制定，标准体现科研成果”的“研究型”标准化工作理念，牢抓医用光学领域特色优势，全年完成《医用电气设备 第2-18部分：内窥镜设备的基本安全与基本性能专用要求》等2项国标、《眼科光学 接触镜护理产品 第5部分：接触镜和接触镜护理产品物理相容性的测定》等8项行标以及GB 11417.2-2012《眼科光学 接触镜 第2部分：硬性接触镜》第1号修改单等6个标准修改单的制修订工作。组织召开年度医疗器械行业标准网络宣贯会，开展YY 0290.3-2018《眼科光学 人工晶状体 第3部分：机械性能及测试方法》等2项行业标准和1项行业标准修改单的宣贯工作，推进标准的贯彻实施。参与国际标准化有关活动，完成ISO/TC172/SC7“眼科光学和仪器分技术委员会”和SC5“显微镜和内窥镜分技术委员会”16项国际标准投票工作。《眼科仪器 间接检眼镜》等3项行业标准通过2020年度标准立项。

安徽省食品药品检验研究院

概　况

2020年，安徽省食品药品检验研究院（以下简称“安徽省食药检院”）上下凝心聚力，紧紧围绕新冠肺炎疫情防控大局和检验工作中心，全力以赴做好防控物资应急检验，检验业务量和收入稳步提高；党建、党风廉政建设和意识形态等工作扎实推进；顺利通过国家药监局中药重点实验室评审，生物制品批签发实验室建设取得新突破，业务水平、科研创新、质量管理、技术实力等都迈上了新台阶，为食品药品安全监管和产业发展提供了坚强的技术支撑和保障，取得了十分显著的业绩。

检验检测

2020年，安徽省食药检院发出各类检验报告书共15260批。其中，食品检验8352批，药品检验3569批，化妆品检验749批，医疗器械检验3339批，药包材检验363批。食品、医疗器械抽样完成率均达到100%，尤其是药品抽样取得了流通环节抽样数量和总积分排名均全国第一的好成绩。

2020年，新冠肺炎疫情全球肆虐，安徽省食药检院受理防疫物资应急检验共2110批，涉及口罩、防护服、测温装置等。经过对企业的技术帮扶，全省防护服和医用口罩的产能较疫情前分别增长238倍和399倍，其中，红外测温仪、N95口罩注册生产实现了零的突破。

食品药品医疗器械检验中的重要活动、举措和成果

3月15日，安徽省人民政府副省长周喜安亲临安徽省食药检院食品检验所，就食品安全检验工作进行调研指导。

10月14日，安徽省人民政府副省长张红文一行实地调研安徽省食药检院药品检验与研究所、医疗器械与药包材检验所，详细了解药品检验检测能力建设等情况。

11月12日至13日，国家药监局党组成员、副局长陈时飞莅临安徽省食药检院调研生物制品批签发实验室和动物管理中心能力建设情况。

科研工作

1月，安徽省食药检院室申报的“中医药现代化研究”重点专项“中药材净切制关键技术与智能设备研究及应用”项目“课题五中药饮片净切质控标准及评价方法研究”和医疗器械与包材所有源医疗器械室参与申报的“数字诊疗装备研发”项目“内窥镜专用CMOS图像传感器及处理传输模块研发”两项2019年科技部重点研发计划项目获得批准立项。

6月8日，安徽省食药检院申报的食品、农产品智能化检测及质量安全预警平台关键技术研究与应用和食用植物油中关键危害物检测与控制技术研究两项2020年度安徽省重点研发计划项目获得批准。

7月，安徽省食药检院程坚、张居舟两位同志参与完成的“油脂类休闲食品关键危害物检测与控制技术研究及产业化”项目，卢业举同志参与完成的“安徽主要进出口农产品污染物检测与品质控制标准化技术及应用”项目以及蒋俊树同志参与完成的“小麦多层次精深加工关键技术研究与应用”项目，分别被授予2019年度安徽省科学技术进步奖二等奖。

8月，安徽省食药检院食品检验所张居舟副所长主持的安徽省创新环境建设专项项目“新监管模式下食品检验检测体系研究”通过验收，并顺利获得安徽省科技成果登记证书。

8月，安徽省食药检院药品检验与研究所中药室刘军玲申报课题《黄精炮制工艺产业化关键技术与质量提升标准化研究》，这是安徽省食药检院首次主持申报安徽省科技重大专项项目。

9月，国家粮食和物资储备局标准质量管理办公室发布了2020年粮油产品企业标准“领跑者”评估机构名单，安徽省食药检院食品检验所申请获批为“杂粮——红小豆和杂粮——绿豆”评估机构，这是此次我省唯一获批的机构。

11月，安徽省食药检院组织编写的《安徽省中药饮片炮制规范》2019年版增修订品种起草说明正式出版发行。

11月，安徽省食药检院药品检验与研究所中药室在2019年国评品种“补骨脂”中发现按《中国药典》（2015年版）一部检验含量测定不合格的机制，并根据机制修订了质量标准。经中检院复核上报国家药典委，通过专家论证，现已在国家药典委网站公示。

12月8日，安徽省食品质量安全检验方法标委会组织专家完成对我院主持的《地理标志产品八公山豆腐》《淮南牛肉汤的制作规范》2项地方标准的审定工作。

12月16日，安徽省食药检院食品检验所理化检测室主任王玲玲主持申报的市场监管总局科技计划项目“构建多维度芝麻油品质评价模型及应用”获批立项。

12月，安徽省食药检院参与申报的“面向连续性诊疗周期的妇产科医联网关键技术研发与示范”和“牛肉精深加工技术集成研究及产业化”两项2020年安徽省科技重大专项公开竞争类专项获得立项。

12月，安徽省食药检院药品检验与研究所中药室在进行2020年国家评价性抽验品种“小儿珍贝散”的探索性研究中，共发现3个重大问题、3个一般问题。分析报告评比获全国第10名，荣获国家药监局表扬。

江西省医疗器械检测中心

概　况

江西省医疗器械检测中心（以下简称“江西省中心”）为隶属江西省药监局的全额拨款事业单位，宗旨和业务范围包括“开展医疗器械、食品检测，中西医药研究，促进食药事业发展。承担医疗器械审批和质量监督工作中的检查检测以及技术审评，医药研究、医药产品及食品质量检测等工作；指导全省医疗器械生产、经营、使用单位的质量检验技术。”2020年，在江西省药监局党组的正确领导和关心支持下，全体干部职工初心不改、加油实干，顺利完成2020年度国家、省级各项监督抽检任务及社会委托检验任务，取得一定成效，全年共出具检验报告6339份。2020年12月，江西省中心获得全国市场监管系统抗击新冠肺炎疫情先进集体。

检验检测

2020年，江西省中心承担完成2020年国家医疗器械抽检（中央补助地方项目）专项工作，完成18个品种70批次的抽样工作和4个品种81批次的检验任务。

承担完成2020年江西省医疗器械监督抽检工作，完成包括省级监督抽检1450批次、防疫物资专项风险监测抽检216批次、在用医疗设备质量监测抽检152批次共计1818批次的抽检工作，总量完成率101%。

承担完成飞行检查抽检18批次、复检55批次；受理完成企业注册检验1676批次、委托检验2028批次；受理完成洁净厂房净化环境检测287批次的检验。

完成地方各级监管部门委托监督抽检项目检验共计376批，其中江西省市场监管局委托检验119批次、海南省药监局委托检验115批次，贵阳市食品药品稽查局委托检验100批次，南昌市市场监管局委托检验42批次。

2020年2月11日，江西省中心获批医用防护口罩和医用防护服两个产品共21个参数的检测资质；4月12日获批2019年国家CMA医疗器械扩项，增加无源、有源、诊断试剂三大类共

132 个参数和产品的检验能力；6 月 23 日江西省中心获批民用口罩扩项两项，共增加 25 个参数的检测资质。12 月 14 日获批防护服抗静电性 2 个参数的省级 CMA 扩项。

能力建设

2020 年，江西省中心全年参加各类能力验证项目共计 8 项，均获满意结果。其中，参加中检院组织的“橡胶医用手套不透水性检测”“血清中尿酸、尿素和总蛋白测定”“血清中生化指标检测能力验证”能力验证项目 3 项；参加国家认证认可监督管理委员会委托北京亚分科技有限公司实施的“医用口罩过滤效率检测”“民用防护口罩吸气阻力和过滤效率的测定”能力验证项目 2 项；参加市场监管总局组织、北京市海关技术中心承担的“一次性使用卫生用品中致病菌的检测”能力验证项目 1 项；参加中国合格评定国家认可委员会组织、宁波市海关技术中心实施“毒性病理学检查能力验证”能力验证项目 1 项，参加中国毒理学会毒性病理学专业委员会联合广东省职业病防治院组织实施的“2020 年度毒性病理检测实验室室间比对活动——病理诊断项目”实验室间比对 1 项。

江西省中心严格执行年度质量控制计划，采取“留样复测，人员、仪器、实验室间比对”等形式，2020 年完成了 15 个项目的检验结果质量控制活动，对所检测的结果进行了比对、分析，均为可信，准确度满意。

根据 2020 年 5 月 29 日发改投资〔2020〕826 号《国家发展改革委关于医疗器械检验检测能力建设项目实施方案的复函》文件精神，江西省中心的能力建设项目已正式获国家发改委、国家药监局立项批复，投资总额 1.69 亿元。至 2020 年底，该项目已完成装修设计公开招标，已进入装修与设备采购准备阶段；赣江新区新址 5 号楼 1.3 万平方米已完成外部装修；EMC 实验室 0.97 万平方米已进入建设施工阶段。

山东省食品药品检验研究院

概　况

山东省食品药品检验研究院（以下简称“山东院”）成立于 1956 年 6 月，于 2014 年 6 月更名为山东省食品药品检验研究院，承担食品、药品、化妆品检验检测和技术研究工作。截至 2020 年底，山东院共有事业编制 148 人，在职职工 332 人，其中高级职称资格约占在编人员的 76%，拥有享受国务院特殊津贴 1 人，省突出贡献中青年专家 1 人。实验室面积约 2.7 万平方米；检验和科研仪器设备原值约 3 亿元。

山东院检验资质基本涵盖所有食品（包括保健食品）、药品和化妆品，是国家口岸药品检验所、国家认证的药品安全评价中心，是国家食品复检机构，是国家蔬菜和化学药品评价抽检技术牵头组长单位、国家第一家食品添加剂发证检验机构，是国家药品审评中心实训基地。

检验检测

全年完成检验检测 32352 批次，其中食品 20164 批，药品 8801 批，保健食品化妆品 3387 批；承担 4 个品种 444 批次国家药品评价抽验工作。探索性研究方面，化学组 51 个品种中，山东院分别取得第 1、9、18 名，中药组取得第 5 名。药品抽样工作、探索性研究工作和质量分析工作被国家药监局表彰为表现突出单位。

完成 27 个品种 30 余批次疫情防控药品应急检验，药品应急抽检 331 批，为确保疫情防控药品保障供应做出贡献；积极研究进口药品有关政策法规，起草相关抽样、检验措施，对加快进口药品的通关、保障药品质量起到重要作用；开展全省人血白蛋白以及人静脉注射免疫球蛋白抽检工作，完成血液制品 141 批次批签发任务，保障疫情期间血液制品生产供应；

针对疫情期间部分自媒体炒作寿光蔬菜存在农残超标等质量问题，抽取寿光主导蔬菜 129 批，样品合格率 100%，有效维护全省蔬菜产业的声誉和疫情期间的市场稳定；为 612 余家企业减免检验检测费用 620 余万元，助力企业平稳复工复产。

完成 28 个品种标准提高起草、46 个品种标准提高复核工作，起草的 27 项标准收录于《中国药典》（2020 年版），完成《中国药典》（2020 年版）8 个辅料品种的英文版编写。组织成立《山东省中药材标准》、《山东省中药饮片炮制规范》（2022 年版）标准制修订工作委员会，开展相关品种的标准起草工作。

制定 2020 年全国抽检任务信息系统基础表，并针对市场监管总局食品风险监测工作，编制 2020 年风险监测项目研判参考值，由市场监管总局及各省级市场监管局组织实施，保障了 2020 年全年抽检工作的顺利开展。

能力建设

4 月至 10 月，山东院组织开展对全省 233 家具备乳粉中蛋白质检验资质的检验机构、66 家乳品生产企业和 27 家食品安全承检机构进行能力评价。为提升全省乳品生产质量和省市场局有效监管提供了有力的技术支持。

组织全省 416 家药品企业参加“中药中铅元素残留量测定”和“药品需氧菌总数计数”检验能力评估，为监督检查提供了重要参考依据。

完成资质认定扩项 2 次，新增 302 个参数；参加市场监管总局、国家药监局、中检院等能力验证计划 40 项，能力验证结果均为满意。

科研工作

获省科学技术进步奖及各类行业协会奖 10 项；国内发明专利 8 项，国际革新专利 2 项，实用新型 72 项，软件著作权 12 项，论文 119 篇，其中 SCI 文章 18 篇。

山东省医疗器械产品质量检验中心

概　况

山东省医疗器械产品质量检验中心（以下简称“山东省中心”）在山东省药监局党组和中检院的领导下，以习近平新时代中国特色社会主义思想为指导，深入学习贯彻党的十九大和十九届五中全会精神，自觉把思想和行动统一到中央、省委和省药监局决策部署上来。以党建引领，坚持科研标准先行，扎实履行支撑职能；抓制度建设，加强流程再造，服务产业创新发展；重固本强基，强化能力建设，护航百姓用械安全。以“忠诚、干净、担当”为标准，打造勇于拼搏奉献的团队，持续发力，不断实现新跨越。

检验检测

2020 年，山东省中心检验并出具各种医疗器械、药包材产品检验报告九千余批次，应急检验报告三千余批次。

新冠肺炎疫情暴发后，山东省中心立即进入“战时”状态，紧急召回技术骨干，“开绿灯、减环节、保前线”，“五加二、白加黑”，迅速投入应急检验。采取提前介入、容缺受理、并联检验等措施，叫响“一个支部一座堡垒”、“一名党员一面旗帜”，喊出了“看我的、跟我上”等口号，与病毒争时间、抢速度，连续奋战 5 个月，应急检验 3683 批次，居全国前列。发挥专业优势，主动作为，靠前服务，派出多名技术专家到 9 地市对企业进行技术帮扶，为企业扩产达能提供技术支持。开展技术攻关，四昼夜完成了重复性使用防护服的行业标准报批稿上报。体现责任担当，创造性提出非无菌防护服等创新理念，极大地缓解了防护服供给不足问题，为打赢抗疫“总体战”“阻击战”贡献力量。受到中共中央、国务院、中央军委的表彰，被授予“全国抗击新冠肺炎疫情先进集体”荣誉称号，受到国家卫健委等六部委工作组和省委、省政府领导的多次表扬，江西省药监局党组专门发文通报表扬。

山东省中心在2019年成功申报两个国家药监局重点实验室的基础上，又成功申报了国家药监局医用卫生材料及生物防护器械质量评价重点实室。同时，全国首家医疗器械GLP实验室通过专家组现场审评，实现医疗器械GLP实验室的“零”的突破。参与国家医疗器械能力提升项目第一阶段的任务，并顺利完成；“食品药品、医疗器械创新和监管服务大平台”项目启动开工。与几十家企业签订技术服务协议，积极服务新旧动能转换，帮助企业创新发展，助推企业做大做强。派出多人参加国家药监局和江西省药监局的监督检查、飞行检查、体系考核、风险会商以及技术评审等工作；参与5项国家药监局医疗器械审评中心指导原则的制修订工作；多人受邀在国际、国内会议上做报告。

能力建设

2020年，山东省中心圆满完成全年医疗器械和药品包装检验检测任务，样品受理量增加50%，检品完成量增加30%。完成管理手册、程序文件的换版；完成实验室复评审工作，山东省中心承检能力范围CNAS扩项至1334项。国家医疗器械检验检测能力提升项目稳步推进，完成近六千万的仪器设备采购，为满足疫情防控应急检验和扩展检验领域提供保障，圆满完成2020年度国抽器械、省抽器械和包材任务。共完成国抽检验160批；完成省抽医疗器械876批；省抽包材172批。完成抽检产品的质量评估工作，为行政监管提供技术支撑和风险提示。

河南省食品药品检验所

检验检测

2020年，河南省食品药品检验所（以下简称“河南省食药所”）共完成各类抽样2710批，其中药品类2167批（国家药品评价567批；省药品监督抽样1600批），化妆品类543批（国家化妆品监督抽检和风险监测503批；省化妆品监督—应急抽检40批）。共完成各类检验10902批。药品类9017批。其中，国家药品评价抽检694批；省药品监督抽检1600批（其中，基本药物抽检500批、降压药专项120批、避孕药专项33批、补铁补钙骨科用药专项79批、滴眼剂专项67批、集中采购中标药品及通过仿制药一致性评价品种专项131批、两年内新批准上市药品专项40批、溶出度专项100批、进口化学药专项5批、中药材重金属和农残专项45批、中药掺伪专项151批、注射剂安全专项200批、原料药辅料和包材专项87批、其他专项42批）；药品注册检验674批；NDMA应急检验3843批（其中企业委托3818批，国家抽检25批）；企业委托检验药品630批（药包材42批、药品588批）；科研检验72批；案件16批；其他1576批。化妆品1797批（其中，国家化妆品监督抽检503批；省化妆品抽检监测1292批、化妆品备案检验2批）。不合格（问题）样品69批。其中药品67批、化妆品1批、药包材1批。

科研工作

按期完成国家标准提高25个品种，新申报国家标准提高任务5个。3个省科技攻关项目课题有序进行。发表各类论文30余篇。

药品检验中的重要活动、举措和成果

6月18日上午，河南省食药所举行了中华人民共和国河南口岸药品检验所揭牌仪式。河南省市场监管局党组书记、局长马林青同志，河南省药监局党组书记雷生云同志出席仪式并揭牌，河南省药监局局长章锦丽同志出席仪式并致辞，河南省药监局领导班子、相关处室负责人、所领导班子及干部职工参加了挂牌仪式。

6 月 18 日下午，河北省药监局杜瑞行副局长等一行 4 人到河南省食药所调研学习进口药品口岸工作。河南省食药所党委书记张艳、副所长周继春及相关科室负责人等陪同调研。

7 月 17 日至 18 日，河南省食药所组织参加第七届中国药学会药物检测质量管理学术研讨网络直播视频会。会议由中国药学会主办，河南省药学会、河南省食药所承办，仲景宛西制药股份有限公司、岛津企业管理（中国）有限公司、沃特世科技（上海）有限公司协办，河南省食药所国家药监局中药材及饮片质量控制重点实验室主任李振国作了题为“持续提升检验能力，确保检验结果准确”主题报告。

8 月 4 日，中山市市场监管局、广东省药品检验所、中山市食品药品检验所等一行 10 人到河南省食药所调研学习进口药品口岸检验工作。副所长周继春及相关科室负责人陪同调研。

11 月 10 日下午，河南省人民政府省长尹弘、副省长何金平一行到河南省市场监管局调研，莅临河南省食药所考察指导。河南省市场监管局党组书记、局长马林青，河南省食药所党委书记张艳陪同调研。

11 月 26 日至 27 日，国家药监局国家药品抽检工作调研检查组到河南省食药所检查调研国抽工作。国家药监局药品监管司警戒处胡增峣以及中检院、海南省所等 7 名领导专家组成的国家药品抽检工作调研检查组到省所开展国家药品抽检工作检查和调研。

12 月 18 日上午，河南省食药所组织参加了河南省药监局主办、河南省食药所和河南省医疗器械检验所及河南省评价中心承办的全省 2020 年河南省药品安全公众开放日活动。河南省食药所党委书记张艳等参加了启动仪式；新闻媒体和公众代表们走进河南省食药所，零距离参观了抗生素室、中药室及中药标本馆等实验室。

河南省医疗器械检验所

概　况

河南省医疗器械检验所（以下简称“河南省器械所”）现位于郑州市郑东新区熊儿河路 79 号，办公和实验室总面积 9700 平方米。新址位于郑州航空港经济综合实验区梁州大道静安路（CBD 中心区域），办公和实验楼一期建筑面积 18810 平方米，包括 3 米法、10 米法电磁兼容实验室和近 5000 平方米的动物实验室。分所位于郑州航空港经济综合实验区南部临空生物医药园，拥有独立产权楼宇 2 栋，建筑面积 5343 平方米。现有职工人数达 127 人，大中型仪器和设备 1500 余台套，固定资产原值达 5 亿元。通过国家认监委资质认定 4 个领域共 1135 个项目（产品），通过 CNAS 认证 5 个大类共 682 个标准（方法）。

检验检测

2020 年全年，共受理包括应急检验在内的各类注册和委托检验任务 9068 批，委托检验经营性收入达 5000 余万元。

2020 年新冠疫情发生后，按照河南省药监局工作部署，河南省器械所立即启动应急检验，开辟绿色通道，24 小时不间断检验。自 1 月 23 日至 5 月 26 日，免费为企业提供口罩、防护服、呼吸机、红外体温计、新冠病毒检测试剂等应急检验 2178 批，为企业减免费用 1200 余万元。

协助河南省药监局按时完成了国家医疗器械监督抽验河南省辖区的抽样任务共 34 个品种 132 批。

完成天然胶乳橡胶避孕套等 4 个品种 56 批次国家医疗器械监督检验任务，完成省级医疗器械抽验任务 761 批，完成市级医疗器械抽验 245 批，县级医疗器械抽验 118 批。以上共完成国家省、市、县医疗器械监督抽验1180批，为各级监管部门提供技术支撑。

能力建设

2020年6月初，河南省医疗器械检验检测机构能力建设项目获国家发改委和国家药监局批准，项目总投资为1.8亿元，重点建设“注输、护理、防护器械研究与评价检验检测实验室”“物理治疗设备检验检测实验室”和“重大传染病诊断系统检验检测实验室”三个方面，包括投资近5000万元的10米法电磁兼容实验室建设项目。

申报的“防护与无源植入医疗器械质量检测与评价”和“体外诊断试剂质量控制”两个国家药监局重点实验室获批设立。

临空生物医药园位于郑州航空港经济综合实验区南部高端制造业集聚区，是河南省在建的最大规模的生命科学与生物技术研发生产创新创业基地。购置园区内空置楼宇两栋，总建筑面积5343平方米。在此设立河南省器械所临空生物医药园分所，于2020年9月29日挂牌。在此设立河南省医疗器械检验检测工程技术研究中心和河南省医疗器械生物技术与应用工程研究中心。

科研工作

全年共获得科研经费449.3万元。其中国家级科研项目2项，省部级科研项目10项。

紧急承担国家药监局下达的应急科研任务，开展可重复使用防护服研发。河南省科技厅将该项目列为河南省第二批疫情防控科研攻关项目，拨付专项科研资金100万元。

与河南驼人医疗器械公司联合承担河南省科技厅应急攻关项目“疫情防护产品的辐照灭菌方法”；与中原工学院联合开展“新型纳米纺丝膜在防护类医疗器械中的应用研发及性能评价”，提供了一种新型的医用防护口罩原材料。

与河南科技大学合作共建的研究生创新培养基地获得河南省教委、河南省学位委员会批准设立。与中国科学院苏州医工所郑州工研院签署战略合作协议，共同推动医疗器械产业发展，促进医疗器械核心技术创新。

承担的国家重点科研专项“基于创新国产诊疗装备的贫困地区医疗健康一体化服务规模化应用示范项目”今年获得70万元科研经费支持。

湖北省药品监督检验研究院

概　况

2020年，湖北省药品监督检验研究院（以下简称“湖北省药检院”）以习近平新时代中国特色社会主义思想为指导，认真贯彻党的十九大和十九届五中全会精神，坚决贯彻习近平总书记对疫情防控的系列重要指示，坚持疫情防控、检验研究两手抓，在生与死的考验中，淬炼初心、磨砺意志、展现作为，为坚决打赢疫情防控阻击战发挥了药检力量。恢复正常工作秩序后，全院上下有序推进各项工作落实，着力加强能力建设，稳步推进“国内一流、国际接轨”的药检院建设，为防控工作和公众用药安全做出了积极贡献。一是坚持科学防控，彰显使命担当。主动担责尽责，加强防控药品、防控器械抽检，启动应急检验，开展防控药品注册检验。积极支援社区防控，共筑疫情防控的人民防线，同时实现了院内防控“零感染”。二是坚持党建引领，全面从严治党。严格履行“一岗双责”，聚焦药品监督检验工作抓党建，有效杜绝党建工作“沙滩流水”“高空作业”，切实解决党建工作方向不明确，落实不到位，成效不明显问题。三是坚持以检验研究为重点，服务行政监管。全面复工后，全院上下铆足干劲，抓部署、抢时间、赶进度，各项工作快速恢复常态，顺利完成年度目标。共完成各类检验 7721 批次，其中，药品 5086 批、生物制品 855 批、药品包装材料 182 批、化妆品 1315 批、洁净度 267 批、医疗器械 6 批、食品 7 批，保健食品 3 批。国家药品抽检工作获得国家药监局通报表扬。四是坚持以高质量发展为目标，服务产业。以一致性评价、注册检验、委托检验等服务为重点，切实服务企业老产品质量提升，新产品早日报批，急需产品尽快上市，为企业高质量发展贡献力量。五是坚持以监管需求为导向，加强能力建设。提前预判监管需求，提前储备能力，抓好疫苗监管体系 NRA 预评估准备，推进国家药监局重点实验室建设，鼓励专业技术人员积极申报科研课题，全年立项 26 项，其中省科技厅 2 项，并首次获得省科技重大专项立项。

检验检测

全年共完成各类检验 7721 批次，其中，药品 5086 批、生物制品 855 批、药品包装材料 182 批、化妆品 1315 批、洁净度 267 批、医疗器械 6 批、食品 7 批，保健食品 3 批。在疫情耽误两个多月时间的情况下，按时完成国家药品抽样，抽样品种覆盖率 75.3%。完成法定检验 541 批（其中 5 批不合格），6 个品种的检验及探索性研究数据按时上报，并获得国家药监局通报表扬。切实履行儿童用药专项牵头单位职责，按要求完成研究并报告国家药监局。完成 11 类 458 批国家化妆品抽检。完成省药品抽检 4006 批次，涉及 410 家生产企业，882 个药品批件，企业覆盖率 100%，在产品种覆盖率 49%。完成省化妆品抽检 13 大类 800 批，检出不合格 2 批，不合格率 0.25%。注重药品非标方法研究，重点开展了黄体酮注射液内毒素检查动态浊度法方法学验证等 5 项非标方法研究，查找潜在质量问题。开展染发剂质量安全探索性研究，建立了 15 种染发剂组分检测标准，90 种糖皮质激素的快速检测定量方法，35 种性激素的超高效液相色谱 - 串联质谱（UPLC - MS/MS）检测方法。在口服制剂评价中，做好补充资料复核服务。服务一致性评价，完成 6 个注射剂的复核，6 个固体制剂的标准复核和溶出曲线复核。服务产品审评审批，完成注册检验 363 批、委托检验 787 批，为企业产品研发、药品原料、包材辅料网上备案等提供技术服务。疫情期间，完成 163 批盐酸二甲双胍肠溶片检验，及时出具基因毒性杂质检验结果。完成了一类新药“苯磺酸瑞马唑仑及注射用苯磺酸瑞马唑仑”从研发到Ⅰ、Ⅱ、Ⅲ期临床及样品试制的数据核查，为湖北省在新中国成立以来第一个一类新药提供了技术支撑。支持人福药业盐酸阿比多尔申报，及时完成补充资料复核检验和现场核查样品全检。配合监管部门执法和案件查处检验 320 批。积极支持现场检查，派员参加国家药监局、江西省药监局各类技术审评 59 次，75 人次，共计 213 天。

按照省新冠肺炎疫情防控指挥部统一部署，承担了捐赠医用防护用品抽样任务。在疫情初期形势非常严峻的情况下，共派出抽样人员 160 余人次，60 余车次，连续辗转于武汉及周边药械企业仓库，抽取防护服、防护口罩 126 批次，涉及各类捐赠防护产品数千万件（只）。疫情发生后，准确预判药品检验需求，启动生物制品批签发应急检验程序，共完成血液制品批签发及疫苗应急检验 422 批。其中，血液制品 245 批（计 525 万支）；疫苗检验 177 批次（255 亚批计 3771 万支）。积极受理企业应急注册检验，完成了人福医药盐酸阿比多尔注册标准复核。联合省药监局武汉分局开展了以中药材为重点的防控药品监督抽检。积极支援社区防控，全院 60 多名党员干部，900 余人次下沉到省内及湖南、河南、河北等 20 多个社区（村）协助防控，共筑疫情防控的人民防线。

科研工作

全面启动国家药监局重点实验室建设，出台两个重点实验室建设规划，明确实验室功能定位，科研工作重点及目标上报。鼓励专业技术人员积极申报科研课题，共申报26项，立项4项，其中省科技厅2项，并首次获得省科技重大专项立项。完成国家自然科学基金项目结题。1项专利获得实用新型专利授权证书，1项专利获得发明专利授权证书。15项成果在国家药监局网上登记。在国家核心期刊发表论文33篇，其中SCI论文4篇；4人次参加国家级学术交流；参编著作4部。

能力建设

疫情期间，按时完成350台套仪器设备检定校准，确保数据溯源准确性。7月，通过了包含食品、保健食品、药品、化妆品、医疗器械和洁净度五类共158项，扩项和标准变更评审。12月，通过了实验室搬迁资质认定，标准变更和扩项评审。包括食品、药品、生物制品、药包材、化妆品、医疗器械、洁净度及消毒产品八类共368项。积极参与中检院、WHO、湖北省市场监管局组织的能力验证及实验室比对工作21项，基本覆盖各子领域，结果均为满意。

以承担疫苗批签发检验任务为契机，按照国家药监局关于推进疫苗国家监管体系评估相关要求，加强体系建设，做好评估准备。完成了LT板块自评报告和证据收集，LR板块生物制品批签发程序等文件修订。证据收集、《作业指导书》和记录表格梳理工作全面完成。样品受理、储存、流转、检测流程有序运行，疫苗检验质量监督工作正式启动，形成了一套较为完善的疫苗批签发质量管理体系。

湖北省医疗器械质量监督检验研究院

检验检测

湖北省医疗器械质量监督检验研究院（以下简称“湖北省医疗器械检验院”）全年完成预约审批5800次，资料审批数量7891次，样品审批数量4154次，受理各类任务3854批次。按检验类别划分，其中受理应急快速检验603批、应急注册检验866批、应急监督抽检16批、稽查打假66批、注册检验1563批、国家监督抽验任务141批、省监督抽验任务453批、委托检验17批、能力验证9批、其他43批。按科室划分，其中有源科室580批次、无源科室2884批次、电磁兼容室390批次。总受理任务量同比去年增加约120%。

完成各类检验任务共计3474批，完成金额3711万元（其中疫情期间的金额为估算值，约1140万）。同比2019年完成各类检验任务增长约102%，金额增长6.9%。

2020年，收到省监督抽验样品328批（其中有源27批、无源301批），退样8批，待补充资料4批，下达任务427批（其中有源监督抽检27批、无源监督抽检289批、无源评价性抽检77批、电磁兼容评价性抽检34批），已完成398批（其中，监督抽检287批、无源评价性抽检77批、EMC评价性抽检34批），不合格20批，不合格率7.0%。

2020年，国家监督抽检共收样74批，退样3批，下达任务71批，均已完成检验，且电子报告系统和国抽系统均已正式送出，1批不合格。

自1月23日起，武汉市封城最艰难的76个日夜，湖北省医疗器械检验院快速响应，组织专班不分昼夜完成省防控指挥部交办的检验任务，所有任务均在指定时限完成，无一超期，全院人员无一感染。

疫情防控期间共完成应急物资对标评价77批次、捐赠物品应急检验585批次（合格率24.3%）、应急注册检验889批次（合格率48.7%）、日常注册检验500批（合格率60.6%）、应急监督抽检16批次（合格率75%）、假冒伪劣稽查打假委托检验66批次（合格率16.7%），共计2133批次（合格率38.8%），赴仙桃调研3次。这些数据和结论是医用口罩、防护服等能否用于抗疫的“通行证”：杜绝不合格产品，让一线用上合格产品，避免感染风险。

协助省药监局、公安机关、医疗机构等对防疫物资提供释疑解惑和技术服务，打击违法犯罪，维持市场秩序。创新工作方法，以信息技术重构检验业务受理流程，实现预约申请、资料提交、资料修改、报告领取“全程不见面”，全年共完成防疫物资预约审批2809批、资料审批4165批、样品审批2400批，并及时统计分析各类检验数据。37家“三个一批”重点企业中有36家在我院业务受理系统登记、送检。

湖北省没有发生医疗器械质量安全重大事故，4万名援鄂医务人员无一感染。3月9日，中央赴疫情严重地区指导组专门到湖北省医疗器械检验院感谢和慰问，并送来高度肯定检验检测工作的慰问信。杨云彦、张文兵副省长疫情期间均来湖北省医疗器械检验院调研慰问。

科研工作

全年共主持、参加科研项目10项，其中国家重点研发计划“体内超声诊断设备检测体模研发及质量安全性研究”项目通过项目综合绩效评价。召开标准年会1次，完成行业标准制修订3项，正式发布强制性国家标准2项。

能力建设

医疗器械检验综合试验楼项目。该项目于2018年6月立项，建设面积5436平方米，总投资2823.45万元，建设内容主要包括电磁兼容检测试验室、光学医疗器械检验实验室、康复辅助类医疗器械检验实验室、手术医疗器械检验实验室等。目前已完成立项、可行性研究、初步设计及概算、资金筹措、预算调整、报规审批、施工总承包招采、监理招采、施工许可证办理等前期所有工作，2020年11月29日举行开工现场会和开工仪式，正式开工建设。拟定建设周期为240天。

医疗器械检验检测能力提升项目。该项目于2019年10月开始策划，2020年初先后通过国家发改委、国家药监局组织的现场核查、方案评审，最终确定项目总投资20590万元（中央补贴13727万元，地方投资6863万元）。建设内容包括有源手术设备、医学影像、体外诊断试剂（精准医疗）3个领域。目前已完成省发改委立项、可行性研究、方案细化、初步设计及概算挂网招采等工作。该项目建成后将新增设备712台（套），服务企业预计达到2300余家，新增检验批次1000批以上，新增检验能力300余项，覆盖国家、省级医疗器械重点监管目录90%以上，检验能力、科研能力、服务监管和产业发展能力将大幅提升。湖北省在7月国家药监局项目推进会议中被选为典型发言交流经验。

湖南省药品检验研究院（湖南药用辅料检验检测中心）

概　况

湖南省药品检验研究院（湖南药用辅料检验检测中心）（以下简称“湖南省药检院”），成立于1953年8月1日，前身为湖南省药品检验所，依据中华人民共和国卫生部1953年38号文设立，是湖南省药监局直属公益一类事业单位。现有人员编制170名，在职职工158人，其中博士5人、硕士80人，正高职称12人、副高职称45人、中级职称63人。在专业技术队伍中，有享受国务院政府特殊津贴专家，国家药典委员，国家新药评审专家，保健食品、化妆品、实验室认可、资质认定评审员，国家GMP、GSP检查员，硕士生导师等30余人构成的专家群体。现址（湖南省长沙市八一路60号）占地约7.8亩，实验室建筑面积12000平方米。位于湖南省长沙市雨花区体院路的新检验检测基地建筑面积18737平方米。内设12个部门，包括化学药品检验所、中药检验所、化妆品检验所、药用辅料与药品包装材料检验检测所、生物安全检验检测所、标准研究所等6个检验研究部门，业务综合部、质量管理部、资产管理部等3个业务职能部门，党政办公室、人力资源部、财务部等3个行政职能部门。

检验检测

2020年，湖南省药检院受理检验检测任务5478批；发出检验检测报告5270批，同比增长30%，其中完成进口药品标准复核39批，药品国抽688批、省抽831批，化妆品国抽510批、省抽55批。在检验组织和探索性研究工作中表现突出，在承担氨酚曲马多制剂等4个品种的质量分析工作中成绩显著，受到国家药监局表彰。顺利获批为化妆品注册和备案检验检测机构、进口药材检验机构。完成药品质量标准数字化，建成“电子标准库”。推进LIMS（实验室信息管理系统）上线运行，运用OA系统（办公自动化系统）实现无纸化办公，开启内部管理新变革。

2020年初新冠肺炎疫情暴发后，湖南省药检院意识到防疫物资保障工作的政治性和紧迫性，主动作为，果断吹响战斗“集结号”，组建了一支36名专业技术骨干组成的应急检验队伍，开展紧急扩项，填补了湖南省医用口罩生物安全指标资质空白，完成近千批防疫物资的检验检测。生物安全检验检测所副所长汤茜同志荣获“全国市场监管系统抗击新冠肺炎疫情先进个人”。

能力建设

2020年新增资质参数136项，现有资质认定（CMA）参数5大类1061项，实验室认可（CNAS）参数8大类297项。参加能力验证活动21项，其中国际能力验证6项、国内能力验证15项，全部获得“满意”结果。组织申报的药用辅料工程技术研究重点实验室从146家申报单位中脱颖而出、成功获批，成为湖南省首家国家药监局重点实验室。

科研工作

起草上报3项药品补充检验方法获国家药监局批准公告，获国家发明专利2项，获批湖南省自然科学基金科药联合项目11项。荣获“湖南省实验动物工作优秀单位”和“2020年度湖南省科技统计工作先进单位”，圆满完成“湖南省药品质量评价工程技术研究中心”验收。组织实施《湖南省中药饮片炮制规范》315个品种制修订和地方标准物质制备工作，承担153个品种的复核工作，制定了《湖南地方中药标准物质管理制度》和《湖南省地方标准物质技术规范》。全年共发表学术论文49篇。

重要活动、举措、成果

2020年2月20日，湖南省人民政府副省长何报翔调研湖南省食品药品检验检测基地项目建设工作，湖南省政府办公厅、省财政厅、省发改委等相关单位领导参加调研。

2020年3月4日，时任湖南省委副书记、省长许达哲主持召开会议，专题研究湖南省食品药品检验检测基地的建设，该项目正式列入2020年湖南省政府重点建设项目。

2020年8月27日，以“监管科学　创新强国”为主题的2020年湖南省药品科技活动周暨药品检验公众开放日活动在湖南省药检院启动。来自长沙市长郡中学的80余名高中生近距离接触“高、精、尖”仪器设备，亲身感受药品检验检测实验室的操作乐趣和知识科普。

2020年11月29日至12月5日，湖南省药检院在沈阳药科大学举办药检业务能力研修班，湖南省药检系统60余名干部职工参加培训班。

党建工作

2020年，湖南省药检院深入推进党支部标准化建设，新发展党员2名，预备党员转正2名；与企业联合开展党建3次，参与社区共建2次；组织前往红色警示教育基地进行学习教育，开展“光影铸魂”观影活动，与社区共同举办“五四·青年说”演讲比赛；召开“八一”座谈会，选拔青年党员参加药品安全科普讲解大赛、“习语润我心”心得交流会，为每名党员同志过“政治生日”。出台《廉政风险管理办法》《廉政风险排查防控手册》，签订《党风廉政建设目标管理责任状》，制定《外派工作管理办法》，发送《廉政提醒函》，从制度上筑牢廉政防线。以《湖南药检》内刊为阵地，深入推进意识形态工作。成立5个青年理论学习小组，开展学习实践活动。派出2名同志到武冈市世富村驻村扶贫，为贫困户所在片区整修450余米的机耕路，解决了实际生产、生活困难；向吐鲁番市药检所提供价值8万多元的实验试剂、耗材及设备配件支援，开展技术帮扶。成功创建湖南省直属机关文明标兵单位和2020年度平安建设先进单位，被评为省药监局2020年度绩效评估先进单位。

广东省药品检验所

检验检测

广东省药品检验所（以下简称“广东所”）全年完成检品17481件，完成国家评价性抽样1083批次，抽样批数排名全国第一，受到国家药监局综合司通报表扬。《中国药典》（2020年版）收载广东所历年来起草的标准74项，广东所共承担229项《中国药典》（2020年版）标准英文稿撰写及部分附录的起草和复核工作，也是65个辅料品种的标准监护人。

能力建设

广东所在药品、化妆品、食品、医疗器械等类别新增认证扩项261个参数。现有实验室认证的能力包括3个领域7个类别共1856个参数。广东所中山实验室已通过实验室认证扩项评审现场检查，推动口岸所现场评审进入倒计时。广东所疫苗批签发检验能力得到稳步推进，为获得国家药监局新冠疫苗批签发机构评估与授权打下了坚实基础。

实现管理体系转版，成功执行第八版管理体系文件，进一步满足实验室内外部环境新变化。完成药品和化妆品国抽电子报告生成及上报系统开发并投入正式运行。微生物检验操作视频监控系统建成并投入正式运行，该项目是国内药检机构率先利用弱电智能化设备对检验过程进行追踪溯源的系统。根据实验室固定资产管理的特殊性，将无线射频识别技术（RFID）引入固定资产管理，提升我所固定资产管理水平。

广东所将内设机构药物安全评价室（药理毒理室）更名为药物安评中心（毒理研究中心）。2020年10月10日，广东省人民政府副省长陈良贤等有关领导为该中心新址揭牌，该中心科普展厅已投入使用，其他项目施工得到扎实推进。

科研工作

广东所获得国家药典委、省科技厅、省中医药局等14个科研项立项，获得5个专利授权，现全所共50个专利授权。推荐办理8个专利申报，全年发表论文72篇，创历年新高。申报并获批广东省人社厅广东省博士工作站。组织申报的药用辅料质量控制与评价重点实验室，以及参与申报的3个重点实验室获国家药监局认定发布。研发“食品中匹可硫酸钠的测定”补充检验方法在市场监管总局组织的食品安全标准工作座谈会上作为典型再次作经验介绍，获得肯定和表扬。

被广东省科学技术协会、省科学技术厅联合命名为广东省科普教育基地，由此形成广覆盖、多维度、全方位、立体化的药品安全科普宣传新格局。在广东药检微信公众平台科普园地原中药材基础上增设科普宣传板块。开展“药品安全来敲门”科普活动，树立新时期药品监管系统为民服务良好形象。以“科技+美学”为重点的安评中心科普展厅为公众多视角普及中药材、生物制品、微生物、化妆品等方面科普知识。

党建工作

积极落实《广东省加强党的基层组织建设三年行动计划（2018—2020年）》，不断压实党建工作责任，强化思想理论武装，突出思想政治引领。推动基层党的政治建设更鲜明，党委目标任务落实更有力，党内组织生活制度更健全，党员管理教育更规范。实现了检验检测党建工作质量全面提升，全面过硬。

坚持纪律建设永远在路上战斗姿态，做到日常监督与专项监督相结合，运用监督执纪“四种形态”，着力强化了不敢腐的震慑。初步形成“分岗查险、分险设防、分权制衡、分级预警、分层追责”廉政风险防控机制。严格落实中央八项规定精神和有关规定，紧盯“四风”隐形变异等问题，积极推动构建“亲”“清”政商关系，推动作风建设取得新气象。

积极提升工会干部能力与水平，努力当好工会会员可信赖的“娘家人”，最大限度发挥“职工之家”的凝聚力，进一步激发全所职工干事创业的激情与热情。启用员工食堂，结束了自建所以来无食堂的历史，提升了全所员工幸福感。发扬“党有号召、团有行动”优良传统，组建我所团员青年“战疫”突击队，引领团员青年在抗击疫情工作中冲锋在前，勇挑重担。

海南省药品检验所

概　况

2020年，在新冠肺炎疫情的背景下，海南省药品检验所（以下简称“海南省药检所”）各项工作有序开展，全年共完成抽样任务1127批、检验任务3700批，完成药品标准起草与复核任务37项，完成国家科技重大专项——重大新药创新“药品一致性评价关键技术与标准研究”课题中氨茶碱片、氯沙坦钾片2个品种国产仿制药溶出曲线数据库的建立工作。全年项目经费支出1574.84万元，执行进度73.25%。党建工作进一步加强，组织全所党员向新冠疫情灾区募捐党费4300元。完成2019年第二批中层干部选拔任用工作。

检验检测

2020年，全所共完成抽样任务1127批、检验任务3700批，其中，国家计划药品抽样263批、医疗器械抽样24批，省计划药品抽样367批、化妆品抽样286批、医疗器械抽样147批、药品注册抽样39批、进口药材抽样1批。完成国家和省两级计划抽验检验任务2374批，其中，国家计划药品抽验471批、化妆品抽验456批、医疗器械抽验21批、省计划药品抽验1022批、化妆品抽验347批、雷尼替丁、医疗器械专项抽检57批。完成药品、医疗器械注册检验任务656批，药品、化妆品、医疗器械、药包材等委托及咨询检验641批（含二甲双胍类药物中*N*-亚硝基二甲胺专项检测任务279批），药品复验6批，洁净区环境检测21批，进口药品口岸检验2批。

科研工作

共完成药品质量标准起草与复核任务37项。其中完成通窍鼻炎片等12个品种的国家药品标准复核工作；注射用精氨酸阿司匹林等6个品种国家标准的补充研究；枸橼酸托瑞米芬片等9个品种进口药品标准复核；岭南山竹子等10个品种的海南省地方药材（饮片）和炮制规范的复核。

完成了国家科技重大专项——重大新药创新

“药品一致性评价关键技术与标准研究”课题中氨茶碱片、氯沙坦钾片2个品种国产仿制药溶出曲线数据库的建立工作。

完成3个国家药品计划抽验任务品种（哈西奈德乳膏、硫酸镁注射液、参麦注射液）的探索性研究任务。三个品种的探索性研究质量分析报告经网络评议，均取得较好的成绩。

完成了“胞磷胆碱钠口服溶液”等6个品种的抑菌效力测定、微生物限度检查方法、无菌试验方法或细菌内毒素检查方法学的委托研究项目。

完成了海南地方药材“狗肝菜”对照药材的研制工作。

“海口火山石斛中药材质量标准体系研究”“生物样品中水黄皮素定量分析及临床前药代动力学与毒代动力学研究”及国家药监局注册司专项子项目“特色民族药材牛耳枫检验方法专属性研究”正在研究中。

完成2019年度海南省药物质量研究重点实验室考核报告上报工作。以海南省药检所为依托单位的“海南省药物质量研究重点实验室”顺利通过海南省科学技术厅考核，获评为优秀重点实验室。再次进行了国家药监局组织的重点实验室申报及答辩。2020年合计发表论文4篇。

根据新冠肺炎疫防控需要，更好地做好新冠肺炎疫情况防护器械械的检验检测工作，海南省药检所调整了仪器购置资金62万无，添置了口罩测定所需的细菌过滤效率测定仪、口罩阻力测试仪、呼吸器适合性测试仪等专用设备，并通过了国家医疗器械和洁净室（室）的资质认定扩项评审，取得了一次性医用口罩、医用外科口罩、医用防护口罩的全项检测资质。

通过了省市场监管局的化妆品资质认定扩项评审。按增设首次药品进口口岸要求，开展生物制品能力建设等各项准备工作。

能力建设

通过了国家医疗器械检验机构资质认定扩项现场评审、化妆品注册和备案检验机构评审、省级检验检测机构资质认定扩项评审、2020年度资质认定检验检测机构监督抽查等外部评审与检查。组织实施了2019年度管理评审工作，开展了2020年度内部审核工作。报名参加15项60个参数能力验证活动。组织开展内部质量控制活动13项44人次，发布质量通报1期。完成了全所200余台（套）仪器设备检定校准工作。新增、修订文件及表格35份，发放、回收SOP 20份。受理质量投诉药品、医疗器械、化妆品复验申请6项。完成了国家医疗器械检验检测机构资质认定网上标准变更工作。协助省药监局开展了疫苗监管体系建设。

党建工作

召开所党委会议15次，召开所党委理论学习中心组集中学习8次，制定印发《海南省药品检验所2020年党建工作要点》；制定印发《所党委会议制度》等4项制度。组织完成所党委及各支部委员会选举工作。办理党员组织关系转移5人次（转入3名、转出2名），预备党员转正1人次。组织全所党员向新冠疫情灾区募捐党费4300元。开展“七一”主题党日活动。

重庆医疗器械质量检验中心

检验检测

加快基础建设工作。结合国家对大健康产业的规划和重庆市医疗器械生产企业的发展方向及监管需求，按照国家建设标准（建标188）和实现功能的原则进行设计装修，根据市药监局的决策部署，一期工程装修和仪器设备购置纳入国家发改委“提升我国医疗器械检验能力项目”评审批复（发改投资〔2020〕826号），项目总投资16026万元（其中装修费用6903万元，检测设备购置费9123万元），申请中央资金12821万元，地方配套 3205 万元。重庆医疗器械质量检验中心（以下简称“重庆中心”）已与中建八局二公司签订装修合同，2020 年 12 月 17 日组织召开参建单位五方见面会议，落实项目建设任务，2020 年 12 月 25 日举行了开工典礼，重庆中心将加强与各工程建设主管部门沟通协调，统筹建设任务，争取 2021 年底顺利搬迁。

积极完成检验任务。2020 年全年完成检验各类检品 4440 批次，较 2019 年增加 32%。其中，疫情应急检验 400 批次（不含疫情应急抽检）、市监督抽检报告 1456 批次（含疫情应急抽检）、复检 16 批次（含安徽省、四川省监督抽检复检各 4 批）、注册检验 1213 批次、合同检验委托检验 1147 批次。完成 2020 年国家医疗器械抽检检验任务 58 批次，完成率 100%，重庆市风险监测 150 批次。拓展业务，辐射西南片区，完成 2020 年内江市医疗器械监督抽检抽样任务 20 批次，奔赴西藏自治区进行监督抽检培训，完成西藏自治区生产环节抽样及检验 5 批次。完成西藏自治区监督抽检检验 56 批次。

提升实验室能力。完成中央专项 986 万设备采购，验收工作正在进行中。2020 年 3 月及 2020 年 6 月分别进行两次扩项现场评审，重庆中心现拥有 422 个产品，234 个参数的能力。

先后派出 6 人积极参与重庆市新冠肺炎疫情防控医疗物资保障工作小组工作，累计接受问询和参数确认超过 3500 次。尤其是对境外医用口罩和防护服标准的比对和参数的甄别，期间共出动 28 人次，完成 770 批次医用物资鉴别，其中防护服 49 万套、口罩 949 万只、医用手套 66 万双。派出业务骨干张占军参加重庆市赴孝感市新冠肺炎防治工作对口支援队前方指挥部物资保障组工作，张占军同志表现优秀，获湖北省委省政府表彰。

深入一线协助企业迅速投产。迅速安排经验丰富的实验人员对各检查局、各级市场监管局的抽样人员和驻厂监督人员进行紧急技术培训，采取了集中培训和现场指导的方式，为企业复工复产提供更精准、更有效的服务。不计成本，无偿为辖区内防护产品生产企业提供出厂检验，采用 24 小时轮班制度，大大缩短防护产品投放市场的时间，同时保证检验的质量关卡。

整合资源提高应急检测能力。开通疫情防护物资应急检验绿色通道，对市内不能检验的项目，多次派专人送样品到云南省、陕西省和四川省等市外检测机构进行快速检验。迅速启动防护用品检验检测资质扩项工作，落实防护用品检测设备 5 台约 55 万元的应急采购，圆满完成了 46 个参数、6 个医用防护产品的增项认证，补齐了我市疫情医用防护用品检测能力，为我市防疫物资的质量监督提供了强有力的技术支持。高效完成应急任务。采取多项措施，全力助推口罩、防护服、红外体温计等防疫医疗器械产品注册。疫情期间，器械中心为企业减免费用约 350 万元，为 70 多家企业提供各种防护用品应急送样指导，期间电话解答企业疑问上千次，为 41 家企业的 52 个医疗器械产品开展注册检验，完成疫情防控应急检验样品 656 批次，圆满完成疫情防控应急检验任务，被重庆市委市政府授予“重庆市抗击新冠肺炎疫情先进集体”的称号。

能力建设

组织完成国家药监局及中检院 8 个能力验证及实验室间比对，包括国家认证认可监督管理委员会“医用口罩过滤效率检测”盲样考核，考核结果均为“满意”。积极打造智能康复辅助与健康促进医疗器械质量评价重点实验室，该实验室建成后将为医疗器械康复领域的发展提供有力的技术支撑。持续发展科研能力。参与的国家重点研发计划“数字诊疗装备研发”重点专项《基于物联网技术的围术期生命监测支持仪器的评价研究》等 5 个项目正在推进中。完成《整形手术用交联透明质酸钠凝胶》等 9 个标准修订和验证工作。完成“胃镜动态仿真检测系统”等 3 项发明专利的申报。积极发展国家级学术委员专家，2020年重庆中心增加了全国橡胶与橡胶制品标准化技术委员会委员、中检院诊断试剂比对试验专家组专家、中国整形美容协会新技术与新材料分会委员会理事各1名。

贵州省食品药品检验所

概　况

2020年，在贵州省药监局的正确领导下和中检院的业务指导下，贯彻落实好习近平总书记提出的“四个最严”；贵州省食品药品检验所（以下简称“贵州省食药检所”）以确保人民群众用药安全为目标，不断加强检验检测能力建设，致力于扩展检验能力，不断提升检验检测的准确性、时效性、科学性水平，紧紧围绕全年工作目标，改进作风，求真务实，开拓创新，切实履行工作职能，圆满完成了年度各项工作任务，切实加强了全省技术监管服务水平，各项工作取得新的突破。

检验检测

2020年，贵州省食药检所日常检验工作有序开展，保质、高效地完成了检验任务。共受理药品、化妆品、药包材等样品3101批次，截至12月底发出报告2857批次（含1批次复验样品），其中药品发出2333批次（含1批次复验样品），23批次不符合规定，合格率为99.02%；化妆品发出501批次，4批次不符合规定，合格率为99.23%；药包材发出23批次，全部符合规定，合格率为100%。

按照2020年国家药品、化妆品抽检工作手册的要求，积极推进电子报告工作，国抽药品和国抽化妆品均实行电子报告书网上传送。

科研工作

完成国家药典委提高标准项目6项，完成提高标准项目起草工作7项，其他省级所正在进行复核。已复核其他省级所提高标准项目3项。我单位共有10名同志申报了省科技厅研究计划，5个业务科室均有申报，有3人申报科技支撑计划，剩余7人申报基础研究计划。我单位申请的项目，归属的领域相对较为集中。

能力建设

2020年获得国家化妆品注册和备案检验实验室资质，可以开展化妆品注册和备案检验工作。截至2020年12月31日，共有CMA资质参数767项；CNAS参数110项和4个品种。

全年参加了中检院等单位组织的能力验证共计14项，覆盖药品、化妆品、药包材检测领域，满意率为92.9%；各检验科室的内部质量控制活动定期开展，共实施完成13项实验室内部质量监控活动，满意率为100%。

党建工作

传达贯彻习近平总书记重要指示批示，贯彻落实省委十二届五次、六次全会精神；按照省委关于打赢新冠肺炎疫情防控阻击战的要求抓好落实；传达省药监局直属机关党委会议精神；落实各支部的“三会一课”，严格学习考勤制度，健全自学机制，完善补课制度，各支部学习有台账有记录；按时完成谈心谈话；开展主题党日活动、党员过“政治生日”活动；加强政治纪律和政治规矩的学习教育；组织1次党纪党规学习教育，实现教育全覆盖；按要求开展预防提醒谈话组织开展三个支部的标准化规范化建设达标工作。同时所党委坚持以习近平新时代中国特色社会主义思想为指引，深入学习贯彻落实党的十九大精神和习近平总书记对贵州工作的重要指示，不忘初心，牢记使命，始终做到目标不变、靶心不散、频道不换、力度不减，尽锐出战、务求精准，扎实开展扶贫工作，积极组织全所党员干部投身脱贫攻坚工作中，树立典型、弘扬正气，进一步激励各级党组织和广大党员新时代新担当新作为，凝聚脱贫攻坚的磅礴力量。

云南省医疗器械检验研究院

概 况

2020年，云南省医疗器械检验研究院（以下简称“云南省器械院”）按照云南省药品监管工作电视电话会议精神，结合《2020年云南省药品监管工作任务分工方案》要求和疫情防控工作部署，紧紧围绕云南省药监局党组“重党建、严监管、保安全、促发展”的工作思路，认真履职，加强能力提升，努力构建适应监管需要和产业发展需求的医疗器械及药品包装材料检验技术支撑体系。在抗疫斗争中，大家勇于担当、敢打必胜，及时完成口罩、防护服和检查手套应急检验1044批，完成口罩、防护服和测温计应急注册检验367批，派出专家40余人次参加云南省防疫指挥部物资保障组医用耗材专家组，对国际采购、国际捐赠的医用防疫物资进行事前咨询和现场查验，派出检查人员50余人次参加云南省药监局组织的疫情防控相关企业现场服务和核查工作，有力保障了医用防护用品安全。由于在新冠疫情防控工作中成绩突出，本单位及1名同志被市场监管总局表彰为抗击疫情“先进集体”“先进个人”，1名同志被云南省委、省政府授予“云南省抗击新冠肺炎疫情先进个人”“云南省优秀共产党员”称号，1名同志被昆明市精神文明建设委员会授予2020年抗击新冠肺炎疫情“昆明好人”荣誉称号。在全面履职中，大家齐心协力、坚守底线，共受理并完成检验2975批，其中：医疗器械2656批、药包材286批、洁净室25批、实验动物检测8批；在服务产业发展中，大家主动作为、措施得力，帮助企业培训质检人员和开展产品技术要求复核，提升产品质量；在能力提升中，大家奋力拼搏、攻坚克难，扎实推进科研工作，积极参加能力验证，通过CNAS资质远程复评审和国家CMA扩项评审，综合检验资质达到1300项；在实验室建设中，我们重点发力、夯实基础，光学暗室、X射线屏蔽室完成建设，3米法电磁兼容实验室建设落地。2020年工作的顺利完成，为“十三五”时期云南省器械院各项目标任务完成画上了圆满句号。

检验检测

2020年，云南省器械院共受理各类检品及洁净室检测2975批。其中：医疗器械2656批、药品包装材料检验286批、洁净室检测25批、实验动物检测8批。2020年，承接注册检验457、委托检验547批次，与2019年的379批次相比，上升164.9%。其中，注册检验457批次（2019年65批），上升603%，委托检验547批次（2019年314批），上升74.2%。2020年云南省医疗器械、药包材抽验合格率达到97.5%和97.7%，医疗器械抽验合格率同比下降0.3%，药包材抽验合格率同比上升0.6%。

能力建设

稳步推进能力提升工作。围绕检验能力提升，积极开展医疗器械和药包材扩项工作。2020年扩项重点是：呼吸麻醉类设备、激光治疗类设备、X射线类诊疗产品、消毒灭菌器械、核酸类体外诊断试剂，以及尚不具备资质的纳入应急防疫医用物资目录的医用护目镜/防护面罩/负压防护头罩护、KN95类口罩等相关标准。12月26日，顺利通过国家CMA认证现场评审，综合检验资质达到1300项。

顺利通过CNAS资质远程复评审。因受疫情影响，中国合格评定国家认可委员会（CNAS）委派6名专家，首次采取“远程评审+现场评审”的方式，对云南省器械院进行CNAS资质复评审。评审后，资质达到155项，完成“十三五规划目标”。

加强实验室建设。在省药监局的关心支持下，光学暗室、X射线屏蔽室、骨科植入实验室建设完成并投入使用，3米法电磁兼容实验室建设落地。截至12月30日，电磁兼容实验室已完成实验室安装基础建设，预计2021年上半年完成设备安装、调试，下半年正式投入使用。这些实验室的建成，填补了在医疗器械光学性能、射线防护、电磁兼容等方面检验项目的空白。

加大疫情防控检验设备投入。在疫情防控期间，积极发挥技术支撑作用，由于工作成绩显著，得到省政府以及省药监局党组的大力支持，获得抗新冠病毒应急检验专项经费650万元，用于采购46个品种、68台（套）应急检验设备。截至12月30日，所有设备已验收并投入使用。

积极参加实验室能力验证。2020年，参加市场监管总局、CNAS和中检院等相关机构组织的医用口罩过滤效率盲样考核、一次性使用卫生用品中致病菌的检测能力验证、实验动物兔血清中仙台病毒抗体检测、药包材塑料膜的氧气透过量测定等6项能力验证、实验室比对和盲样考核等技术审核活动。经考核，6项结果均获得满意，有力地促进了实验室管理规范化和检测能力提升；六是积极推动科研工作。2020年，申报的医用口罩环氧乙烷灭菌后快速解析研究通过云南省科技厅立项，获得科研资金50万元。

陕西省食品药品检验研究院

概　况

陕西省食品药品检验研究院（以下简称“陕西省食药检院”）截至2020年底共有在编职工122人。享受国务院特殊津贴专家1人，国家药典委委员1人，国家级评审专家10人，省级评审专家37人。专业技术人员中有博士10人，硕士63人。院领导有：院长、党委书记刘海静，党委副书记王文林、副院长乔蓉霞、蔡虎、孙希法、戴涌。

现有实验场所三处，实验楼面积共35930平方米，其中高新实验区13260平方米，朱雀实验区5683平方米，西咸新区食品检验监测区16987平方米。全院现有仪器设备价值1.34亿元。具备药品、食品、保健食品、保健用品、化妆品、生物制品、药包材、兽药毒理和洁净度检测共4152个参数的检验能力。

检验检测

2020年，陕西省食药检院共完成各类检品14632批（件）。其中药品8688批次，占60%；食品4866批次，占33%；化妆品检验1078批次，占7%。1月，被国家药监局表彰为2019年国家药品抽检工作检验管理工作表现突出的单位。在药品国抽非标探索性研究中，芎菊上清系列制剂、长春西汀系列注射剂和盐酸氨溴索系列制剂三个品种在全国国抽网评中被确定为优秀等次。2月，开发的全国首个环氧乙烷残留快检试剂盒将原来1至2天的检测时间缩短到1小时以内，已被作为企业自检和内部质控的可靠手段。开发的回收再生口罩快速鉴别试剂盒灵敏、准确，可助力监管部门快速甄别。

监测报告数量、质量稳步提升，全省共收集上报药品不良反应、医疗器械不良事件、药物滥用监测、化妆品不良反应监测报告53630份（例）。持续推进医疗机构加入国家药品监测哨点联盟工作，全省国家哨点联盟医疗机构已有十二家。

能力建设

10月，顺利通过了中国合格评定国家认可委员会（CNAS）组织的实验室认可复评审现场评审工作，评审组对陕西省食药检院管理体系规范运行予以充分肯定。完成食品、医疗器械、微生物领域资质认定扩项评审，扩项853个参数。组织参加中检院、省市场监管局等组织的能力验证、比对试验、盲样考核34项，涵盖药品、化妆品、微生物、药包材及食品等检验领域，取得满意结果。承担完成中检院委托实施的全国能力验证计划项目“三氯蔗糖的测定”。

科研工作

申报省科技厅项目 10 项，立项 3 项，获得金额支持 36 万元。组织申报省药监局科学监管科研项目 17 项，立项 7 项，获资金支持 24.3 万元。出版了收载 109 个品种的《陕西省中药配方颗粒标准（第一册）》。组织中药配方颗粒 220 个品种的标准研究及质量复核。9 月，与西安交通大学挂牌成立“药品质量检测研究中心”。鼓励全院人员开展学术研究，全年完成专业学术论文 41 篇。

加快推进全省食品药品快速检测公共服务平台建设。主持完成 3 项保健食品检验方法，分别为“保健食品中绞股蓝皂苷 XLIX 的测定”“保健食品中溶剂残留的测定”“保健食品中壳聚糖脱乙酰度的测定”，获市场监管总局批准发布，被收入《保健食品理化及卫生指标检验与评价技术指导原则（2020 年版）》。牵头承担市场监管总局课题“食品快检培训指导手册”的撰写研究工作。

党建工作

持续推动“不忘初心、牢记使命”主题教育。扎实开展赵正永严重违纪违法案以案促改工作，组织中心组学习、专题研讨、四个查一查、民主生活会等。组织庆祝建党 99 周年暨表彰“两优一先”活动、“践承诺、做表率”优秀共产党员公开承诺等一系列主题党日活动。组织开展“不负韶华、书香同行”读书分享活动。以“我和食药监的故事”为主题，组织开展建局 20 周年征文活动，16 篇被省药监局收录入册。

严格落实“一岗双责”，逐级落实党风廉政建设责任。精准防控廉政风险，针对工作运行中的风险岗位和薄弱环节、细化防控措施，完善监督机制，实现廉政风险防控全覆盖。根据工作调整情况，完成院党委委员增补选举工作。8 位同志在疫情防控中表现优秀得到省药监局表彰，2 名同志火线入党。精神文明创建迈上新台阶，获得省总工会颁发的陕西省示范性劳模和工匠人才创新工作室。再次被省委省政府授予省级文明单位。

陕西省医疗器械质量检验院

概　况

2020 年，陕西省医疗器械质量检验院（以下简称“陕西省器检院”）在中检院、省药监局的正确领导下，坚持以习近平新时代中国特色社会主义思想为指导，迅速开展疫情防控应急检验，认真组织开展体系核查，有序推进能力建设项目，高质量完成国抽、省抽任务，紧紧围绕检验检测中心工作不断拓展服务，努力营造高效、规范的运行机制，面向“十四五”，积极谋划发展，各项工作取得了新的成绩。

2020 年 12 月 23 日，中共陕西省委机构编制委员会办公室印发陕编办发〔2020〕180 号文件，陕西省医疗器械质量监督检验院更名为陕西省医疗器械质量检验院，为正处级公益一类事业单位，核定全额拨款事业编制 37 名，其中领导职数 1 正 3 副。主要职责：承担医疗器械检验检测及相关检测领域标准的起草、修订等技术性工作；承担推广贯彻医疗器械国家级行业标准相关工作；做好医疗器械质量分析工作；承担省药监局机关交办的其他事务工作。

检验检测

2020 年，完成国家监督抽验 13 个品种 47 批次的抽样任务与 3 个品种 48 批次的检验任务；完成省级监督抽检医疗器械生产环节、流通和使用环节 68 个品种 1133 批次检验任务；完成注册检验808批次、委托检验1705批次。

2020年，国家医疗器械抽检质量分析报告评议中，陕西省器检院参与的“一次性使用人体静脉血样采集容器”获无源类评分第一名，“电动轮椅车”项目获有源类评分第三名。

新冠肺炎疫情暴发后，陕西省器检院作为全省唯一的医用防护产品检验检测机构，院党委认真研究部署应急医用防护产品检测工作，成立了疫情防控工作领导小组，制订了应急检验工作方案，30余名检验人员第一时间应召到岗，全面启动应急检验工作。疫情期间，先后受理包括我省在内的全国17个省市医用防护类应急检验任务共17个品种1100多批次，出具检验报告1365份，为企业减免检测费800余万元。在此期间宁夏、甘肃、重庆等省市先后向省政府、省药监局、院里发来感谢信，陕西省器检所工作也受到新华社、中央人民政府网站、学习强国平台等中省媒体的广泛关注和报道。

科研工作

申报省药监局科研项目4项，向市场监管局申报地方标准制修订项目2项，参与省科技厅项目3项。与咸阳高新开发区联合举办“陕西省第三届医疗器械创新及产业发展论坛”；牵头组建了陕西省增材制造（3D打印）医疗器械标准化技术委员会并承担标委会秘书处工作；与西安交通大学合作共建的西北药品监管科学研究院在我院设立分基地；签署了《医疗器械科研创新转化合作框架协议》；联合申报国家药监局的医疗器械3D打印技术及质量评价重点实验室已顺利通过。

能力建设

认真组织内部审核、管理评审活动，进行整改；积极参加外部比对试验和能力验证活动，先后参加各类比对试验和能力验证16次；组织中层以上干部参加国家药监局网上质量管理体系专业知识培训，提高干部职工质量管理能力；9月25日、10月23日先后2次举办质量开放日活动，邀请医疗器械企业代表走进实验室，零距离了解医疗器械检验检测工作。

积极推进3D打印医疗器械、组织工程和人工智能监测与康复器械等三个方向实验室能力建设，目前已进入全面施工建设阶段，力争按计划2021年建设完工。

组织申报P2级生物安全实验室4间，P1级生物安全实验室3间，取得资质证书。具备开展生物源性医疗器械病毒灭活验证、新冠肺炎试剂盒检测等具有风险防护要求的生物学项目的能力。

党建工作

开展党员教育实践活动，筑牢信念之基。组织领导干部带头讲党课，营造党员干部带头学习的浓郁氛围。开展了“乡村振兴、你我同行”主题党日活动，全体党员过集体政治生日；组织观看爱国电影，全体人员赴廉政教育基地进行集体教育等活动。

严格落实“一岗双责”，逐级落实党风廉政建设责任。精准防控廉政风险，针对工作运行中的风险岗位和薄弱环节、细化防控措施，完善监督机制，实现廉政风险防控全覆盖。扎实开展赵正永严重违法违纪案以案促改等专项整治工作，认真进行整改；组织院党委理论中心组及各党支部定期学习廉政警示教育，逢节假日院纪委开展廉洁过节教育，努力把拒腐防腐工作做细做实。

青海省药品检验检测院

概　况

2020年，青海省药品检验检测院（以下简称“青海省药检院”）坚持以党建工作为统领，以科学检验精神为指导，以保障人民群众用药、用妆、用械安全为己任，坚持“科学公正，精确优良”工作方针，以提高检验检测能力为主线，抓好科研支撑、管理支撑、培训支撑、人才支撑、文化支撑，为药品化妆品医疗器械监管提供高效、可靠的技术保障。获得“青海省抗击新冠肺炎疫情先进集体”“青海省职工职业道德建设‘十佳’单位”“全国科技活动周及重大示范活动中表现优异单位”“青海省市场监督管理局疫情防控先进集体”“脱贫攻坚集体嘉奖”等多项荣誉。国家药品和化妆品抽检工作受到国家药监局通报表扬。

检验检测

抽样工作。历时6个月，行程约2万公里，覆盖全青海省8个市（州）和27个县（区），完成国家和省级药品抽样757批次，参与省级医疗器械抽样308批次。

检验检测工作。完成药品、化妆品、医疗器械检验任务4004批次，较2019年增长8.8%。完成国家药品抽检678批次，检出不合格1批次；完成省级药品抽检464批次，全部合格；完成国家化妆品抽检455批次，检出不合格3批次、问题样品3批次；完成省级化妆品抽检60批次，检出问题样品4批次；完成国家医疗器械抽检32批次，全部合格；完成省级医疗器械抽检308批次，检出不合格41批次；完成防护用品、注册、案件及其他委托检验2007批次。

新冠肺炎疫情期间，完成防护用品、防疫用药品、药材（饮片）等应急检验322批次。包括口罩194批次（检出不符合规定样品61批次），防护服10批次，防护用品生产车间环境洁净度检验63批次，医院防疫制剂、防疫用药品和药材（饮片）等检验55批次。

科　研

完成国家科技重大专项子课题2个品种仿制药数据建立；完成国家药品抽检探索性分析研究3个品种；完成青海省科技厅“青海省药品检验检测平台”“青海省中藏药材数字化技术服务平台”建设项目以及“青海省重点实验室”课题3项；获批青海省科技厅课题4项；完成与中检院合作课题2项；实施院内自选课题11项；上报国家局补充检验方法1项。获得授权国家专利44项，软件著作权4项，发表论文15篇。

完成国家药典委药品标准提高25个品种；完成青海省医疗机构制剂标准制修订55个品种，已由青海省药监局颁布实施；开展藏药材和医疗机构制剂标准制修订70个品种。

能力建设

国家药监局“中药（藏药）质量控制重点实验室”获批；青海省科技厅分子生物学实验室和生物安全二级实验室建设改造项目获批；动物房升级改造项目通过青海省科技厅验收；完成检验办公信息化云桌面建设项目；完成应急检验扩项4次，新增医疗器械检验资质53个项目，167个参数，获得医用口罩和防护服4个品种全项检验资质；新增化妆品检验资质12个项目，231个参数；首次参加国际实验室能力验证1项，获得满意结果；参加国内能力验证22项，均为满意；与青海大学建立药学专业研究生联合培养基地，接收5名硕士研究生学习实践。

重要活动、举措、成果

新冠肺炎疫情期间，紧急申请专项经费234万元，采购应急检验设备7台，同步开展防护用品检验应急培训、检验资质申请、设备检定校准等。为政府部门、防护用品生产企业提供分类指导、现场技术咨询，对医疗机构防疫制剂生产现场、药材仓库等进行现场指导检查。

2月26日，青海省药监局党组书记、局长李晓东视察青海省药检院，指导疫情期间防护用品和药品检验检测工作。

8月27日至28日，举办“全省药品检验技术大比武”，来自全省药品检验机构、药品生产企业、医疗机构31支代表队、124名检验检测专业技术人员分别参加了理论考试、中药材显微鉴别、液相色谱仪操作和能力验证四项技术比武。

10月12日至14日，全省“‘两品一械’质量与安全风险防控培训班”在青海省西宁市举办。来自全省药品检验机构、药品生产企业、医疗机构、科研院所和高校200余名专业技术人员参加培训。

新疆维吾尔自治区药品检验研究院

概　况

2020年，新疆维吾尔自治区药品检验研究院（以下简称“自治区药检院”）以习近平新时代中国特色社会主义思想为指导，坚持以人民为中心的发展思想，严格落实“最严谨的标准”要求，统筹推进疫情防控和各领域检验工作，为全区“两品一械”监管提供强有力的技术支撑。

2020年，自治区药检院中药（维药）质量控制实验室被评为国家药监局重点实验室。

2020年12月，自治区药检院获得全国市场监管系统抗击新冠肺炎疫情先进集体称号。

检验检测

2020年，自治区药检院共完成各类检品3420批次，其中国家级任务801批次（23.4%）：药品评价性抽验265批次，医疗器械36批次，化妆品500批次；自治区级任务1077批（31.5%）：药品608批次，医疗器械200批次，化妆品230批次，药用辅料及药包材39批次；合同检验1153批次（33.7%）；注册检验253批次（7.4%）；进口药材检验、委托检验及其他检验共136批次（4.0%）。

2020年，自治区药检院高标准、高质量完成国家化妆品监督抽检任务，检验结果准确严谨，数据信息传递及时，并在化妆品质量分析报告评议中表现突出，被国家药监局列为六家承检机构之一通报表扬。

在所承担的国家评价性抽验品种“柴胡舒肝丸”的拓展性研究中发现重大质量安全隐患，向国家药监局及中检院提交某企业使用藏柴胡代替柴胡投料风险提示函及补充检验方法草案，并被国家药监局药品监管司采纳。

2020年，面对突如其来的新冠肺炎疫情，自治区药检院立即成立了疫情防控工作领导小组，制定应急预案，迅速承担起疫情防控用品检验任务。疫情防控期间，紧急扩项检验检测资质7大类22项，全天候开展检验检测工作。全年检验疫情防护产品684批，检出不合格产品62批次；检验用于生产配制疫情防控汤剂的中药饮片310批次，医院制剂6批次，检出不合格中药饮片4批次。完成对19家新建企业生产车间22批次的洁净级别检测。为企业和相关部门提供技术咨询300余次，为生产企业实操培训检验人员40余人。

科　研

2020年，自治区药检院完成中检院中药民族药检定所2020年数字标本课题品种性状专项15个；完成14个民族药和2个化学药的标准起草工作，并向国家药典委上报民族药和化学药标准各2个。

2020年，申报中检院“药品质量安全与能力建设”和新疆维吾尔自治区科技计划项目共3个，均立项，分别为中药民族药数字标本平台专题1项、自治区科技创新基地建设计划（资源共享平台建设）和自治区自然基金项目各1项。

全年公开发表学术论文共22篇，申请专利并正式授权9个，参与编写、出版论著2本。其中李海芳副院长主编的《常用药品检验方法测量不确定度评定事例解析》，2020年11月正式出版发行，余振喜副院长主编的《新疆维吾尔自治区中药民族药饮片炮制规范》（2020 年版），即将出版。

能力建设

2020 年，自治区药检院不断拓展各领域检验检测能力，2 月获得 7 类医用防护产品 22 项参数的检验资质，具备了医用口罩、医用外科口罩、医用防护服等医用防护产品的全项检验检测能力。6 月获得化妆品及食品 96 项参数的检验资质。7 月通过 CNAS 药品检验领域实验室认可复评审，获得 120 项药品检验资质。全年共参加中检院能力验证项目 16 项，范围涵盖自治区药检院全部检验领域，结果均为满意。

重要会议及活动

4 月 22 日，召开 2020 年度自治区药检院党建、党风廉政建设和反腐工作布置暨开展“一联双促”活动动员大会。

11 月 16 日，自治区药检院增修订的《新疆维吾尔自治区中药维吾尔药饮片炮制规范》（2020 年版）经自治区药监局审定通过并予以发布，该规范自 2020 年 12 月 30 日起实施。

11 月 30 日，国家药监局对自治区药检院中药（维药）质量控制实验室进行重点实验室评审。

党建工作

2020 年，自治区药检院切实落实“一岗双责”要求，强化院党委的主体责任，党委书记亲自抓、认真抓，牢牢把握问题导向，坚定不移筑牢党风廉政建设防线，做好廉政风险防控工作。制定了《廉政风险防控工作方案》，对照排查出风险点 31 条，制定个性防控措施 33 个，各党支部在工作中严格贯彻落实。同时院党委督促指导各支部认真落实“三会一课”“5 + X”制度及党建工作责任，引导党建工作常态化开展，不断推动基层组织建设向纵深发展，制定了《贯彻〈2019—2023 年自治区党员教育培训规划〉的措施》，各支部持续围绕《机关党支部建设质量提升三年攻坚行动计划（2019—2021）实施方案》，创新方式和载体，加强党员教育培训工作。

长春市食品药品检验中心

概　况

长春市食品药品检验中心（以下简称“长春市检验中心”）成立于 1949 年，前身是长春市卫生局药政科，后单独组建并先后命名长春市药品检验所、长春市食品药品检验所、长春市食品药品检验中心。隶属长春市市场监管局，单位性质是公益一类事业单位，是国家法定的食品、保健食品、药品、化妆品的检验检测机构。

长春市检验中心拥有新旧实验楼两栋，其中新实验楼面积 15436 平方米。仪器设备 508 台套，价值约 7000 余万元。近几年国家及省市政府投资通过政府采购方式购买仪器设备近 5000 万元，其中 2020 年下半年采购 1700 万元检验设备即将陆续安装到位，使中心的检验能力和水平得到极大提升。

根据检验工作职能设置 12 个科室，分别为：中药检验室、化学药品检验室、抗生素检验室、微生物检验室、分析仪器研究室、食品检验室、药品化妆品业务室、食品业务室、食品抽样室、质量管理室、综合办公室、检验保障室。

长春市检验中心在岗人员 90 人，高级技术职称 43 人，中级技术职称 30 人。博士生 3 人，硕士生 33 人，大学本科 42 人，专科 12 人。一线检验人员 40 人。

长春市检验中心现有药品参数 105 类 165 项参数，化妆品参数 297 项，一次性使用卫生用品参数 1 项。食品/保健食品参数共计 1106 个。其中包括食品 897 个、保健食品 155 个、食品相关产品 4 个、生活饮用水 33 个、微生物 17 个。

检验检测

2020 年，长春市检验中心共完成药品检验 1251 批。全检率 83.9%，同比 2019 年提高 43.9%。2020 年新扩药品参数 12 个，食品及食品相关产品 375 个，化妆品参数 214 个。完成标准复核 4 批，参加中检院能力验证药品 3 项、食品 2 项均为满意结果。完成吉林省药监局组织的地方中药材标准制修订项目 16 个。

2020 年，长春市检验中心积极开展疫情过后企业帮扶工作，为药品生产企业异地上市销售委托检验 5 批次，无偿培训地方药品生产企业中药材显微鉴别培训技术。

济南市食品药品检验检测中心

概　况

2020 年，济南市食品药品检验检测中心（以下简称“济南市中心”）将年度工作重点与市委“1 +495”工作体系、市重大部署和市药监局目标任务相结合，突出“党建引领”，狠抓“两项重点”，落实“三个保障”，深化“四项服务”（简称“1 +234”工作思路），全面履行法定职能，努力提高技术与服务水平，较好地完成了各项工作任务：一是以作风提升年活动为抓手，夯实从严治党主体责任；二是以作风问题整治为导向，深入推进党风廉政建设；三是以组织能力提升为契机，做好疫情防控工作；四是以秉持科学检验为准则，全面落实依法检验法定职责；五是以突出质量标准为原则，促进监测工作再上新台阶；六是以把握立足长远为基线，信息化系统建设有效助力检验工作；七是以完善技术服务为关键，全力提高行政监管支撑能力。

2020 年，济南市中心圆满完成各项工作并获得多项荣誉：一是被山东省市场监管局评为先进单位；二是被山东省药监局评为药品评价抽验工作表现突出单位和风险监测质量分析表现突出单位；三是被国家药监局药品不良反应监测评价中心评为药品不良反应监测评价优秀单位；四是获得济南市事业单位绩效考核“优秀”等次；五是连续 13 年获得“山东省精神文明单位”荣誉称号。

检验检测

根据 2020 年省、市药监局下达食品药品化妆品抽验计划，组织合理制定中心的检验检测方案，确保检验检测任务按时间节点完成。年内完成各类产品抽验 7315 批，其中完成各类检验 6534 批（药品检验 2424 批，化妆品检验 189 批，洁净室检验 1 批，食品抽验 3920 批），协助完成药品抽样 781 批。

药品化妆品检验。①组织完成药品检验 2424 批，其中，完成抽查检验 2260 批（年度计划 2259 批），包括评价性检验 400 批，监督抽验 659 批（不合格 10 批，不合格率为 1.52%），地方监督抽验计划 1201 批（不合格 6 批，不合格率为 0.5%）。完成其他检验 164 批，包括风险监测抽验 61 批，稽查办案 1 批，委托检验 102 批。②受理并完成化妆品检验 189 批，其中，风险监测 180 批，委托检验 9 批。③洁净室检验 1 次。

食品检验。共承担各类食品抽验 3920 批（10 批次仅抽样不检验），完成各类食品检验 3910 批：2020 年市级评价性抽检 3000 批（不合格 31 批，不合格率为 1.03%）；市级专项监督抽检承担 50 批，完成 50 批（合格率 100%）；2020 年省级监督抽检承担 410 批，完成 410 批（不合格 6 批，不合格率 1.5%）；省级专项监督抽检承担 390 批，完成 390 批（其中不合格 24 批，不合格率为 6.2%）；其他检验（含委托检验）60 批，完成 60 批。

重要活动、举措和成果

稳固提升检验检测能力。制定 45 项年度质量控制计划，内部质控22项，国家药监局、中检院、中国合格评定国家认可委员会（CNAS）及省、市市场监管局等能力验证29项，其他省市检验机构实验室比对1项，盲样考核2项，涵盖了食品、药品、化妆品、保健食品领域。5月23日至24日，通过CNAS评审组对中心实验室认可复评审现场评审。6月2日，顺利通过省科技厅组织的动物房换证现场评审工作。7月14日，顺利通过山东省食品药品审评认证中心组织进行的国产非特殊用途化妆品注册和备案检验机构监督检查。

精心组织药品检验检测技能竞赛。8月27日至28日，由市市场监管局和市总工会联合主办，济南市中心承办的济南市药品检验检测技能竞赛成功举办，在此次竞赛中，济南市中心被市总工会评为“劳动竞赛先进集体”。随后济南市中心选派宋菁景、王桂英两名同志代表济南市参加了11月18日至20日举办的第七届山东省药品检验检测技能竞赛决赛，经过奋勇拼搏荣获团体二等奖，宋菁景同志荣获“山东省药品监管系统药品检验技术能手”荣誉称号。

加强科技创新引领能力建设。2020年，济南市中心1项科研项目《山东道地药材酸枣仁及饮片质量控制关键技术和品质评价体系研究》获山东省药学会科学技术奖三等奖，在研科题7项，其中3项为未结题在研（山东道地药材丹参的农药残留分析以及科学施药研究；木瓜质量评价体系的建立及不同产地木瓜质量差异性分析；银翘药对热增效物质基础和增效机制研究）；4项为新申请（莲房炭；白花蛇舌草药材；白花蛇舌草饮片；蒸苦杏仁）。4项专利获国家知识产权局批准（一种药品检验采样箱、一种食品检验捣碎装置、分级混合药品食品快速检测箱、一种药品无菌检测的薄膜过滤装置）。技术创新开发2项（山东省地方标准生乳中β-内酰胺酶的检验杯碟法；山东省地方标准多品种食盐中碘的测定），有效地提高了中心科技创新引领能力。

青岛市食品药品检验研究院

概　况

青岛市食品药品检验研究院（以下简称“青岛市食药检院”）在青岛市市场监管局和院领导班子的正确领导下，直面“疫情”大考，深入贯彻学习党的十九大精神和习近平新时代中国特色社会主义思想，增强“四个意识”、坚定“四个自信”、做到“两个维护”，扎实开展各项工作，逐步完善检验检测体系，不断提高检验检测能力，保证食品药品医疗器械检验研究工作持续高质量发展，为社会公众饮食用药安全提供技术支撑。在全年工作中准确把握“为安全监管服务、为产业发展服务”的定位，贯彻“食药卫士 检验为民”的品牌意识，能力建设再上新台阶，荣获2020年度“山东省精神文明单位”称号。

检验检测

全年共完成各类检验检测8338批，包括食品类抽检3452批；药品类抽检3567批次；化妆品、药包材、保健食品及其他各类委托检验1279批次；进口药品标准、国家药典标准、药品补充检验方法复核共计9个品种40批样品。

高质量完成两个国家药品评价研究项目——碘帕醇注射液和养阴清肺丸的研究工作，发现产品存在一定的质量风险，向国家药监局提供风险提示函。撰写的质量分析报告在全国146个药品评价项目中，全部入围优秀名单，分获中药组第九名、化药组第十五名的好成绩。

承担四个山东省药品质量风险监测项目，分别是逍遥丸、吡拉西坦片、进口药品专项和盐酸二甲双胍NDMA专项任务，及时上报相关数据和质量分析报告，并在山东省药品质量风险监测工作现场交流评议会上进行汇报。荣获“2020年度省药监局药品评价抽检现场抽样表现突出单位”“质量分析工作表现突出单位”。

能力建设

疫情期间，在青岛市市场监管局大力支持下获批疫情防控专项资金。历经13天紧张有序的筹备，于3月31日取得医用防护口罩、防护服等医疗器械的省级授权检测资质。8月取得国家药监局授权医疗器械检测资质。为疫情防控工作、企业复工复产及时提供技术支撑。

2020年7月，通过山东省检验检测机构资质认定评审组的现场评审，进一步扩大食品、化妆品检验能力和范围，取得食品、化妆品检测能力新的资质，包括食品585个参数、9个方法，化妆品269个参数。其中，非特化妆品全部检验项目的资质覆盖率达到100%。10月获批国家药监局非特用途化妆品注册与备案检验机构，已可承接非特用途化妆品的注册和备案检验任务。

目前，青岛市食药检院的检验范围涵盖食品类465个产品、74个产品中930个参数、1203个方法；非食品类127个产品、91个产品中1947个参数。

2020年7月，顺利通过山东省科技厅组织的现场技术评审，重新取得实验动物使用许可证。

2020年8月，顺利通过中国合格评定国家认可委员会（CNAS）组织的实验室认可现场复评审。检验范围涵盖食品、药品、保健食品、化妆品、医疗器械和药包材的安全性、有效性检验能力。

2020年，参加中检院组织的17项21个参数的能力验证，全部为满意结果，囊括了中药、化学药品、药用辅料、药理、医疗器械、药包材、化妆品、药品微生物等领域。参加国家认监委组织的防护用品盲样测定，结果满意。

2020年，青岛市食药检院组织并完成内部质控49项，其中非食品35项、食品类17项，食品安全抽检任务每一批均制定实施内部质控方案。质控方式涵盖实验室间比对、留样再测、人员比对、设备比对、质控样品检测、校准曲线、加标回收、环境检测等，并对部分检验频次少的检验能力进行了维护，确保我院检测结果的有效性。

2020年，青岛市食药检院负责起草的“苦甘颗粒”质量标准成功收载于《中国药典》（2020年版）。完成国家药典委9个品种的质量标准复核工作，一个品种的补充检验方法复核工作；完成进口药品质量标准复核12个品种15个规格。参与制定中国营养学会团体标准《共轭亚油酸甘油酯含量的测定　高效液相色谱法》T/CNSS 005-2020，目前已发布；参与制定《食品安全国家标准　营养强化剂　血红素铁》《食品安全国家标准　营养强化剂　硫酸铬》《食品安全国家标准　营养强化剂　乙酸锌》《食品安全国家标准　营养强化剂　氯化锌》；主持青岛市地方标准《小油坊生产加工控制规范》。

科研工作

2020年，青岛市食药检院共承担各级课题十项，其中国家科技重大专项——重大新药创制“药物一致性评价关键技术与标准研究”课题的子课题3任务4“国产仿制药溶出曲线数据库的建立”及子课题6任务2“药用辅料功能性指标的评价与数据库的建立”；国家药监局课题“养阴清肺系列制剂评价性检验研究；中检院课题“中成药掺伪打假课题研究”；国家药典委课题“国家中成药标准提高课题研究”；国家卫健委课题“食品安全国家标准　营养强化剂　血红素铁”和“食品安全国家标准　营养强化剂　硫酸铬”；中国营养学会课题“共轭亚油酸甘油酯含量的测定　高效液相色谱法”；山东省药监局课题“逍遥丸制剂风险情况研究”和“《山东省中药材标准》《山东省中药饮片炮制规范》品种起草”。其中8项课题已完成，国家药典委课题“国家中成药标准提高课题研究”和省药监局课题《山东省中药材标准》品种起草课题正常进行中。青岛市食药检院“中药质量与安全控制关键技术创新及应用”项目获2020年度青岛市科技进步二等奖，进入2021年山东省科技进步奖受理项目。

重要会议和活动

2020年9月，与中国健康传媒集团《中国合理用药探索》杂志、国家药典委《中国药品标准》杂志以及山东省食品药品检验研究院共同举办第一届中国药物制剂高质量发展研讨会。

广州市药品检验所

概　况

广州市药品检验所（以下简称“广州市药检所”）坚持以习近平新时代中国特色社会主义思想为指导，深入贯彻全国“两会”和党的十九届五中全会精神，紧跟国家和省、市市场监管工作部署，为人民群众用药安全严格把关。2020年，广州市药检所荣获广州市2017—2019年度“广州市文明单位”称号。在常态化疫情防控前提下持续提高检验检测能力，积极开拓业务工作，强化科研创新，构建高水平技术支撑体系。谋划广州市药检所“十四五”规划布局，蓄力以拳头重点项目带动全所的药品检验水平提升与科研能力建设，在服务市场监管工作中履职尽责、担当作为，不断开创广州市药检工作新局面，为广州市医药发展事业贡献力量。

检验检测

2020年，广州市药检所共完成检品9373件，其中进口药品1049批1941件（包括首次进口31个品种68批132件，进口化学药品评价抽检59个品种793件）。根据相关文件要求，继续开展进口化学药品评价抽检工作，共抽检53个品种66个品规692批，覆盖注射剂、喷雾剂等11种剂型，涉及进口报验单位11个。

根据《国家药监局关于印发2020年国家药品抽检计划的通知》要求，中药室承担2020年国家药品抽检1个品种“复方罗布麻片Ⅰ、复方罗布麻片Ⅱ”的标准检验和质量探索性研究任务。并在《国家药监局综合司关于表扬2020年国家药品抽检工作表现突出单位的通报》中被列为检验组织和探索性研究工作表现突出的单位。

根据《2020年广东省药品抽检计划》要求，广州市药检所受广东省药监局委托，首次承担省管环节（生产、批发、零售连锁总部）药品的抽样工作，药品抽样任务349批（任务类别：6个专项抽检、跟踪抽检、日常抽检、应急（执法）抽检），药包材抽样任务52批。

根据《广州市市场监督管理局关于印发2020年广州市化妆品抽检工作计划的通知》要求，广州市药检所继续承担化妆品抽样任务2000批，其中实体经营环节1600批、网络经营环节100批、风险监测300批。

根据《广州市市场监督管理局关于印发2020年广州市医疗器械抽检工作计划的通知》要求，广州市药检所承担医疗器械检验任务为2个品种共30批，为脱脂棉和一次性使用无菌注射器（带针）。

2020年，广州市药检所共受理各类应急打假检验224批次。其中，40批启动24小时应急检验绿色通道，184批启动7天及14天打假检验；涉及药品194批、化妆品23批，其他类（保健食品）7批。发出报告188批，不合格25批，不合格率为13.3%。发出检验结果36份。

2020年春节期间，为切实做好新型冠状病毒感染的肺炎疫情防控工作，广州市药检所按照广州市市场监管局统一部署，积极组织开展抗病毒类药品应急检验工作，立即启动24小时应急检验绿色通道，经过连续奋战，顺利完成所有送检33批次样品的检验报告。春节期间的新冠肺炎药品专项应急检验，充分体现了广州市药检所药检人具备良好的政治素质和过硬的技术能力。广州市药检所以实际行动和过硬业务本领为监管部门做好技术支撑，为坚决打赢防疫攻坚战贡献力量。

能力建设

2020年，报名参加世界卫生组织（WHO）、英国政府化学家实验室（LGC）、欧洲药品质量管理局（EDQM）、中检院等机构组织的能力验证活动22项，截止至年底获得满意结果9项。3月，广州市药检所顺利通过省市场监管局检验检测机构资质认定扩项、标准变更和新增授权签字人现场评审。确认了扩项298个参数，扩标准89个参数，标准变更14个参数，总项目达1151项，检测能力增加了32%。9月，顺利通过CNAS组织的实验室认可和国家级资质认定标准变更+扩项+新增授权签字人的二合一评审，检测能力总项目数为1119项（药品181项、生物制品80项、医疗器械394项、洁净区（室）环境10项、化妆品432项以及药包材22项）。

科研工作

广州市药检所主持制定的ISO标准项目“ISO 22256：2020中医药—中药辐照光释光检测法”取得重大进展。经过历时5年的努力，该标准于2020年7月14日出版实施，该标准是我国药品监督管理系统中第一个ISO中医药国际标准。

广州市药检所承担国家重点研发计划“中医药现代化研究”重点专项“中成药整体性质量控制技术研究”项目课题五及承担的“口炎清颗粒”整体质控标准研究项目。与澳门大学等联合申报的2020年广东省重点领域研发计划项目“十七种特色药材美国和欧洲药典质量标准建立”获得立项。申报2021年广东省药监局科技创新项目（重点实验室专项）1项“中成药整体质量控制关键技术研究”。申请的发明专利“延胡索对照提取物及其制备方法和应用”和“广陈皮的鉴别分类方法及装置”目前已在专利公报上公布并进入实质审查阶段。

党建工作

2020年，在广州市药监局党组的领导下，完成了中共广州市药检所党委成立的工作，严格按照程序完成了党委委员和纪委委员选举工作。所党委的成立，是广州市药检所发展史上的一座里程碑，标志着广州市药检所党建工作进入了一个崭新的发展阶段，也为广州市药检所坚持高标准严要求，大力加强自身建设，在学用结合、永葆先进性上取得新成效、在新的发展大势中加快建设国内领先的步伐奠定了坚实的政治基础。

广州市药检所根据党组织体系发展及业务科室人员的调整，对党组织重新调整划分，由原六个党支部增至七个党支部，完成了各支部的选举，推动基层党组织建设不断完善。10月，召开全体职工大会选举第十届工会委员会、经费审查委员会以及女职工委员会委员。

成都市食品药品检验研究院

概　况

成都市食品药品检验研究院（以下简称“成都市食药检院”）前身为成都市药品检验所，成立于1960年。加挂成都市药品检验所、成都市医疗器械及药品包装材料检验所、成都市食品安全监测预警数据中心、成都市粮食质量安全检验检测中心牌子。是市场监管总局食用农产品（总牵头）、鲜蛋、蛋制品安全抽检监测工作组牵头单位；国家食品复检机构；国家特殊食品及婴配食品备案检验机构；国家非特殊用途化妆品备案检验机构；食品安全国家标准跟踪评价副组长单位；国家自然基金委员会依托单位；国家药监局首批重点实验室；设有博士后工作站。曾为国家口岸药品检验所。现有建筑面积3.72万平方米，在建面积3.65万平方米，拥有仪器设备2400台（套），原值3.1亿元。通过国家实验室认可产品项目1889项、累计参数9306个；资质认定产品及参数6868项。在2019—2020年度总局本级食品安全承检机构考评综合排名全国第三位；被评为国家药监局2019年“质量分析工作表现突出的单位”、四川省中医药传承创新发展先进集体、省药监局2020年省级重大活动食品安全监管工作先进单位。

检验检测

完成各类检品71657批。其中食品（含保健食品）63477批；药品6629批，化妆品921批；空气洁净度报告232份；医疗器械32批，民用口罩234批，医用口罩132批。承担药品国评项目2项。新增食品扩项产品和参数103项、检验方法85个，医疗器械扩项产品4个、参数22项；组织参加能力验证（含国际验证18次）87批次。

重要会议和活动

国家药监局“中药材质量监测评价重点实验室”通过省药监局检查考核，出版《中药材市场常见易混品种鉴别图集》《常用中药材及混伪品种整理》；与中国计量院联合申报市场监管总局重点实验室（营养与健康化学计量及应用）；与川大华西联合申报国家药监局第二批重点实验室“创新药物临床研究与监测重点实验室”；完成省药监局重点实验室“化学药品质量控制及标准研究重点实验室”现场核查；与省原子能研究院共建“四川省辐照保藏重点实验室”。

获省生态环境厅环评批复，取得辐射安全许可证；被纳入市发改委新型基础设施重点项目库。

与国家药监局高研院共建食品药品安全应急演练体验中心；与川大华西共建临床药理学与生物样本检测研究联合实验室；与新都区市场监管局共建食品安全质量检测科普基地。推进与重庆院共建特殊药品质量控制研究及监管实验平台。

能力建设

依托“成都市食品药品检测能力提升项目（一期）项目工程”与“国家食品检（监）测能力提升项目”，选址温江永宁，集中央及成都市级财政总投资3.70亿元，占地面积88亩，总建筑面积3.85万平方米的一期工程于2020年9月正式启用。

推进市场和食品管理工作组、医疗和反兴奋剂工作组检验检测相关工作；派员20人次赴多地考察遴选大运会餐饮服务运动员食材供应基地；与成都大学共建致病微生物检测快检实验室。

完成区域食品安全监测预警数据共享平台建设方案，与眉山食药检测中心等签订同城化框架协议；完成数据中心四期建设，成果于2020年纳入中国专业学位教学案例中心案例。

开展新药动物生物样本DMPK参数测定7项，一类新药人体生物样本DMPK参数测定3次，生物等效性实验2项；连续三年以总成绩100%通过国家卫健委室间质评。

科研工作

在研项目20余项，新申报科研和标准制修（订）项目52项，获立项21项（其中国家药品标准提高项目1项；四川省科技计划项目6项；市场监管总局技术保障专项项目1项；辐照保藏四川省重点实验室开放基金课题1项，四川省引进国（境）外高端人才项目1项，成都市2020年食品、药品化妆品风险研究项目11项），新立项项目获财政支持经费428万元；向国家药典委提交《中国药典》标准起草研究2项；申请专利5项，获实用新型专利1项；获软件著作权10项；发表论文40篇。

持续推进《德国药品法典》《欧洲药典》中药材标准起草，木瓜标准已正式收录《欧洲药典》，欧洲药典中药工作组主席对成都市食药检院在制定木瓜、玄参两味中药材标准所做的科学贡献来信感谢。承办省药监局第十三个世界认可日、省食品安全学会第三届会员代表大会暨学术会议、成都药学会第十次会员代表大会暨2020年第六届成都药学发展高峰论坛等活动。

党建工作

贯彻落实习近平新时代中国特色社会主义思想、党的十九届四中五中全会及省市全会精神，学习《习近平谈治国理政》第三卷、《民法典》及党章党规；建立党支部工作台账，开展全覆盖谈心谈话，开展“危难面前显忠诚　挑战面前显担当”“党员政治生日”等主题党日活动；重点加强招标采购监督，制定《落实全面从严治党主体责任清单》，推进全面从严治党向纵深发展。

西安市食品药品检验所

概　况

西安市食品药品检验所（以下简称“西安所”）截至2020年底有正式在编人员76名、编制外聘用人员93名、劳务派遣人员24名，共计在岗工作人员193名（所内工作人员143人，食用农产品及水产市场快检工作人员49人）。其中各类专业技术人员108名，高级职称23人，博士2人，硕士45人。

西安所目前占地面积约8.4亩，现使用实验、办公用房面积共5300余平方米。其中实验用房4400平方米，行政后勤办公用房，面积900余平方米。迁址新建项目正在建设中，项目总投资1.78亿元，占地面积30余亩，建筑面积23000平方米。

截至2021年3月，西安所目前具备检验检测参数8类共4968项，其中，食品检测参数3644项；保健食品检测参数122项；药品检测类532项（中药256项、化学药276项）；化妆品检测480项；保健用品检测6项；洁净度检测78项；饲料中兴奋剂检测53项参数；动物体液中兴奋剂检测53项参数。

检验检测

2020年，西安所共完成国家、省、市食品安全监督抽样7364批次，完成各类样品实验室检验9939批次，其中食品（含保健食品）共完成7519批次、药品2133批次、化妆品275批次、洁净度检测12批次。

2020年，西安所派驻食用农产品市场9个快检室共完成检测136643批次，其中，抽检蔬菜类93969批次；水果类28700批次；畜禽肉类4978批次；菌类3037批次；水产品及水发产品5959批次。

2020年，西安所共上报药品不良反应报告8281份，其中，严重报告占比16.14%；上报医疗器械不良事件报告2316份，其中严重报告占比10.58%；上报化妆品不良反应564份，报告数量和质量均符合省中心要求。

重要活动、举措和成果

保障疫情期间食品药品安全全力以赴。新冠肺炎疫情暴发以来，西安所积极投入到抗疫工作之中。一是选派工作人员在全市最大的欣桥、新北城、朱雀三个农贸市场，与商务局和交通局分别组成农副产品保供专班，24小时驻扎市场轮班值守，协助市场运营方保障全市人民农副产品供应需求，监测产品价格，并对产品质量进行快速筛查；二是实验室检验人员加班加点，完成了连花清瘟颗粒、双黄连、金银花等有关抗疫药品抽检200批次、食品700批次，严把质量关；三是及时派出9名党员下沉社区协助抗疫工作，因表现突出，曹国强同志被市退役军人事务局评为“优秀退役军人”。

助力地方企业及特色产业发展精准用力。为深入落实“放管服”改革要求，进一步夯实检验能力和科研水平，增强对驻地企业和特色产业服务力度。一是与西安利君制药有限责任公司签署了“盐酸乌拉地尔注射液仿制药一致性评价研究”合作协议，促进产品质量进一步提升；二是与蓝田县政府签订了“陕西省食品安全地方标准——蓝田荞面饸饹”标准制定合同；三是完成了《陕西省食品安全地方标准——凉皮、凉面》标准修订工作，进一步强化西安食品安全标准体系建设。

保障大型体育赛事顺利进行竭尽所能。为保障2021年“十四运”顺利举办，西安所提前准备，2020年取得食源性兴奋剂检测项目资质53项，被陕西省“十四运”组委会确定为全省食源性兴奋剂检测机构。制定的《西安市供给十四运食品质量安全标准》水产及其制品类标准160项，已经通过专家组评审。与陕西省田径运动管理中心、水上运动管理中心、手球曲棍球棒垒球运动管理中心签订了联合开展兴奋剂检测与膳食营养研究的合作协议书。

打造研究型食品药品检验机构永不止步。2020年，西安所开展了中草药茵陈、栀子、黄芩、金银花提取物质量标准制定工作，完成了药典委盐酸赖氨酸片质量标准的起草、胰酶肠溶片系列、复方肝浸膏片、复方肝浸膏糖浆等药品质量标准提高的复核工作，完成了盐酸异丙嗪胆汁片国家标准提高项目起草；对盐酸乌拉地尔注射液灭菌工艺验证中发现的问题进行了研究论证。申请的陕西省体育局项目《药源性兴奋剂检测方法及数据库平台的建设》获项目一等奖、《食源性兴奋剂检测数据库的构建》获项目二等奖。在核心期刊发表科研论文共19篇，著作1部。

培养“领头羊”，打造忠诚队伍勇往直前。“五四”前夕，西安所食品室荣获第九届“西安青年五四奖章集体”，该集体是共青团西安市委、西安青年联合会授予西安优秀青年集体的最高荣誉，集中展现西安青年集体的精神风貌和价值追求。年底，西安市召开2020年劳动模范和先进集体表彰大会，表彰5年来全市各行各业涌现出的劳动模范和先进集体，西安所荣获“西安市先进集体”荣誉称号。

厦门市食品药品质量检验研究院

概　况

2020年，厦门市食品药品质量检验研究院（以下简称“厦门市食药检院”）坚持以习近平新时代中国特色社会主义思想为指导，紧紧围绕上级重点工作精神和部署，狠抓技术支撑能力建设，不断增强检验综合实力，扎实做好常态化疫情防控保障复工复产，奋力推动新时代食品药品检验工作高质量发展。在国家药监局印发的《关于表扬2019年国家药品抽检工作表现突出单位的通知》中，获得“检验管理工作表现突出单位”“质量分析工作表现突出单位”两项殊荣；连续四届蝉联“全国文明单位”荣誉称号；“同心东渡人”志愿服务案例入选“厦门市2020年度文明单位优秀创新案例”；连续第二年被湖里区委授予湖里区“双报到”优秀党组织荣誉称号。

检验检测

截至2020年12月31日，厦门市食药检院共完成食品安全监督抽检任务3340批次，完成药品、保健食品、化妆品等各类产品检验任务1416批次，其中药品监督抽检998批次，保健食品检验120批次，化妆品检验298批次，共发现不合格食品45批次，问题/风险食品69批次，不合格药品3批次，不合格化妆品5批次。完成了冬瓜糖、糕点、奶茶、禽蛋、小龙虾、贝类贝毒等市药监局专项抽检工作，承担糕点、方便食品、其他食品等三类小作坊食品的实地调研和安全评估、食用农产品快检检测结果验证、协助食品承检机构质量监督考核等工作。

面对疫情，第一时间组织全体党员在抗击疫情请战书上签名并开展疫情防控宣誓，成立党员先锋队，设立“业务联系”“技术检验”和“后勤保障”三个工作小组，在最短时间内形成战斗力。用1天时间，配合市药监局完成疫情防控食品药品安全抽检方案制定；用5天时间，完成11家化妆品企业的洗手液产品备案检验，比正常检验周期提前了20多天，保证我市洗手液的安全快速供应；用6天时间，完成12家疫情防控企业112间厂房的空气洁净度检测服务，确保企业在最短时间内全力投产；用8天时间，完成疫情第二期食品专项抽检，涉及全市59个农贸市场、42个购物超市、708批次食品，共检出不合格食品19批次；全年共协助万泰沧海、英科新创等企业完成1亿2000多万人份疫苗及诊断试剂盒的应急批签发抽样工作，有效缩短批签发周期，确保企业产品检验合格后第一时间投放临床使用；疫情以来，克服人员紧缺，抽检任务繁重，车辆保障不足等困难，全力支援一线防控，共组织1000余人次党员干部到基层所、社区、共建点等协助疫情防控。

能力建设

瞄准重点领域，拓展能力资质。通过检验能力扩项现场评审，全年共增加食品检验项目53项、化妆品检验项目28项。扩项后，食品检验能力资质达到同年市场监管总局监督抽检项目的95%以上，完全满足《国家食品安全示范城市评价细则》要求。化妆品检验能力资质已覆盖《化妆品安全技术规范》中理化和微生物检验项目的80%以上，达到申报国家药监局化妆品风险监测工作组成员单位的遴选条件要求，为进一步融入国家化妆品工作平台，服务产业发展提供了更加有力的技术支撑和保障。

加大投入力度，补齐业务短板。全年共计投入2443万元，购置大型仪器设备31台套，及时填补食品药品检测仪器设备的空白。全面推进信息化建设，对院信息管理系统进行升级换代，提升工作效率。2020年，通过市人社局事业单位统一招聘，新进16名专业技术人员，进一步充实了检验工作力量。

开展“半月讲坛”，强化业务培训。自2020年5月起，在全院组织开展“半月讲坛”活动，由院领导、各科室负责人和业务骨干轮流授课，每两周举行一期，共完成99个学时，755人次的培训，在全院营造了勤学理论、苦练技能、勇于创新、争当先进的浓厚氛围。

创新工作机制，激发工作活力。充分发挥专业技术团队和检测能力优势，以台湾化妆品为突破口，多措并举推动厦台化妆品贸易便利化。特别是将检验周期纳入检验人员绩效考核，使平均检验周期较正常时限缩短10天以上，极大地降低了物流和时间成本，为企业减负增效。据统计，全年共完成7家企业，32个品种台湾化妆品的备案检验工作，有力推动了对台化妆品贸易健康发展。

科研工作

厦门市食药检院代表我国继续承接世界卫生组织（WHO）《国际药典》标准起草工作，积极推进利托那韦原料及其制剂标准起草研究，并于上半年提交了第二次修改稿，于5月19日通过视频会议向WHO汇报标准制定情况。

继续承担《中国药典》标准起草任务。由厦门市食药检院起草的药品标准共有20多个品种收入《中国药典》（2020年版）。在此基础上，积极参与国家药典委标准提高项目，共完成10个品种的国家药品标准提高起草工作并提交国家药典委审核。“复方穿心莲片路边青补充检验方法”通过复核检验并报送国家药监局核审。

食品检验科研成效初显。由厦门市食药检院牵头主持起草的“水发产品中甲醛的快速检测”标准通过市场监管总局专家验收和批准，正式向社会发布实施，在2020年市场监管总局组织的10多个快检标准起草工作中，只有两个单位最终通过验收；全年共成功申报市场监管总局标准提高课题2项、省市场监管局科技课题2项、市市场监管局科技课题1项；牵头制定“猪肉”“鸡蛋”等8项供厦食品标准。

深圳市药品检验研究院（深圳市医疗器械检测中心）

概　况

深圳市药品检验研究院（深圳市医疗器械检测中心）（以下简称“深圳市药检院”）现有实验室建筑面积6.2万平方米，各类大型精密检验仪器5000余台（套），固定资产14.4亿元。拥有WHO－PQ认证专家、欧洲药典委员会委员、国务院政府特殊津贴、国家药典委委员、国家级省级各类评审检查员、博士生及硕士生导师等各类专家群体200余人次，获批3个国家药监局重点实验室和11个省市级重点实验室。是地方药检机构首家国家博士后科研工作站设站单位，国家口岸药品检验所，全球第46家、中国第2家、地方第1家世界卫生组织药品质量控制认证（WHO－PQ认证）实验室。2020年中标成为国内首家联合国药品检测全球长期合作实验室。

检验检测

2020年，深圳市药检院完成药品、化妆品、医疗器械等各类型检品16698批次，同比增长18.2%，检品总量再创新高。完成“氨咖黄敏系列制剂”和“红景天”2个国家药品专项抽验任务844批次，“红景天”品种相关工作成果荣获中药饮片组全国第二的优异成绩，并获质量分析工作表现突出单位。进口药品注册检验大幅提升，完成品种数创历年之最，达18个，超过2017年取得口岸药品检验资质以来前三年完成量总和。完成香港中成药注册检验31批；完成医疗器械注册检验1794批，同比增长30.1%；完成化妆品注册和备案检验35批。承接WHO在非洲4个国家抽样的90批双氢青蒿素哌喹片的检验工作。中标成为我国唯一一家“联合国UNDP药品检测全球长期合作实验室”，代表亚太实验室承担联合国委托的来自亚太、北美、拉丁美、欧洲、非洲、独联体国家共6大区全球的化学药品检验任务。1人荣获“中国药学发展奖食品药品质量检测技术奖突出成就奖”；2人分获“2020年度中国中药协会中药质量与安全专业委员会优秀委员”和“2020年度中国中药协会中药数字化专业委员会优秀委员”。

作为专业的医用防护物资检验的权威机构，疫情发生之时，深圳市药检院迅速响应，成立应急工作组，组建驻厂监督检验队伍，第一时间进驻企业。开通疫情防控物资检验绿色通道，优化应急检验流程，高标准、高质量、高效率出具检验数据，为省、市疫情防控物质的供应赢得了主动和时间。疫情发生以来，累计投入技术人员4365人次，检测各类防护用品4423批次、35256个项目，帮扶企业379家，组织召开各类技术研判会200余次，有效保障了疫情防控物资质量安全和产品供应，保护人民群众生命健康，彰显了技术担当、责任担当。因在疫情防控中突出表现，在全市抗击新冠肺炎疫情表彰大会上，荣获“深圳市抗击新冠肺炎疫情先进集体”“深圳市先进基层党组织”奖项。

科研工作

2020年，深圳市药检院完成国内标准制修订78个，国家标准立项申报51个。完成《国际药典》1个品种的质量标准起草工作，已上报WHO；开展《中国药典》与《欧洲药典》的中药质量标准差异性分析，完成《德国药品法典》中药配方颗粒制定通则的草案撰写以及人参配方颗粒7个检验项目的研究工作，中药桂枝标准起草已获DAC立项；《欧洲药典》金银花、《美国药典》山药、香港中药材标准明党参和凌霄花等品种质量标准研究、国家药典委包材标准、医械行业标准、团体标准等研究工作进展顺利。全年，发表学术论文31篇，其中SCI论文7篇。出版论著4部。申请专利4项，获授权专利10项，3项PCT国际专利获得专利检索报告。1人作为欧洲药典委员会委员参与《欧洲药典》标准审稿工作，并争取到金银花的标准起草工作任务。1人受邀在WHO召开第7届药品质量控制实验室年度区域间网络研讨会作个人防护产品检测能力建设经验交流。1人参加欧盟化妆品风险评估师培训，并顺利通过考核。“中药质量研究与评价重点实验室”获批成为国家药监局第二批重点实验室；与中国药科大学的合作项目获江苏省科学技术奖一等奖；“青蒿素哌喹片”获2019年度深圳市科学技术奖标准奖。

能力建设

深圳市药检院顺利取得口罩、防护服、儿童口罩等广东省CMA相关资质；顺利通过CNAS复评审+扩项+变更，国家、广东省CMA扩项评审；取得生物制品、食品、化妆品、医疗器械领域共349个参数的CMA资质和CNAS检测能力。参加国内外20家机构组织的能力验证、实验室间比对、盲样考核、标准物质协作标定等外部质量监控活动61项；率先实施《风险管理程序》，全年共识别风险59项，风险控制作为一项高效的质量管理手段逐渐被大家接受并主动运用，取得了较好的成效。

深圳市药检院总建筑面积4.84万平方米，总投资12.71亿元的深圳市医疗器械检测和生物医药安全评价中心综合实验大楼竣工交付，将填补深圳市非临床药物安全性评价GLP实验室的空白，极大地缓解医疗器械检测场地紧缺问题，大幅提升医疗器械核心通用检验项目的检测能力及检测效率，为全市生物医药企业提供通用型产业级的公共技术服务平台。建筑面积5.3万平方米的深圳市药检院光明分院项目已进行围挡施工、设计招标等工作，正式移交市建筑工务署，致力于搭建集高端医疗器械检测实验室、国际交流与合作检验检测平台、生物医药产业发展技术支撑平台于一体的综合技术平台。

南京市食品药品监督检验院

检验检测

2020年，南京市食品药品监督检验院（以下简称“南京市食药检院”）全年共完成食品检验检测国抽1584批、省抽2948批、市抽4205批、委托检验928批，共计9706批（实际检测9765批，有56批是和药品所共同完成），比2019年增长了1850批。

2020年承担了药品市抽、省抽和国抽等检测任务，共完成5046批检验任务。其中，药品市抽1700批（日常监督1300批，儿童用药100批，心脑血管病用药100批，中药饮片200批），不合格5批；市抽专项200批；药品省抽400批，省抽专项100批；药品国抽93批；药品市抽全检率80%，药品省抽97%，药品国抽100%。

完成保健食品风险监测30批，发现问题样品7批；非法添加440批，不合格382批；委托检验1607批，不合格9批；洁净度检测74批；快检1026批。完成药品所全年内定计划5000批的100.92%。

科研工作

积极推动各层级科技项目立项申报和应用研究，制定了南京市食药检院科研人员管理办法，按专职科研人员和享受博士待遇人员分类管理。全年，获得国家重点研发计划食品安全专项（课题和子课题）2项、总局科技项目1项、总局食品补充检验方法1项、食品安全国家标准1项、国家标准样品2项、省药监局科技项目2项、省药监局科技项目1项、市药监局科技项目11项立项。院主持的1项省重点研发计划社会发展项目、1项总局食品补充检验方法和1项市社会发展科技项目，参与的1项上海市科技局长三角联合创新科技项目通过验收；参与翻译的《美国FDA食品微生物学检验指南（第八版）》和编写的《江苏中药饮片炮制规范》出版发行；在国际SCI期刊发表高质量论文3篇，中文核心期刊5篇，获得授权发明专利1项。2020年，院两项科技成果分获中国商业联合会科学技术奖一等奖和江苏省分析测试协会科学技术奖一等奖。

能力建设

增强监督抽检能力。3月，通过省药监局资质认定扩项，新增食品、药品、食用农产品、化妆品和防护用品5大类总计182个参数检验能力；12月，通过CNAS实验室认可复评审，共批准确认了751项食品、药品、化妆品参数及食品产品。提升服务产业能力，聚焦南京新医药和生命健康产业发展和自贸区建设，组织调研江北新区、自贸区有关单位和相关检验机构，确定了生物制品、医疗器械（诊断试剂）和进口药品检验能力提升计划，获得省药监局能力提升专项。强化设备硬件能力，新增301台（套）4179万元仪器设备，加大科研设备投入，设备原值达到1.96亿元。

扩项食品毒理学检验能力。申报筹建省特殊食品质检中心，该项目写入省药监局与南京市政府签署的高质量发展合作协议，目前已完成可研报告和筹建任务书。积极申报市场监管总局食品检测重点实验室，联合中国药科大学、南京医科大学申报国家药监局药品质量控制重点实验室，共建研究生联合培养基地，院4名专家担任大学兼职教授和硕士生导师，目前已联合培养研究生2名；与晓庄学院共建儿童食品质量与食育科普协同创新平台，与南京医科大学签署共建药学教学科研基地合作协议。

强化质量提升。组织召开管理评审会议，完成年度质量管理体系内审，积极开展质量控制活动，强化质量监督。全年，累计参加fapas、LGC、市场监管总局、CNAS、中检院等国际、国内机构组织的能力验证活动30次，覆盖食品、药品、化妆品等领域，涉及40项能力参数，目前已收到18项结果均为满意；采用质控样、盲样考核、留样再测等方式组织内部比对43次，均为满意结果；顺利通过省科技厅实验动物许可证年检，启动了能力验证提供者实验室认可质量管理体系文件编制工作。

扩增CNAS食品检验能力参数143项、产品标准6项；完成食品、食用农产品、化妆品检验能力CMA扩项共157项（其中食品、食用农产品141项，化妆品参数16项），100%覆盖2020年国家食品安全监督抽检实施细则，为全年抽检监测的完成奠定了良好基础。南京市食药检院全年完成CMA扩项25项，其中药品8项，防护用品7项，食品非法添加10项；CNAS药品扩项1项。能力验证参加国内外权威机构（认可会、中检院、LGC等）组织的能力验证及比对试验12项，全部获满意结果，南京市食药检院直接参与指导国际能力验证英国政府化学家实验室LGC举办的“β-胡萝卜素叶酸片含量测定”能力验证，面对难点提出具体实验思路和两位检验人员一起解决了实验难题并获满意结果。

科研工作

立项科技标准11项，其中国家标准样品制备项目2项、市场监管总局食品补充检验方法1项、省市场监管局项目3项，市药监局重点项目5项。完成科技项目共5项，其中江苏省科技厅项目1项，南京市科委项目1项，市场监管总局食品补充检验方法2项、上海市科技项目1项。获得有发明专利1项、全国商业科技进步奖一等奖、江苏省分析测试学会一等奖。配合院部申报的江苏省特殊食品产品质量监督检验中心，也已顺利通过批筹前现场考查评估。

党建工作

强化组织建设，完成新一届党总支、团支部换届选举；突出战疫服务，开展志愿服务、社区执勤、无偿献血、捐款等活动；加强教育引导，开展党员微党课，精读十九届五中全会精神、《习近平谈治国理政》等重要论述，组织“礼赞国旗、唱响国歌”活动；打牢廉政防线，建立廉洁行为登记制度，一线抽样工作发放廉政监督卡，组织新任职中层廉政谈话，强化各级履职尽责意识；推动品牌创建，与六合竹程社区结对共建，3 次组织实验室开放日、6 次开展食药安全进社区活动，积极展示院风貌。南京市食药检院获省、市“文明单位”称号，科室分获市“巾帼文明岗”“工人先锋号”表彰。

附　录

获奖与表彰

2020年，中检院母瑞红、生物制品检定所分获抗击新冠肺炎疫情全国三八红旗手、全国三八红旗集体；中检院体外诊断试剂所和许四宏、徐苗分获全国市场监管系统抗击新冠肺炎疫情先进集体和个人；中检院还对18个集体和58人给予记功和嘉奖。

经2021年第3次党委常委会研究决定：授予韩若斯等63名同志“2020年度中国食品药品检定研究院先进个人”荣誉称号，授予刘文琦等48名同志“2020年度中国食品药品检定研究院优秀员工”荣誉称号。

论文论著

2020 年出版书籍目录

序号	书名	主编	副主编	编委	出版社	出版日期	书号（ISBN）
1	化妆品安全性评价方法及实例	王钢力，邢书霞	罗飞亚，张凤兰	乌兰*，方继辉*，冯克然，邢泰然*，刘敏，刘保军*，刘晓悦*，苏哲，李琳，吴景，宋钰，张蓓蓓*，陈淙*，金卫华*，袁欢，黄怡康*，黄湘鹭，曾子君*，谢柳青*，裴新荣	中国医药科技出版社	2020 年 3 月	978－7－5214－1586－5
2	探秘冬虫夏草	王淑红*，康帅	关潇滢*，郑健，周碧乾*	王莹，左甜甜，过立农，李耀磊，连超杰，余坤子，张南平，聂黎行	人民卫生出版社	2020 年 12 月	978－7－117－30910－3
3	中药成方制剂显微鉴别图典	马双成，魏锋	张南平，戴忠，余坤子	石岩，刘薇，严华，李明华，张萍，张文娟，陈佳，麻思宇，程显隆等	人民卫生出版社	2020 年 9 月	978－7－117－29699－1
4	当代新疫苗	杨晓明	高福，俞永新，魏于全，熊思东，王军志，李忠明，徐德启，黄仕和	梁争论，何鹏等	高等教育出版社	2020 年 1 月	978－7－04－052911－1
5	制药配液风险控制相关技术考虑要求	张伟，董江萍	孙会敏	赵霞，杨锐	中国医药科技出版社	2020 年 3 月	978－7－5214－1563－6
6	食品药品医疗器械检验机构仪器设备管理及维护手册	邹健	李秀记，田利，李静莉	汤龙，谢兰桂，项新华，余振喜，王冠杰	中国医药科技出版社	2020 年 3 月	978－7－5214－1531－5
7	医疗器械标准知识	张志军	余新华，母瑞红，何骏*，施燕平*	王越，母瑞红，戎善奎，汤京龙，许慧雯，杜晓丹，余新华，张春青，邵玉波，邵姝姝，易力，郑佳，徐红，黄颖，董谦等	中国医药科技出版社	2020 年 7 月	978－7－5214－1786－9

续表

序号	书名	主编	副主编	编委	出版社	出版日期	书号（ISBN）
8	实验动物检验技术	邹建，王佑春	柳全明，岳秉飞	王吉，王洪，王辰飞，王劲松，王莎莎，王淑菁，付瑞，冯育芳，邢进，巩薇，朱婉月，刘巍，刘佐民，刘甦苏，李威，李晓波，吴勇，谷文达，张潇，张鑫，张雪青，陈磊，范昌发，赵明海，侯丰田，贺争鸣，秦骁，黄健，黄宗文，黄慧丽，曹愿，梁春南，董青花，魏杰	中国医药科技出版社	2020 年 6 月	978－7－5214－1836－1
9	药物毒理学研究进展	靳洪涛*，宋海波*，王海学*	王三龙，杨文良*，耿兴超	王三龙，王凤华*，王晓星*，王海学*，刘丽，李建国，杨文良*，杨增艳*，宋海波*，周莉*，胡宇驰*，耿兴超，高虹*，高洁*，郭飞虎*，郭家彬*，靳洪涛*，董世芬*	中国协和医科大学出版社	2020 年 5 月	978－7－5679－1507－7
10	计算机网络技术与网络安全问题研究	邓才宝*	于继江	无	西北工业大学出版社	2020 年 8 月	978－7－5312－6648－9
11	《Pathology for Toxicologists：Principles and Practices of Laboratory Animal Pathology for Study Personnel》（毒理研究者实用病理学：实验动物病理学原则和实践）	张妙红*，吕建军，姜德建*，王三龙（主译）	无	肖洒*，张宗利*，林志，屈哲，霍桂桃	北京科学技术出版社	2020 年 6 月	978－7－5714－0646－2/R 2710

注：＊为外单位作者。

2020 年发表论文目录

序号	论文名	作者	期刊名称
1	Geographical origin differentiation of Chinese Angelica by specific metal element fingerprinting and risk assessment	Lei Sun, Xiao Ma*, Hong – Yu Jin, Chang – Jun Fan*, Xiao – Dong Li*, Tian – Tian Zuo#, Shuang – Cheng Ma#, Si – Cen Wang#*	Environmental Science and Pollution Research
2	Innovative health risk assessments of heavy metals based onbioaccessibility due to the consumption of traditional animal medicines	Tian – Tian Zuo, Hao – Ran Qu*, Hong – Yu Jin, Lei Zhang*, Fei – Ya Luo, Kun – Zi Yu, Fei Gao, Qi Wang, Lei Sun#, Huai – Zhen He*#, Shuang – Cheng Ma#	Environmental Science and Pollution Research
3	基于对照制剂的灵芝制剂 HPLC 三萜指纹图谱化学计量学分析	于新兰*，王雪*，严丽*，孙磊#	中国药学杂志
4	乳香杂质检查方法的建立及其杂质限度研究	王赵，孙彩林，于新兰*，孙磊#，马双成	中国现代应用药学
5	高效液相色谱法测定化妆品中苯氧乙醇含量的不确定度评定	王海燕，李彬，孙磊#，路勇#	食品安全质量检测学报
6	饮料中柠檬黄的测定能力验证情况分析	张伟清，侯俐南，乔亚森，李彬，刘慧锦，王海燕，孙磊#	食品安全质量检测学报
7	基于体外消化/MDCK 细胞模型测定地龙中镉和砷的生物可给性及风险评估	左甜甜，罗飞亚，金红宇，邢书霞，余坤子，孙磊#，马双成#	药学学报
8	乳块消片 HPLC 指纹图谱的建立及特征峰的归属分析	吴燕红*，陈希*，许妍*，孙磊#，邬秋萍*，万林春*	中国药物评价
9	HPLC 相对保留时间法中参照物的优选	孙磊，叶六平*，于新兰*，宏伟*，李革*，马双成	药物分析杂志
10	双标多测法测定乳块消片中 5 个成分的含量	吴燕红*，孙磊#，许妍*，万林春*，王新华*，邬秋萍*	药物分析杂志
11	化妆品中矿物油毒理学及其风险评估研究进展	黄湘鹭，邢书霞#，罗飞亚，孙磊	日用化学工业
12	灾害疫情应急状态下食品安全监管浅议	何涛*，王超*，陈艳*，蔡军*，梁群*，张艳*，张秀宇*，裴新荣#	食品安全质量检测学报
13	大麻来源化妆品原料的安全风险讨论	苏哲，黄湘鹭，张凤兰，邢书霞#，王钢力#.	香料香精化妆品
14	婴幼儿配方乳粉菌落总数检测与细菌污染种属分析	安琳，余文，徐颖华等	食品安全质量学报
15	八种市售核酸染料的细菌回复突变实验	余文，安琳，陈怡文等	卫生研究
16	铜绿假单胞菌能力验证样品的研制及应用研究	余文，安琳，陈怡文等	中国药事
17	2 种用于检测市售核桃露（乳）饮品中花生、大豆成分方法的比较分析	张晓东，宋佳兴，陈怡文等	食品安全质量检测学报
18	Characterization of an Oxacillin – Susceptible mecA – Positive Staphylococcus aureus Isolate from an Imported Meat Product	Luo, R., Zhao, L., Du, P., Luo, H., Ren, X., Lu, P., Cui, Shenghui#, Luo, Y*.	Microbial drug resistance
19	食品中 3M 克罗诺杆菌属分子检测系统评价研究	谢冠东，骆海朋，任秀，刘娜，赵琳娜，孟云，黄炎，陆苏飚，崔生辉#	食品安全质量检测学报

续表

序号	论文名	作者	期刊名称
20	食用农产品中产志贺毒素大肠埃希菌污染与家庭厨房食物安全现状分析及防控措施	胡颖，崔生辉#，白莉，赵琳娜，李洪军，李少博，贺稚非	中国食品卫生杂志
21	食品快速检测产品认证和检测服务能力认可需求分析	孙姗姗，罗娇依，刘彤彤，李刚，梁瑞强，曹进#	生物加工过程
22	离子色谱法同时测定包装饮用水中的6种阴离子	李婷婷*，周丽*，曾文锦*，彭波*，孙姗姗#	生物加工过程
23	高氯酸盐在食品中的暴露情况及检测技术的研究进展	李婷婷*，史蓉*，曾文锦*，王蓉*，刘盼*，苏菊*，彭波*，孙姗姗#	食品工业科技
24	高效液相色谱法测定罗汉参中的西瑞香素	李刚，林玉洁*，张隆龙，赵阳，李红霞，孙姗姗#	食品安全质量检测学报
25	Food Safety Risk Assessment of γ-Butyrolactone Transformation into Dangerous γ-Hydroxybutyric Acid in Beverages by Quantitative 13C – NMR Technique	Shaoming Jin，Xiao Ning，Jin Cao，and Yaonan Wang*#	Journal of Food Quality
26	Simultaneous Quantification of γ-Hydroxybutyrate，γ-Butyrolactone，and 1，4-Butanediol in Four Kinds of Beverages	Shaoming Jin，Xiao Ning，Jin Cao，and Yaonan Wang*#	International Journal of Analytical Chemistry
27	完善监管制度　强化科技创新“双轨护航”保健食品质量安全	宁霄，金绍明，曹进#，路勇#	食品安全质量检测学报
28	化妆品中高风险化合物筛查平台的建立及应用	王海燕，李彬，孙磊，路勇#	中国食品药品监管
29	高效液相色谱法测定化妆品中苯氧乙醇含量的不确定度评定	王海燕，李彬，孙磊#，路勇#	食品安全质量检测学报
30	婴儿配方乳粉中维生素 B_1、B_2 含量测定能力验证	王海燕#，高文超，张会亮，董亚蕾	食品安全质量检测学报
31	分散固相萃取－超高效液相色谱－串联质谱法同时测定玉米油中4种黄曲霉毒素	李莉，李硕#	化学分析计量
32	QuEChERS－超高效液相色谱－串联质谱法测定玉米油中伏马毒素 B_1、B_2、B_3	李莉，李硕#	食品安全质量检测学报
33	保健食品中山梨酸含量测定能力验证结果分析	王玉川*，李硕#，李莉#，王海燕	食品安全质量检测学报
34	高效液相色谱－三重四极杆质谱法测定化妆品中的西咪替丁及雷尼替丁	王聪，李莉#，王海燕，孙磊	日用化学工业
35	高效液相色谱－四级杆/飞行时间高分辨质谱测定化妆品中的西咪替丁及雷尼替丁	王聪，董喆，李莉#，王海燕#，孙磊	分析测试学报
36	网售婴幼儿湿疹相关产品中激素类药物的检测及调查分析	董亚蕾，乔亚森，黄传峰，王海燕，孙磊	日用化学品科学
37	固相萃取－二维液相色谱法同时测定乳粉中 VA、VD_2、VD_3 和 VE 的含量	李彬，侯俐南，乔亚森，刘慧锦，张伟清#	食品科技

续表

序号	论文名	作者	期刊名称
38	氧化型染黑用途染发剂中 32 种染料监测结果分析	李彬，张伟清#，刘慧锦，侯俐南，乔亚森，王海燕#	日用化学工业
39	饮料中乙酰磺胺酸钾含量测定能力验证结果分析	李彬，王海燕#，侯俐南，刘慧锦，张伟清#	食品安全质量检测学报
40	番茄红素原料及保健食品中番茄红素、β－胡萝卜素含量测定通用方法的建立	李彬，于佳*，侯俐南，刘慧锦，何欢，张伟清#，王海燕#	现代食品科技
41	甲醇超声提取法测定保健食品中维生素 A	侯俐南，李彬，乔亚森，刘慧锦，张伟清#	食品安全质量检测学报
42	月柿提取物体外抗氧化活性研究	侯俐南，刘慧锦，李彬，张伟清#	食品安全质量检测学报
43	防晒类化妆品中奥克立林等 4 种化学防晒剂检测结果分析及各国标准比对	张伟清，罗飞亚，李彬，刘慧锦，侯俐南，乔亚森，王海燕，孙磊	香料香精化妆品
44	饮料中柠檬黄的测定能力验证情况分析	张伟清，侯俐南，乔亚森，李彬，刘慧锦，王海燕，孙磊	食品安全质量检测学报
45	鸡蛋中氟虫腈砜能力验证样品单元内与单元间均匀性评价案例与模型分析	张会亮，程琳，高晓明，项新华，王海燕，孙磊，王聪#	化学分析计量
46	植物组方美白类化妆品宣称芍药成分的真实性分析	张会亮，程琳，黄传峰，王海燕#，孙磊	香精香料化妆品
47	2018 年度药物分析技术研究进展	解笑瑜，甄雪燕，于航，张正威，王嗣岑，王琰，马双成	药物分析杂志
48	一测多评法结合特征图谱的新疆紫草质量控制研究	李静，李耀磊，于健东，金红宇，马双成，昝珂*，姚令文*	药物分析杂志
49	冬虫夏草人工繁育品的性状和显微鉴别研究	康帅，连超杰，郑玉光*，张炜*，过立农，郑健#，马双成#	中国药学杂志
50	冬虫夏草及其伪制品——戴氏虫草加工品的性状和显微鉴定研究	杨莎*，康帅，齐景梁*，高必兴*，郑玉光*#	中国药学杂志
51	黄芪的药用品种考证与调查	罗晋萍*，宁红婷*，郭景文*，康帅#，连超杰，马双成	中国药品标准
52	我国药用种子鉴定与分类研究进展	张南平，康帅，连超杰，陈虹，马双成	中国药事
53	Multiflorumisides H－K, stilbene glucosides isolated form of Polygonum multiflorum and their in vitro PTP1B inhibitory activities	Jian－Bo Yang, Fei Ye*, Jin－Ying Tian*, Yun－Fei Song, Hui－Yu Gao, Yue Liu, Qi Wang, Ying Wang, Shuang－Cheng Ma#, Xian－Long Cheng, Feng Wei#	Fitoterapia
54	New phenolic constituents obtained form of *Polygonum multiflorum*	Jian－Bo Yang, Hua Sun*, Jie Ma, Yun－Fei Song, Yue Liu*, Qi Wang, Shuang－Cheng Ma#, Xian－Long Cheng, Feng Wei#	Chinese Herbal Medicines
55	细柱五加的化学成分及药理活性研究概述	杨建波，蔡伟*，李明华，李宁新，马双成#，程显隆，魏锋#	中国现代中药

续表

序号	论文名	作者	期刊名称
56	In vivohepatoxicity screening of different extracts, components, and constituents of of *Polygonum multiflorum* Thunb. in zebrafish (Danio rerio) larvae	Hong - ying Li*, Jian - bo Yang（并列一作）, Wang - fang Li, Cai - xia Qiu, Guang Hu, Shu - ting Wang, Yun - fei Song, Hui - yu Gao, Yue Liu, Qi Wang, Ying Wang, Xian - long Cheng, Feng Wei, Hong - tao Jin#, Shuang - cheng Ma#	Biomedicine&Pharmacotherapy
57	Systemic elucidation on the potential bioactive compounds and hypoglycemic mechanism of *Polygonum multiflorum* based on network pharmacology	Yun - fei Song, Jian - bo Yang（并列一作）, Wen - guang Jing, Qi Wang, Yue Liu, Xian - long Cheng, Fei Ye, Jin - ying Tian, Feng Wei#, Shuang - cheng Ma#	Chinese Medicine
58	A systematic strategy for rapid identification of chlorogenic acids derivatives in *Duhaldea nervosa* using UHPLC - Q - Exactive Orbitrap mass spectrometry	Wei Cai*, Kai - lin Li*, Pei Xiong*, Kai - yan Gong*, Lian Zhu*, Jian - bo Yang#（通讯作者）, Wei - hua Wu#	Arabian Journal of Chemistry
59	HPLC 结合化学计量学方法用于不同生长年限甘草药材黄酮类成分特征图谱研究	陈佳，杨蕊*，张权*，王继永*，魏锋#，马双成#	中国药学杂志
60	基于 HPLC 特征图谱、多成分定量结合化学计量学方法评价不同采收期甘草药材的质量	陈佳，张权*，赵莎*，尚兴朴*，杜杰*，王继永*，魏锋#，马双成#	中国药学杂志
61	不同生长年限甘草主要成分含量测定及多元统计分析	陈佳，张权*，杨蕊*，尚兴朴*，王继永*，杜杰*，魏锋#，马双成#	药物分析杂志
62	甘草药材及其炮制品炙甘草化学模式识别分析	陈佳，张权*，杨蕊*，赵莎*，王继永*，崔秀梅*，魏锋#，马双成#	药物分析杂志
63	胶类药材质量问题变化情况及标准研究对策	程显隆，李明华，郭晓晗，林永强，魏锋#，马双成#	药物分析杂志
64	道地性和生产规范性是中药材质量属性形成的关键	程显隆，郭晓晗，李明华，张萍，杨建波，荆文光，魏锋#，马双成#	药物分析杂志
65	淡豆豉关键质量指标的确定及标准修订	李宁新，卢志标*，马潇，李明华，郭晓晗，程显隆#，魏锋#，马双成	药物分析杂志
66	白头翁药材及其混伪品的鉴别研究	张璐*，田静*，尹萌*，程显隆#，魏锋#，马双成	药物分析杂志
67	超高效液相色谱 - 三重四极杆质谱法用于阿胶、龟甲胶、鹿角胶中猪皮源成分的检测	李明华，郭晓晗，柳温曦，程显隆#，魏锋#，马双成	药物分析杂志
68	柱前衍生化 - HPLC 法同时测定不同商品规格鹿茸片中 15 种氨基酸的含量	郭晓晗，程显隆，柳温曦，李明华，魏锋#，马双成#	药物分析杂志
69	蒲黄不同药用部位的质量比较	严华，魏锋#，马双成#	中国药房
70	杜仲炮制对质量的影响及化学成分与药理研究进展	张萍，李明华，周娟*，魏锋，马双成，陆兔林	中国药学杂志
71	2019 年全国中药材及饮片质量分析报告	张萍，李宁新，李明华，程显隆，金宏宇，魏锋#，马双成#	中国现代中药
72	川贝母 PCR - RFLP 法鉴别检验能力验证活动分析	张文娟，赵萌，项新华，魏锋#，马双成#	中国药事

续表

序号	论文名	作者	期刊名称
73	对市场上一种新的松贝伪品的比较研究	张文娟，魏锋#，马双成#	药物分析
74	基于 UPLC – QDA 的培植牛黄中胆汁酸类成分化学轮廓考察与测定研究	石岩，魏锋，吕宝俊*，靳艳仿*，陈楠*，丁芳芳*，马双成	中国中药杂志
75	柴胡配方颗粒的质量标准研究	王晓伟*，王海波*，刘瑞新*，石岩#	西北药学杂志
76	香砂和中丸的质量标准改进研究	王晓伟*，王艳伟*，王海波*，宋汉敏*，刘瑞新*，石岩#	中国药房
77	指纹图谱轮廓分析结合化学计量对柴胡配方颗粒质量差异特征性分析	王晓伟*，王艳伟*，王海波*，刘瑞新*，石岩#	中国药学杂志
78	染料溶剂红 207 的体外致突变风险评价	汪祺，闫明，王亚楠，鄂蕊，胡燕平，马双成#	药物评价研究
79	染料木素促 Bhas42 细胞增殖及转化机制研究	汪祺，齐乃松，刘倩，宋捷，鄂蕊，马双成#	中国药物警戒
80	不同企业雷公藤多苷片的制剂质量比较与评价	汪祺，王亚丹，郑笑为，马双成#	中国现代中药
81	大黄素 8 – *O* – β – D – 葡萄糖苷及其代谢产物肝毒性研究	汪祺，王亚丹，杨建波，刘越，马双成#	中国新药杂志
82	染料苏丹红的高通量致突变性筛选	汪祺，王亚楠，颜玉静，宋捷，鄂蕊，胡燕平，马双成#	药物评价研究
83	利用人诱导多能干细胞分化的心肌细胞评价莫西沙星和左氧氟沙星与抗心律失常药物联用的心脏毒性风险	汪祺，颜玉静，任璐，郭建*	中国药物警戒
84	基于肝微组织考察何首乌主要单体潜在肝毒性	汪祺，张茜蕙*，郭浩翔，张乐帅*，马双成#	中国中药杂志
85	民族药对照药材的研制难点分析与策略探讨	高妍，过立农，马双成，刘杰，郑健*，昝珂*	中国药事
86	快速测定肉苁蓉饮片中沙苁蓉掺伪比例的分析方法研究	高妍，过立农，马双成，刘杰，郑健*，昝珂*	中国药学杂志
87	GC – MS/MS 法检测含薄荷中成药中的留兰香	何风艳，何铁，王菲菲，戴忠，马双成	中成药
88	大叶千斤拔根，茎的 HPLC 指纹图谱及成分差异研究	何风艳，何铁，郑元青，戴忠，龚云，张鹏，马双成	药物分析杂志
89	Authentication of Processed Epimedii folium by EA – IRMS	Fengyan He，Mengyi Li，Yi He，Zhe Dong，Shuangcheng Ma	Journal of Analytical Methods in Chemistry
90	牛黄清胃丸中化工染料检查及天然色素成分分析	刘静，刘汇*，何铁，戴忠#，马双成#	中国现代中药
91	2019 年国家药品抽验中成药质量状况分析	刘静，王翀，朱炯，戴忠#，马双成#*	中国现代中药
92	Antiviral activity oflsatidis Radix derived glucosinolate isomers and their breakdown products against influenza A in vitro/ovo and mechanism of action	Li – xing Nie，Yan – lin Wu，Zhong Dai，Shuang – cheng Ma	Journal of Ethnopharmacology
93	中成药中重金属及有害元素残留分析、风险评估和限量制定建议	聂黎行，钱秀玉，蒋沁悦，李翔，李静，左甜甜，常艳，金红宇，戴忠，马双成	药学学报
94	中药化学对照品木蝴蝶苷 B 的稳定性研究	胡晓茹，丁倩云，刘晶晶，戴忠#，马双成#	中国药学杂志
95	白癜风胶囊 HPLC 指纹图谱研究	刘晶晶，何铁，胡晓茹，戴忠，马双成	中国药学杂志

续表

序号	论文名	作者	期刊名称
96	Study of thenoncovalent interactions of ginsenosides and amyloid – β – peptide by CSI – MS and molecular docking amyloid – β – peptide by CSI – MS and molecular docking	Yanan Zhou, Su Chen, Jinping Qiao*, Yanyun Cui*, Chang Yuan*, Lan He#, Jin Ouyang*#	Journal of Mass Spectrometry
97	高效液相色谱－三重四级杆质谱法检测益血生胶囊中的阿胶、龟甲胶和鹿角胶	王峰，李广华*，尹雪*，程显隆#，魏锋#，马双成	药物分析杂志
98	陇药种植产业发展现状及对策研究	陈玉武，张海星，高晓昱，李俊明，金红宇#	中国药学杂志
99	动物类中药材使用情况及常见质量问题探讨	王丹丹，昝珂，魏锋，金红宇#，马双成#	中国药事
100	动物来源中药材生物安全现状及风险防控分析	昝珂，王丹丹，李耀磊，金红宇，魏锋，王莹#，马双成#	中国药事
101	Innovative health risk assessment of heavy metals in Chinese herbal medicines based on extensive data	左甜甜，金红宇，张磊，刘永利，聂晶，陈碧莲，方萃芬，薛健，笔雪艳，周利，申明睿，石上梅*，马双成#	Pharmacological Research
102	Innovative health risk assessments of heavy metals based onbioaccessibility due to the consumption of traditional animal medicines. Innovative health risk assessments of heavy metals based on bioaccessibility due to the consumption of traditional animal medicines	左甜甜，屈浩然，金红宇，张磊，罗飞亚，余坤子，高飞，汪祺，孙磊，贺怀贞*#，马双成#	Environmental Science and Pollution Research
103	中药材及饮片中重金属及有害元素限量制定的探讨	左甜甜，张磊，王莹，石上梅，申明睿，金红宇*，马双成*	药物分析杂志
104	基于体外消化/MDCK 细胞模型测定地龙中镉和砷的生物可给性及风险评估	左甜甜，罗飞亚，金红宇，邢书霞，余坤子，孙磊*，马双成*	药学学报
105	中药材中镉的生物可给性在风险评估中的应用	左甜甜，屈浩然，陈虹，康帅，孙磊，金红宇*，马双成*	中国药学杂志
106	累积风险评估方法在 5 种植物类中药材中铅和镉联合暴露评估中的应用	左甜甜，申明睿，金红宇，聂晶，刘永利，张磊，李静，石上梅*，马双成*	中国药事
107	10 种根和根茎类中药材中重金属及有害元素的风险评估及最大限量理论值	左甜甜，张磊，石上梅，孙磊，罗飞亚，金红宇#，马双成#	药物分析杂志
108	Quality control and immunological activity of lentinan samples produced in China	王莹，金红宇，于建东，曲昌海，汪祺，杨爽，马双成#，倪健#	International Journal of Biological Macromolecules
109	注射用益气复脉（冻干）中糖类成分研究	王莹，李耀磊，岳洪水，刘丽娜，金红宇#，马双成#	中国药业
110	电喷雾式检测器与蒸发光散射检测器用于注射用 益气复脉中糖成分测定比较及方法准确性探讨	王莹，刘芫汐，岳洪水，许玮仪，曹建明，金红宇#，马双成#	中国中药杂志

续表

序号	论文名	作者	期刊名称
111	野生抽薹与未抽薹防风中色原酮类成分比较研究	刘丽娜，张南平，金红宇#，马双成#	中国药学杂志
112	HPLC 指纹图谱比较不同企业金银花配方颗粒质量差异	王赵，王亚丹，李静，金红宇，马双成#	中国药学杂志
113	乳香杂质检查方法的建立及其杂质限度研究	王赵，孙彩林，于新兰*，孙磊，马双成#	中国现代应用药学
114	基于 ICP – MS 法对 4 种动物源性药材中 16 种无机元素的测定及量变规律研究	李耀磊，左甜甜，徐健，金红宇#，韩笑#，安丽萍，马双成	药物评价研究
115	丹参多酚酸对照提取物的质量控制	李耀磊，刘丽娜，王莹，金红宇#，岳洪水，马双成#	中国实验方剂学杂志
116	Geographical origin differentiation of Chinese Angelica by specific metal element fingerprinting and risk assessment	孙磊，马潇，金红宇，樊昌俊，李晓东，左甜甜*，马双成*，王嗣岑*	Environmental Science and Pollution Research
117	基于 DNA 条形码技术的重楼药材疑似伪品基原鉴定	刘杰，过立农，马双成，高妍，郑健#，王俊丽*#	药物分析杂志
118	基于 DNA 条形码和 HRM 技术鉴别肉苁蓉疑似伪品	刘杰，过立农，马双成，高妍，郑健#，王俊丽*#	药物分析杂志
119	微芯片电泳结合多重 PCR 法在中药材水蛭品种特异性鉴定中的应用	刘杰，解盈盈*，过立农，高妍，昝珂，郑健#，王俊丽*#，李文静*，李丽潇*，黄涛宏*	药物分析杂志
120	基于 DNA 条形码技术的制草乌疑似伪品基原鉴定	刘杰，过立农，马双成，高妍，郑健#，王俊丽*#	药物分析杂志
121	基于国家药品评价性抽验的鹅不食草质量问题分析	刘杰，过立农，马双成，郑健#，昝珂#	中国药事
122	Genomic analyses reveal evolutionary and geologic context for the plateau fungus *Ophiocordyceps sinensis*	Jie Liu，Linong Guo，Zongwei Li*，Zhe zhou*，Qian Li*，Xiaochen Bo*，Shengqi Wang*，JunLi Wang*，Shuangcheng Ma#，Jian Zheng#，Ying Yang*#	Chinese Medicine
123	冬虫夏草人工繁育品的性状和显微鉴别研究	康帅，连超杰，郑玉光*，张炜*，过立农，郑健#，马双成#	中国药学杂志
124	红霉素肠溶胶囊在欧美的参比制剂调研介绍	牛剑钊，杨东升，马玲云#，许鸣镝#	中国新药杂志
125	平行人工膜体外渗透技术在药物一致性评价中的应用	关皓月、张广超、牛剑钊#、许鸣镝#	中国药事
126	Quantification of Alfacalcidol Tablets Dissolution Content by Chemical Derivatization and LC – MS	Yang Liu，Xi Chen，Song Yuan，Wanhui Liu，Lan He#，Qingsheng Zhang#	Journal of Analytical Methods in Chemistry
127	Study of thenoncovalent interaction of phenolic acid with lysozyme by cold spray ionization mass spectrometry （CSI – MS），multi – spectroscopic and molecular docking approaches	Su Chen，Xin Gong*，Hongwei Tan*，Yang Liu，Lan He#，Jin Ouyang*	Talanta

续表

序号	论文名	作者	期刊名称
128	Macrocyclic polyamine[12]aneN$_3$ modified triphenylamine – pyrazine derivatives as efficient non – viral gene vectors with AIE and two – photon imaging properties	Ma L. – L*, Liu M. – X.*, Liu X. – Y.*, Sun W.*, Lu Z. – L.*, Gao Y. G.*, Lan He#	J. Mater. Chem. B
129	Dihydropyridine coumarin basedfluorescent probe for imaging nitric oxide in living cells	Sufang Ma*, Xueyi Sun*, Qiang Yu*, Rui Liu*, Zhonglin Lu* and Lan He#	Photochemical & Photobiological Sciences
130	Study of thenoncovalent interactions of ginsenosides and amyloid – β – peptide by CSI – MS and molecular docking	Yanan Zhou, Su Chen, Jinping Qiao*, Yanyun Cui*, Chang Yuan*, Lan He#, Jin Ouyang*	J MassSpectrom.
131	Mechanism study on the abnormal accumulation and deposition of islet amyloid polypeptide by cold – spray ionization mass spectrometry	Su Chen, Yang Liu, Yanan Zhou, Lan He#, Jin Ouyang*	Analyst
132	热分析技术研究物质纯度的探讨	刘毅#，刘朝霞，吴锐，黄海伟，严菁，林兰	中国药事
133	化学药品标准物质 DSC 纯度的应用性规律探讨	吴锐，刘朝霞，黄海伟，严菁，刘毅#	药物分析杂志
134	UPLC – MS/MS 法测定格列齐特中的 *N*–氨基 – 3 – 氮杂双环［3，3，0］辛烷	李婕，冯玉飞，张娜#，何兰	中国新药杂志
135	多肽微球注射剂中甘露醇含量测定研究	郭宁子，张伊洁，许明哲#，杨化新#	药物分析杂志
136	多肽微球缓释注射剂中载体辅料丙交酯乙交酯共聚物的关键质量属性分析	张伊洁，郭宁子，许丽晓*，庾莉菊，孙悦，冯玉飞，张霞*，宋新力*，刘万卉*，杨化新#，何兰#	药物分析杂志
137	注射用醋酸奥曲肽微球体内外释放度分析	梁苑英竹*，袁松，郭宁子，刘万卉*，杨化新#，庾莉菊#	药物分析杂志
138	氢核磁共振定量法在化学对照品定值中常见问题分析	刘阳，张才煜，栾琳，刘静#，许明哲#	药物分析杂志
139	^{19}F 核磁共振定量技术测定泮托拉唑钠含量	刘阳，白洁，刘静#，何兰#	药物分析杂志
140	丸剂中非法添加环丙沙星的快速检测方法研究	白洁，刘阳#，刘静，袁松，张涛，朱雪妍，杨平荣#	药物评价研究
141	甲醇和二甲基亚砜对^{19}F 核磁共振定量法测定盐酸氟西汀非法添加的影响	刘阳，白洁，赵庄，庾莉菊，杨平荣#，何兰#	中国新药杂志
142	3 种撞击器测定沙美特罗替卡松吸入粉雾剂的空气动力学粒径分布	王馨远*，高蕾，周颖，魏宁漪#	药物分析杂志
143	羟苯甲酯及羟苯甲酯钠对照品的稳定性研究	熊婧，刘毅，宁保明#，何兰#	药物评价研究
144	Antiviral activity oflsatidis Radix derived glucosinolate isomers and their breakdown products against influenza A in vitro/ovo and mechanism of action. 251	Li – Xing Nie, Yan – Lin Wu#, Zhong Dai#, Shuang – Cheng Ma#	J Ethno – pharmacol

续表

序号	论文名	作者	期刊名称
145	骨肽原液促 UMR106 细胞增殖法的建立及验证	吴彦霖，张媛，杨泽岸，胡文言*，高华#	中国药理学通报
146	骨肽原液对骨髓间充质干细胞成骨分化作用的影响	张媛，吴彦霖，纳涛，杨泽岸，胡文言*，高华#	中国药理学通报
147	个体化治疗性肿瘤疫苗的临床前药效学研究进展	贺庆，高华，王军志#	中国新药杂志
148	肿瘤免疫治疗相关 PD－1 分子表达的调节因素分析	贺庆，高华，王军志#	中国新药杂志
149	单核细胞热原检测法的设计与应用要点分析	贺庆，高华	中国生物制品学杂志
150	PD－1/PD－L1 抗体临床药效标志物和 CAR－T 细胞临床前药效评价的特点及检测方法	贺庆，霍艳，高华，王军志#	药物分析杂志
151	A novel reporter gene assay for pyrogen detection	Qing He，Chuanfei Yu，Lan Wang，Yongbo Ni，Heng Zhang，Ying Du，Hua Gao，Junzhi Wang#	Jpn. J. Infect. Dis.
152	单磷酰脂 A 佐剂的热原控制方法研究	裴宇盛，蔡彤#，陈晨，高华#	中国药理学通报
153	细菌内毒素重组 C 因子检测方法的验证	裴宇盛，蔡彤，陈晨，高华#，魏霞*，刘洋*，王婷婷*，祝清芬*，陆益红*，朴晋华*，刘琦*，张蕻*，李松梅*	中国生物制品学杂
154	骨肽原液抗骨质疏松的药效学研究	陈晨，张媛，吴彦霖，杨泽岸，胡文言*，蔡彤#，高华#	中国药理学通报
155	活性炭吸附力实验专用细菌内毒素国家标准品的建立	陈晨，蔡彤，张国来，裴宇盛#，高华#	中国新药杂志
156	Puerarin improves the bone micro－environment to inhibit OVX－induced osteoporosis via modulating SCFAs released by the gut microbiota and repairing intestinal mucosal integrity	Bo Li*，Mingyan Liu*，Yu Wang*，Shiqiang Gong*，Weifan Yao*，Wenshuai Li*，Hua Gao#，Minjie Wei#*	Biomedicine & Pharmacotherapy
157	重组人生长激素体内生物活性测定中美药典方法对比研究	梁誉龄，高学军，李湛军，梁成罡#	中国药事
158	Integrative strategy to determine residual proteins in cefaclor produced by immobilized penicillin G acylase	Yan Wang，Peipei Zhang，Shangchen Yao，Wenbo Zou，Yanmin Zhang*，Erwin Adams*，Changqin Hua#	Journal of Pharmaceutical and Biomedical Analysis
159	微流控芯片毛细管电泳法在酶法工艺青霉素类产品中残留蛋白检测的应用探讨	王琰，姚尚辰，尹利辉，胡昌勤，孟红梅*，张彦民*，邹文博#，许明哲#	中国新药杂志
160	利用衰减全反射傅里叶变换红外光谱技术结合聚类分析快速评价头孢呋辛钠的质量	王琰，戚淑叶，薛晶，姚尚辰，牟群芳*，孟红梅*，张彦民*，胡昌勤，邹文博#，许明哲#	中国新药杂志
161	一种头孢他啶晶体制备方法及晶体结构测定	王琰，张斗胜，田冶，孟红梅*，张彦民*，刘飞*，胡昌勤，邹文博#，许明哲#	中国新药杂志
162	发酵类脂溶性药物中残留 DNA 检测关键影响因素－溶剂的筛选与确定	王琰，张培培，崔生辉，姚尚辰，胡昌勤，许明哲#，张彦民*	药物分析杂志

续表

序号	论文名	作者	期刊名称
163	采用超滤前处理考马斯亮蓝法测定酶法工艺产品阿莫西林中残留蛋白的含量	王琰，张培培，姚尚辰，尹利辉，林兰#，张彦民*，胡昌勤	中国药事
164	Comprehensive 2D – Quantitative Structure – Activity Relationship Study on Monobactam Analogues Against Gram – Negative Bacteria	Zhang Dousheng, Zhang Xia, Li Zhiwen*, Tang Sheng*, Guo Zhihao*, Hu Changqin, Zhang Jingpu*, Song Danqing*, Li Yinghong#	Journal of Biomedical Nanotechnology
165	重组赖普胰岛素中四环素残留量微生物学检测方法的建立	马步芳，杨龙华，姚尚辰，常艳#	中国生物制品学杂志
166	青霉素杂质谱分析方法的优化与转换	张夏，张浩杰，姚尚辰，王悦，胡昌勤#	中国抗生素杂志
167	A Raman Imaging – based technique to assess HPMC substituent contents and their effects on the drug release of commercial extended – release tablets	Yan Chang（常艳），Changqin Hub#，Rui Yang，Dongsheng He*，Xueyi Wang*，Baoming Ning，Huimin Sun，Yerong Xiong*，Jiasheng Tu#*，Chunmeng Sun#*	Carbohydrate Polymers
168	低溶解性药物平衡溶解度测定的影响因素研究	赵瑜，姚尚辰，金少鸿，尹利辉#，许明哲#	中国药学杂志
169	注射用头孢硫脒多晶型表征方法的研究	赵瑜，秦晓东，朱俐，尹利辉#	中国抗生素杂志
170	多变量数据分析方法在抗生素注射剂工艺评价中的应用	赵瑜，胡昌勤#，姚尚辰，尹利辉	中国新药杂志
171	头孢噻肟钠原料及制剂的聚合物杂质分析	李进，姚尚辰，尹利辉，许明哲#，胡昌勤	中国抗生素杂志
172	头孢他啶原料及制剂的聚合物杂质分析	李进，姚尚辰，尹利辉，许明哲#，胡昌勤	药学学报
173	头孢地尼原料及制剂的聚合物杂质分析	李进，姚尚辰，尹利辉，许明哲#，胡昌勤	中国抗生素杂志
174	头孢克肟原料与制剂的聚合物杂质分析	李进，姚尚辰，尹利辉，许明哲#，胡昌勤	药学学报
175	柱切换 – LC/MSn 法快速分析万古霉素原料的杂质谱	李进，姚尚辰，尹利辉，许明哲#，胡昌勤	中国药学杂志
176	Systematical Characterization of Impurity Profiles inDaptomycin Raw Material by 2 – Dimentional HPLC Tandem with MSn Detector	Li Jin, Yao shang – chen, Yin li – hui, Xu ming – zhe#, Hu chang – qin	Curr Pharm Ana
177	药物中元素杂质检测技术研究最新进展	朱俐，赵瑜，姚尚辰，许明哲，尹利辉#，胡昌勤#	分析测试学报
178	首批单唾液酸四己糖神经节苷脂钠含量测定用国家对照品的研制	任丽萍，侯美曼*，范慧红#	药物分析杂志
179	硫酸软骨素注射剂质量状况评价与研究	任丽萍，侯美曼*，宋玉娟，李京，范慧红#	中国药学杂志
180	首批肝素相对分子质量国家对照品的建立	李京，王悦，宋玉娟，范慧红#	中国药学杂志
181	首批低分子肝素相对分子质量国家对照品的建立	李京，王悦，宋玉娟，范慧红#	中国药学杂志
182	首批矛头蝮蛇血凝酶国家标准品及对照品的研制	刘莉莎，邓利娟，任雪，范慧红#	中国药事
183	首批甘氨酰 – *L* – 酪氨酸国家对照品的标定研究	刘博，任丽萍，张佟，黄姗*，范慧红#	中国药学杂志
184	《美国药典》41 版气相灭菌法简述	王似锦，马仕洪#	中国药品标准

续表

序号	论文名	作者	期刊名称
185	大肠埃希菌和金黄色葡萄球菌的最低生长水分活度测定	王似锦，任文鑫*，高安成*，马仕洪#	食品安全质量检测学报
186	2 种即用型工作菌株在琼脂培养基上的生长情况研究	王似锦，周发友，刘鹏，杨美琴，马仕洪#	中国药品标准
187	非无菌药品中不可接受微生物的控制与风险评估	王似锦，余萌，王杠杠，马仕洪#	中国药事
188	屎肠球菌对复方胰酶散微生物计数中试验菌生长的影响	王似锦，蔡春燕，余萌，刘鹏，杨美琴，马仕洪#	中国药事
189	制药企业洁净区环境监控与环境菌库的建设	王似锦，余萌，王杠杠，马仕洪#	中国医药工业杂志
190	制药环境用消毒剂对环境分离菌杀灭效应的比较研究	刘亚茹，肖璜，马仕洪#	药物分析
191	制药生产环境用消毒剂国内外标准比较	冯丹阳*，肖璜，丁勃*，马仕洪#	中国药品标准
192	一株样品分离菌－洋葱伯克霍尔德菌对抑菌效力评价体系的启示	周发友，王似锦，马韦钰，戴翚，马仕洪#	中国药事
193	基于氯霉素降解反应机理评价氯霉素滴眼液的稳定性	杨美琴，李静*，胡昌勤#	中国抗生素杂志
194	探针法测定吲哚美辛凝胶剂粘附力的方法研究	李玉凤，邢绍荣，左宁，陈华	药物分析杂志
195	尿素[13]C 呼气试验诊断试剂盒中掺杂尿素的快速 GC/MS 检测	程茗，王赫然*，姚静，孙葭北，施亚琴#	药物分析杂志
196	质量控制图在食用油苯并（α）芘测定中的应用	闫顺华*，王秀霞*，王佳*，余振喜#	食品安全质量检测学报
197	Factors Contributing to Drug ReleaseFrom Enteric－Coated Omeprazole Capsules：An In Vitro and In Vivo Pharmacokinetic Study and IVIVC Evaluation in Beagle Dogs	Cheng Cui*，Jiabei Sun，Xueqing Wang*，Zhenxi Yu，Yaqin Shi#	Dose－response
198	一种头孢他啶晶体制备方法及晶体结构测定	王琰，张斗胜，田冶，孟红梅*，张彦民*，刘飞，胡昌勤，邹文博#，许明哲#	中国新药杂志
199	微流控芯片毛细管电泳法在酶法工艺	王琰，姚尚辰，尹利辉，胡昌勤，孟红梅，张彦民，邹文博，许明哲*	中国新药杂志
200	头孢他啶原料及制剂的聚合物杂质分析	李进，姚尚辰，尹利辉，许明哲#，胡昌勤	药学学报
201	利用误差全反射傅里叶变换红外光谱技术结合聚类分析快速评价头孢呋辛钠的质量	王琰，戚淑叶，薛晶，姚尚辰，牟群芳*，孟红梅*，张彦民*，胡昌勤，邹文博，许明哲#	中国新药杂志
202	抗感染类药物国家药品标准物质的发展与展望	姚尚辰，冯艳春，许明哲#	药品评价
203	发酵类脂溶性药物中残留 DNA 检测关键影响因素——溶剂的筛选与确定	王琰，张培培，崔生辉，姚尚辰，胡昌勤，许明哲#，张彦民*	药物分析杂志
204	多肽微球注射剂中甘露醇含量测定研究	郭宁子，张伊洁，许明哲#，杨化新#	药物分析杂志
205	柱切换－液质联用法快速分析万古霉素原料的杂质谱	李进，姚尚辰，尹利辉，许明哲#，胡昌勤#	中国药学杂志
206	头孢地尼原料及制剂的聚合物杂质分析	李进，姚尚辰，尹利辉，许明哲#，胡昌勤	中国抗生素杂志

续表

序号	论文名	作者	期刊名称
207	头孢噻肟钠原料的聚合物杂质分析	李进，姚尚辰，尹利辉，许明哲#，胡昌勤	中国抗生素杂志
208	我国仿制药品质量差异研究	许明哲，陈敬*，翟琛琛*，管晓东*，张夏，刘文，王翀，朱炯，史录文#	中国新药杂志
209	我国仿制药质量关键影响因素分析	许明哲，翟琛琛*，陈敬*，张夏，王晨，管晓东*，史录文*#	中国药事
210	打击假药，中国出拳有力	黄宝斌，许明哲#	中国医药报
211	氢核磁共振定量法在化学对照品定值中常见问题分析	刘阳，张才煜，栾琳，刘静#，许明哲#	药物分析杂志
212	低溶解性药物平衡溶解度测定的影响因素研究	赵瑜，姚尚辰，金少鸿，尹利辉，许明哲#	中国药学杂志
213	systematical characterization of impurity profiles indaptomycin raw material by 2 – dimentional HPLC tandem with MS detecort	Jin Li，Shan – chen Yao，Li – hui Yin，Chang – qin Hu and Mingzhe Xu#	Current Pharmaceutical Analysis
214	WHObiowaiver study project for COVID – 19 outbreak：dexamethasone solubility results for biopharmaceutical classification system	Valeria Gigate，Sabine Kopp，Maria Del Val Bermejo Sanz，Giovanni M. Pauletti，Mingzhe Xu#	WHO Drug Information
215	2016～2018 年乙脑减毒活疫苗批签发概况和质量分析	刘欣玉，贾丽丽，徐宏山，等	中国生物制品学杂志
216	人用狂犬病疫苗原代地鼠肾细胞蛋白质国家标准品的研制	石磊泰，李加，张月兰，等	中国生物制品学杂志
217	Safety，Tolerability and Immunogenicity of a Recombinant Adenovirus Type 5 Vectored COVID – 19 Vaccine in Healthy Adults in China：Preliminary Report of a First – In Human Single – Center，Open – Label，Dose – Escalating Clinical Trial	Zhu FC，Li Y H，Guan X H，et al.	Lancet
218	The pre membrane and envelope protein is the crucial virulence determinant of Japanese encephalitis virus	Leng S L，Huang R，Feng Y N，Li JP，Yang J，Li Y H	Microbial Pathogenesis
219	Crystal structure of bovine herpesvirus 1 glycoprotein D bound tonectin – 1 reveals the basis for its low – affinity binding to the receptor	Yue D，Chen Z，Yang F，…Li Y H，et al.	Science Advances
220	首批 Vero 细胞蛋白质标准品的研制	李加，石磊泰	中国生物制品学杂志
221	首批 Vero 细胞蛋白质对照品的研制	李加，石磊泰	中国生物制品学杂志
222	A uniform quantitative enzyme linked immunosorbent assay for Coxsackievirus A16 antigen in vaccine	Cui BP，Cai F*，Gao F，Bian LL，Wu RX*，Du RX，Wu X，Liu P，Song LF，Cui LS，Yuan YD，Liu SY，Ye XZ*，Cheng T*，Mao QY#，Gao Q*，Liang ZL	HumVaccin Immunother

续表

序号	论文名	作者	期刊名称
223	Efficacy, immunogenicity and safety of a trivalent live human – lambreassortant rotavirus vaccine (LLR3) in healthy Chinese infants: A randomized, double – blind, placebo – controlled trial	Xia SL*, Du JL, Su J*, Liu YY, Huang LL*, Xie ZQ*, Gao JM, Xu BL*, Gao XJ*, Guo T*, Liu Y#, Zhou X*#, Yang H*#.	Vaccine
224	Immunogenicity and Safety of Inactivated Enterovirus 71 Vaccine in Children Aged 36 – 71 Months A Double – Blind, Randomized, Controlled, Non – inferiority Phase Ⅲ	Zhang LF*, Gao F, Zeng G*, Yang HT*, Zhu TT*, Yang SM*, Meng X*, Mao QY#, Liu XQ*	J Pediatric Infect Dis Soc
225	肠道病毒溶瘤作用的研究进展	崔博沛，毛群颖#，梁争论	微生物学免疫学进展
226	多价手足口病疫苗：现实与梦想	卞莲莲，刘思远，姜崴*，毛群颖，高帆，杨晓明*，梁争论#	中国生物制品学杂志
227	甲型肝炎病毒荧光定量 RT – PCR 检测方法的建立及在贝类检测中的应用	袁亚迪，孙世洋，卞莲莲，崔博沛，高帆，刘佩，刘令九*，毛群颖#，梁争论	中国生物制品学杂志
228	人肠道病毒动物模型及其在疫苗的应用研究进展	刘佩，毛群颖#，梁争论	微生物学免疫学进展
229	双启动子双报告基因真核表达质粒的构建及鉴定	崔力沙，崔博沛，陈磊*，吴星，梁争论，徐艳玲*，李克雷#	中国生物制品学杂志
230	我国新型冠状病毒疫苗研发进展及思考	高帆，李长贵，梁争论#，徐苗#	中国药事
231	CA16 疫苗及其相关研究进展	杜瑞晓，毛群颖#，梁争论	中国生物制品学杂志
232	轮状病毒减毒活疫苗感染性滴度一步法 RTqPCR 检测方法的建立	杜加亮，刘悦越，张 永，赵荣荣，赵一荣，韩菲，刘艳#	国际生物制品学杂志
233	诺如病毒 VP1 蛋白病毒样颗粒在毕赤酵母中的分泌表达	杜加亮，古琼*，刘悦越，于晴川，赵荣荣，高加梅，李启明*，刘艳#，国泰*	中国生物制品学杂志
234	不同硫代修饰 CpG_ODN 佐剂活性的比较	屈旭成，何鹏，邱少辉，方鑫，童海青*，葛君*，李建强*，姜崴*#，胡忠玉#	中国生物制品学杂志
235	短期异常低温对重组乙型肝炎疫苗效力相关因素的影响	方鑫，邱少辉，童海青*，屈旭成，曹崴*，饶洪冲*，朱征宇*，何鹏#，胡忠玉#	中国生物制品学杂志
236	基于脊髓灰质炎假病毒的中和抗体检测方法的初步应用	江征，朱秀娟*，刘桂秀*，刘婷*，王辉*，李长贵#	中国生物制品学杂志
237	Sabin 株脊髓灰质炎灭活疫苗 D 抗原含量检测标准化可行性方案的探讨	江征，朱文慧，朱秀娟，刘桂秀，刘婷，李长贵#	中国生物制品学杂志
238	第 1 代 Sabin 株脊髓灰质炎灭活疫苗 D 抗原含量国际标准品的国际协作标定	江征，朱文慧，宋彦丽，刘婷，张雪子，英志芳，王剑锋，李长贵#	中国生物制品学杂志

续表

序号	论文名	作者	期刊名称
239	新型冠状病毒高效价中和血清的快速制备及应用	徐康维，王剑锋，权娅茹，邵铭，赵慧，李长贵#，王军志	中国生物制品学杂志
240	Development of an inactivated vaccine candidate for SARS – CoV – 2	Qiang Gao, Linlin Bao2, Haiyan Mao3, Lin Wang1, Kangwei Xu, Minnan Yang, Yajing Li, Ling Zhu, Nan Wang, Zhe Lv, Hong Gao, Xiaoqin Ge, Biao Kan, Yaling Hu, Jiangning Liu, Fang Cai, Deyu Jiang, Yanhui Yin, Chengfeng Qin, Jing Li, Xuejie Gong, Xiuyu Lou, Wen Shi, Dongdong Wu, Hengming Zhang, Lang Zhu, Wei Deng, Yurong Li *, Jinxing Lu *, Changgui Li *, Xiangxi Wang *, Weidong Yin *, Yanjun Zhang *, Chuan Qin *	Science
241	Immunogenicity and safety of an inactivated quadrivalent influenza vaccine: A randomized, double – blind, controlled phaseIII study in healthy population aged≥ 3 years	KaiChu, Kangwei Xu, Rong Tang, Xiaohui Tian, Jialei Hu, Tuantuan Yang, Changgui Li *, Yuemei Hua *, Gang Zeng *	Vaccine
242	Low Toxicity and High Immunogenicity of an Inactivated Vaccine Candidate against COVID 19 in different animal models	Ze – JunWang, Hua – Jun Zhang, Jia Lu, Kang – Wei Xu, Cheng Peng, Jing Guo, Xiao – XiaoGao, Xin Wan, Wen – Hui Wang, Chao Shan, Su – Cai Zhang, Jie Wu, An – NaYang, Yan Zhu, Ao Xiao, Lei Zhang, Lie Fu, Hao – Rui Si, Qian Cai, Xing – Lou Yang, Lei You, Yan – Ping Zhou, Jing Liu, De – Qing Pang, Wei – Ping Jin, Xiao – Yu Zhang, Sheng – Li Meng, Yun – Xia Sun, Ulrich Desselberger, Jun – Zhi Wang, Xin – Guo Li, Kai Duan *, Chang – Gui Li *, Miao Xu *, Zheng – Li Shi *, Zhi – Ming Yuan *, Xiao – Ming Yang * & Shuo Shen *	Emerging Microbes & Infections
243	测定脊髓灰质炎病毒滴度的结晶紫染色法的建立及验证	刘悦越，赵岩，张韵祺，赵荣荣	国际生物制品学杂志
244	脊髓灰质炎减毒活疫苗对轮状病毒减毒活疫苗的免疫原性的影响研究	刘悦越，刘艳，杜加亮等	中国微生物学与免疫学杂志
245	The Endemic GII. 4Norovirus – Like – Particle Induced – Antibody Lacks of Cross – reactivity against the Epidemic GII. 17 Strain	Du J, Gu Q, Liu Y, Li Q, Guo T, Liu Y	J MedVirol
246	四价流感病毒裂解疫苗安全性和免疫原性评价	刘书珍，孟丽，席佩佩，张勇朝，范蓓，李长贵，夏胜利，潘若文	预防医学

续表

序号	论文名	作者	期刊名称
247	Immunogenicity of an Escherichia coli – produced bivalent human papillomavirus vaccine under different vaccination intervals	Xiao – Juan Yu*, Juan Li, Zhi – Jie Lin*, Hui Zhao, Bi – Zhen Lin*, You – Lin Qiao*, Yue – Mei Hu*, Li – Hui Wei*, Rong – Cheng Li*, Wei – Dan Huang*, Ting Wu*, Shou – Jie Huang*, Chang – Gui Li#, Hui – Rong Pan* & Jun Zhang*	Human vaccines & Immunotherapeutics
248	Safety, tolerability, and immunogenicity of an inactivated SARS – CoV – 2 vaccine in healthy adults aged 18 – 59 years: arandomised, double – blind, placebo – controlled, phase 1/2 clinical trial	Changgui Li, Yanjun Zhang*, Gang Zeng*, Hongxing Pan*, Xiangxi Wang, Qiang Gao*, et al.	Lancet Infect Dis
249	Development of an inactivated vaccine candidate, BBIBP – CorV, with potent protection against SARS – CoV – 2	Hui Wang*, Yuntao Zhang*, Baoying Huang*, Yaru Quan, Jiangning Liu*, Changgui Li#, Xiaoming Yang*#, et al.	Cell
250	Randomized, double – blinded and placebo – controlled phase II trial of an inactivated SARS – CoV – 2 vaccine in healthy adults.	Yanchu Che, Zhifang Yin, Jianfeng, Wang, Hongbo Chen*, Changgui Li,#Qihan Li*#, et al.	Clin Infect Dis
251	HIV – 1pseudoviruses constructed in China regulatory laboratory	Nie J, Huang W#, Liu Q, Wang Y#	Emerging Microbes & Infections
252	Establishment and validation of apseudovirus neutralization assay for SARS – CoV – 2	Jianhui Nie, Qianqian Li, Jiajing Wu, Chenyan Zhao, Huan Hao, Huan Liu, Li Zhang, Lingling Nie, Haiyang Qin, Meng Wang, Qiong Lu, Xiaoyu Li, Qiyu Sun, Junkai Liu, Changfa Fan, Weijin Huang#, Miao Xu# & Youchun Wan#	Emerging Microbes & Infections
253	Quantification of SARS – CoV – 2 neutralizing antibody by a pseudotyped virus – based assay	Jianhui Nie, Qianqian Li, Jiajing Wu, Chenyan Zhao, Huan Hao, Huan Liu, Li Zhang, Lingling Nie, Haiyang Qin, Meng Wang, Qiong Lu, Xiaoyu Li, Qiyu Sun, Junkai Liu, Changfa Fan, Weijin Huang#, Miao Xu# & Youchun Wan#	Nature protocols
254	The Impact of Mutations in SARS – CoV – 2 Spike on Viral Infectivity and Antigenicity	Li Q, Wu J, Nie J, Zhang L, Hao H, Liu S, Zhao C, Zhang Q, Liu H, Nie L, Qin H, Wang M, Lu Q, Li X, Sun Q, Liu J, Zhang L, Li X*, Huang W#, Wang Y#	Cell

续表

序号	论文名	作者	期刊名称
255	A Thermostable mRNA Vaccine against COVID – 19	Zhang NN*, Li XF*, Deng YQ*, Zhao H*, Huang YJ*, Yang G*, Huang WJ, Gao P*, Zhou C*, Zhang RR*, Guo Y*, Sun SH*, Fan H*, Zu SL*, Chen Q*, He * Q, Cao TS*, Huang XY*, Qiu HY*, Nie JH, Jiang Y*, Yan H*, Ye Q*, Zhong X*, Xue X * L, Zha ZY*, Zhou D*, Yang X*, Wang YC#, Ying B*, Qin CF*	Cell
256	A Mouse Model of SARS – CoV – 2 Infection and Pathogenesis	Sun SH*, Chen Q*, Gu HJ*, Yang G*, Wang YX*, Huang XY*, Liu SS*, Zhang N * N, Li XF*, Xiong R*, Guo Y*, Deng Y * Q, Huang WJ, Liu Q*, Liu QM*, Shen YL*, Zhou * Y, Yang X*, Zhao T * Y, Fan CF#, Zhou YS*, Qin CF*, Wang YC#	Cell Host Microbe
257	Structural basis for neutralization of SARS – CoV – 2 and SARS – CoV by a potent therapeutic antibody	Lv Z*, Deng YQ*, Ye Q*, Cao L*, Sun CY*, Fan C, Huang W, Sun S*, Sun Y*, Zhu L*, Chen Q*, Wang N*, Nie J, Cui Z*, Zhu D*, Shaw N*, Li X * F, Li Q*, Xie L*#, Wang Y#, Rao Z*#, Qin CF*#, Wang X*#	Science
258	The efficacy assessment of convalescent plasma therapy for COVID – 19 patients: a multi – center case series	Hao Zeng*, Dongfang Wang*, Jingmin Nie*, Haoyu Liang, Jiang Gu*, Anne Zhao*, Lixin Xu*, Chunhui Lang*, Xiaoping Cui*, Xiaolan Guo*, Changlong Zhou*, Haibo Li*, Bin Guo*, Jinyong Zhang*, Qiang Wang*, Li Fang*, Wen Liu*, Yishan Huang*, Wei Mao*#, Yaokai Chen*# and Quanming Zou*#	Signal Transduction & Targeted Therapy
259	Screening and Identification of Marburg Virus Entry Inhibitors Using Approved Drugs	Li Zhang, ShanLei, Hui Xie, Qianqian Li, Shuo Liu, Qiang Liu, Weijin Huang, Xinyue Xiao, Youchun Wang#	Virol Sin
260	Sequential treatment with aT19 cells generates memory CAR – T cells and prolongs the lifespan ofRaji – B – NDG mice	Ruifeng Chen, Meng Wang, Qiang Liu, Jiajing Wu, Weijing Huang, Xuejiao Li*, Baohua Du*, Qilong Xu*, Jingjing Duan*, Shunchang Jiao*, Hyun Soo Lee*, Nam – Chul Jung*, Jun – Ho Lee*, Yu Wang#, Youchun Wang#	Cancer Lett.

续表

序号	论文名	作者	期刊名称
261	Spike – specific circulating T follicular helper cell and cross – neutralizing antibody responses in COVID – 19 – convalescent individuals	Jian Zhang*, Qian Wu*, Ziyan Liu*, Qijie Wang*, Jiajing Wu, Yabin Hu*, Tingting Bai*, Ting Xie*, Mincheng Huang*, Tiantian Wu*, Danhong Peng*, Weijin Huang, Kun Jin*, Ling Niu*, Wan-gyuan Guo*, Dixian Luo*, Dongzhu Lei*, Zhijian Wu*, Guicheng Li*, Renbin Huang*, Yingbiao Lin*, Xiangping Xie*, Shuangyan He*, Yunfan Deng*, Jianghua Liu*, Weilang Li*, Zhongyi Lu*, Haifu Chen*, Ting Zeng*, Qingting Luo*, Yi – Ping Li*#, Youchun Wang#, Wenpei Liu*#, Xiaowang Qu*#	Nat Microbiol.
262	Characterization of neutralizing antibody with prophylactic and therapeutic efficacy against SARS – CoV – 2 in rhesus monkeys.	Shuang Wang*, Yun Peng*, Rongjuan Wang*, Shasha Jiao*, Min Wang*, Weijin Huang, Chao Shan*, Wen Jiang*, Zepeng Li*, Chu-nying Gu*, Ben Chen*, Xue Hu*, Yanfeng Yao*, Juan Min*, Hua-jun Zhang*, Ying Chen*, Ge Gao*, Peipei Tang*, Gang Li*, An Wang*, Lan Wang, Jinchao Zhang*, Shuo Chen#, Xun Gui#, Zhiming Yuan#, Datao Liu#	Nat Commun
263	Safety and immunogenicity of an inactivated SARS – CoV – 2 vaccine, BBIBP – CorV: a randomised, double – blind, placebo – controlled, phase 1/2 trial	Shengli Xia*, Yuntao Zhang*, Yanxia Wang*, Hui Wang*, Yunkai Yang*, George Fu Gao*, Wenjie Tan*, Guizhen Wu*, Miao Xu, Zhiyong Lou*, Weijin Huang, Wenbo Xu*, Baoying Huang*, Huijuan Wang*, Wei Wang*, Wei Zhang*, Na Li*, Zhiqiang Xie*, Ling Ding*, Wangyang You*, Yuxiu Zhao*, Xuqin Yang*, Yang Liu*, Qian Wang*, Lili Huang*, Yongli Yang*, Guangxue Xu*, Bojian Luo*, Wenling Wang*, Peipei Liu*, Wanshen Guo*, Xiaoming Yang*	The Lancet Infectious Diseases
264	In Vivo Bioluminescent Imaging of Marburg Virus in a Rodent Model	Shan Lei, Weijin Huang, Youchun Wang, Qiang Liu#	Methods Mol Biol
265	Monitoring Neutralization Property Change of EvolvingHantaan and Seoul Viruses with a Novel Pseudovirus – Based Assay	Tingting Ning, Ling Wang*, Shuo Liu, Jian Ma, Jianhui Nie, Weijin Huang, Xuguang Li*, Yuhua Li*#, Youchun Wang#	Virol Sin

续表

序号	论文名	作者	期刊名称
266	Structural characterization of a neutralizingmAb H16.001, a potent candidate for a common potency assay for various HPV16 VLPs	Weijin Huang, Maozhou He, Tingting Ning*, Jianhui Nie, Feng Zhang*, Qingbing Zheng*, Rui Zhang*, Ying Xu, Ying Gu*, Shaowei Li*#, Youchun Wang#	NPJ Vaccines
267	Simultaneous quantification of major capsid protein of human papillomavirus 16 and human papillomavirus 18 in multivalent human papillomavirus vaccines by liquid chromatography – tandem mass spectrometry	Tingting Ning, Shanshan Sun*, Jianhui Nie, Mengyi Li*, Weijin Huang, Xuguang Li*, Jin Cao*#, Youchun Wang#	JChromatogr A
268	Durability of neutralizing antibodies and T – cell response post SARS – CoV – 2 infection. Durability of neutralizing antibodies and T – cell response post SARS – CoV – 2 infection	Tan Y*, Liu F*, Xu X*, Ling Y*, Huang W, Zhu Z*, Guo M*, Lin Y*, Fu Z*, Liang D*, Zhang T*, Fan J*, Xu M, Lu H*, Chen S#	Front Med
269	抗病毒药物筛选研究进展	温小菁，温红玲，黄维金#	微生物学免疫学进展
270	严重急性呼吸综合征冠状病毒诊断标志物动态变化及检测方法的研究进展	王海欣，黄维金#，王惠国*#	微生物学免疫学进展
271	发热伴血小板减少综合征病毒不同基因型和变异株的中和特性分析	陈瑞峰，黄维金，吴佳静，梁米芳，杜燕华，马红霞，李玉华，王佑春#	中华微生物学和免疫学杂志
272	S/D 残留量对 SARS – CoV – 2 假病毒中和抗体检测方法的影响	王萌，张黎，李倩倩，吴佳静，郝焕，孙其玉，聂建辉，黄维金#	药物分析杂志
273	跨膜丝氨酸蛋白酶 2 在病毒感染中的作用及其抑制剂的研究进展	张黎，王佑春#，黄维金#	微生物学免疫学进展
274	假病毒技术在新突发病毒性传染病防控产品评价中的应用	黄维金，王佑春#	病毒学报
275	抗体依赖性增强作用对疫苗研发的影响	黄维金，王佑春#	中华微生物学和免疫学杂志
276	血浆中新型冠状病毒 SARS – CoV – 2 中和抗体检测分析	张黎，聂建辉，李倩倩，吴佳静，王威，刘欢，秦海洋，王佑春#，黄维金#，侯继锋#	中国药事
277	戊型肝炎病毒抗原检测研究进展	徐颖，耿彦生，赵晨燕#	中华微生物学和免疫学杂志
278	HIV 抗体阳性人免疫球蛋白的代谢和安全性分析	王萌，黄维金#，侯继锋#	中国药事
279	重组结核杆菌融合蛋白（EC）的免疫特性和临床前安全性研究	张凯*，陶立峰*，韦芬*，都伟欣，仇晶晶*，陈伟*，陈保文，朱银猛*，程兴*，苏城，钟再新*，卢锦标#，蒲江*#	中国防痨杂志
280	冻干重组结核杆菌融合蛋白（EC）原液效力评价用国家参考品的初步建立	都伟欣，韦芬*，卢锦标，赵爱华，蒲江*，王国治，徐苗#	中国防痨杂志

续表

序号	论文名	作者	期刊名称
281	重组结核杆菌融合蛋白（EC）产品质量标准的建立	张凯*，沈小兵，陶立峰*，韦芬*，陈保文，仇晶晶*，陈伟*，卢锦标，朱银猛*，程兴*，钟再新*，赵爱华#，蒲江*#	中国防痨杂志
282	屋尘螨变应原制剂外观异常对其质量影响的分析	张影，鲁旭，梁昊宇，董思国，胡玥，王斌，曾明	中国生物制品学杂志
283	重组结核杆菌融合蛋白（EC）的稳定性与有效性研究	杨蕾，韦芬，张凯，等	中国防痨杂志
284	新型结核病疫苗 AEH/Al/IC 在小鼠中的免疫原性研究	杨蕾，王春花，卢锦标，都伟欣，沈小兵，苏城，王国治	微生物学免疫学进展
285	结核分枝杆菌特异性 IFN－γ 体外释放实验全血检测试剂和质量评价	杨蕾，王国治，都伟欣，王春花，沈小兵，苏城，卢锦标	中国生物制品学杂志
286	Unmethylated CpG motif – containing genomic DNA fragment of Bacillus calmette – guerin promotes macrophage functions hrough TLR9 – mediated activation of NF – jB and MAPKs signaling pathways	Junli Li*，Lili Fu，Guozhi Wang，SelvakumarSubbian*，Chuan Qin*，Aihua Zhao#	Innate Immunity
287	国内外卡介菌亚株抗生素敏感性分析	付丽丽，王国治，寇丽杰，赵爱华	中国生物制品学杂志
288	重组结核分枝杆菌 11kDa 蛋白鉴别潜伏性结核感染与卡介苗接种的研究	赵爱华，康万里*，王国治，高正伦*，都伟欣，卢锦标，沈小兵，苏城，徐苗#，郑素华#	中国防痨杂志
289	布鲁氏菌抗原检测试剂用国家参考品的研制	张园园，张平平*，王春娥，赵爱华，杨瑞馥*#，魏东#	中国医药生物技术
290	鼠疫耶尔森菌抗原检测试剂用国家参考品的研制	张园园，张平平*，王春娥，赵爱华，杨瑞馥*#，魏东#	微生物学免疫学进展
291	鼠疫疫苗研究的现状与展望	魏东，赵爱华，王国治，徐苗#	微生物与感染
292	Calibration of anUpconverting Phosphor – Based Quantitative Immunochromatographic Assay for Detecting Yersinia pestis，Brucella spp.，and Bacillus anthracis Spores	Pingping Zhang*，Yuanyuan Zhang，Yong Zhao*，Yajun Song*，Chunyan Niu*，Zhiwei Sui*，Jing Wang，Ruifu Yang*# and Dong Wei#	Frontiers in Cellular and Infection Microbiology
293	激光粒度仪在评价吸附无细胞百白破疫苗颗粒一致性及稳定性中的应用	李喆，黄小艳，吴燕，宋晓红，龙珍，李月琪，黄涛宏，马霄#	中国生物制品学杂志
294	生物制品中残留甲醛含量衍生－气相色谱检测方法的建立及初步应用	杨英超，于爽，马霄#，王丽婵，张华捷，田菲菲，龙珍，李月琪	中国生物制品学杂志
295	2019 年福建省晋江市健康人群破伤风抗体调查	庄天从*，张华捷（共同一作），李喆，吕新军，王传林，马霄#（通讯作者）	疾病监测
296	The effects of manufacture processes on post – translational modifications of bioactive proteins in pertussis vaccine	Zhen Long*，ChenWei，Zhaoqi Zhan*，Xiuling Li*，Yueqi Li*，Xiao Ma#，Changkun Li*，Lichan Wang，Taohong Huang	Journal of Pharmaceutical and Biomedical Analysis
297	外伤后破伤风疫苗和被动免疫制剂使用指南	王传林*，刘斯*，马霄，等	中华流行病学杂志
298	一株益生性粪肠球菌的安全性评价	鲁旭，田万红，张影，董思国，陈质斌，曾明	中国微生态学杂志

续表

序号	论文名	作者	期刊名称
299	Determination of glycosylation degree for glycoconjugate vaccines using a solid – phase extraction combined with liquid chromatography and tandem mass spectrometry method	Zhen Long*, Maoguang Li, Jeffrey Dahl*, Zhimou Guo#, Yanan Li, Hongyuan Hao*, Yueqi Li*, Changkun Li, Qiqi Mao, Taohong Huang*	Journal of separation science
300	多糖蛋白结合疫苗中残留 ADH 和 EDAC 同时定量检测的液相色谱串联质谱法的建立	李茂光，龙珍*，李亚南，王春娥，李月琪*，毛琦琦，叶强#	中国生物制品学杂志
301	1、4、5、7F 和 23F 型肺炎球菌多糖国家参考品的研制	陈琼，张锐*，刘菊*，韩菲*，尹珊珊*，石继春，叶强#	中国生物制品学杂志
302	定量 1H – NMR 法测定 6B、10A、17F、19A、19F 及 20 型肺炎链球菌荚膜多糖含量	许美凤，陈琼，李茂光，王春娥#，叶强#	中国新药杂志
303	Leptospiraalstoni 致病性钩端螺旋体的多位点序列分析研究	徐颖华，李喆，杜宗利，辛晓芳，叶强#	实用预防医学
304	钩端螺旋体疫苗部分菌种分子特性及毒力分析	徐颖华，杜宗利，辛晓芳，叶强#	中国生物制品学杂志
305	乳酶生生产用菌种的全基因组序列分析研究	王珊珊*，石继春*，杜宗利，石刚，龙新星，徐颖华#，叶强#	中国医药生物技术
306	20 株中国医学细菌保藏管理中心标准肺炎克雷伯菌分子生物学特征分析	刘茹凤，石继春，王春娥，李康，李江姣，徐潇，徐颖华，辛晓芳，叶强#	临床检验杂志
307	19 群肺炎链球菌国家标准菌株分子特征分析及在菌株质量控制中的应用	李康，黄洋，徐潇，陈琼，王春娥，石继春，陈翠萍，叶强#	微生物学免疫学进展
308	A robust and stable reporter gene bioassay for anti – IgE antibodies	Sha Guo; Chuanfei Yu; Yanchao Wang *; Feng Zhang; Junxia Cao; Chen Zheng *; Lan Wang#	Analytical and Bioanalytical Chemistry
309	Development of an antibody – dependent cellular cytotoxicity reporter assay for measuring anti – Middle East Respiratory Syndrome antibody bioactivity	Junxia cao, Lan Wang, ChuanfeiYu, Kaiqin Wang, Wenbo Wang, JinghuaYan*, Yan Li*, YalanYang, Xiaomin Wang#, Junzhi Wang#	Scientific reports
310	A reporter gene assay for measuring the bioactivity of anti – LAG – 3 therapeutic antibodies	Lan Wang, Chuanfei Yu, Kaiqin Wang, Junzhi Wang#	Luminescence
311	Analytical Similarity of a Proposed Biosimilar BVZ – BC to Bevacizumab	Chuanfei Yu, Feng Zhang, Gangling Xu, Gang Wu, Wenbo Wang, Chunyu Liu, Zhihao Fu, Meng Li, Sha Guo, Xiaojuan Yu, Lan Wang#	Analytical Chemistry
312	The endemic GII. 4norovirus – like – particle induced – antibody lacks of cross – reactivity against the epidemic GII. 17 strain	Jialiang Du#, Qiong Gu, Yan Liu, Qiming Li*, Tai Guo, Yueyue Liu	J MedVirol
313	Characterization of a reliable cell – based reporter gene assay for measuring bioactivities of therapeutic anti – interleukin – 23 monoclonal antibodies	Jing Huang, Lan Wang, Chuanfei Yu, Zhihao Fu, Chunyu Liu, Hongmei Zhang, Kaiqin Wang, Xiao Guo, Junzhi Wang#	IntImmunopharmacol

续表

序号	论文名	作者	期刊名称
314	Optimized functional and structural design of dual – target LMRAP, a bi-functional fusion protein with a 25 – amino – acid antitumor peptide and GnRH Fc fragment	Meng Li, Hanmei Xu*, Junzhi Wang#	Acta Pharm Sin B
315	Development of reporter gene assays to determine the bioactivity of biopharmaceuticals	Lan Wang, Chuanfei Yu, Junzhi Wang#	Biotechnol Adv
316	Efficacy, immunogenicity and safety of a trivalent live human – lambreassortant rotavirus vaccine (LLR3) in healthy Chinese infants: A randomized, double – blind, placebo – controlled trial	Shengli Xia*, Jialiang Du, Jia Su*, Yueyue Liu, Lili Huang*, Qingchuan Yu, Zhiqiang Xie*, Jiamei Gao, Bianli Xu*, Xuejun Gao*, Tai Guo, Yan Liu#, Xu Zhou*#, Huan Yang*#	Vaccine
317	单抗 N 糖分析系统适用性对照品的建立	王文波，武刚，于传飞，张峰，王兰#	中国药学杂志
318	利用高分辨液相质谱综合表征抗 CTLA4 单克隆抗体的研究	武刚，王文波，于传飞，崔永菲，张荣建，王兰*	中国药学杂志
319	高效阴离子色谱结合脉冲安培检测器分析单抗 N 糖谱的方法学联合验证	王文波，武刚，于传飞，张峰，王兰#	中国新药杂志
320	进口轮状病毒疫苗 RotaTeq 的热稳定性	杜加亮，刘艳，焦洋*，于晴川，刘悦越，赵荣荣，高加梅，范行良，国泰#	中国生物制品学杂志
321	抗 EpCAM + CD_3 双特异性抗体关键表征解析	张红梅，张峰，武刚，王文波，于传飞，段茂芹，黄璟，王兰#，刘万卉*#	药物分析杂志
322	抗 PD – 1 单抗生物学活性测定方法的联合验证	于传飞，黄　璟，杨雅岚，倪永波，王开芹，王兰#	药学学报
323	抗表皮生长因子受体单克隆抗体部分质量控制项目的趋势分析	武刚，刘春雨，崔永菲，孙亮，张荣建，段茂芹，付志浩，李萌，王兰#	中国生物制品学杂志
324	轮状病毒减毒活疫苗感染性滴度一步法 RT – qPCR 检测方法的建立	杜加亮，刘悦越，张　永，赵荣荣，赵一荣，韩菲，刘艳#	国际检验医学杂志
325	诺如病毒 VP1 蛋白病毒样颗粒在毕赤酵母中的分泌表达	杜加亮，古琼，刘悦越，于晴川，赵荣荣，高加梅，李启明*，刘艳#，国泰	中国生物制品学杂志
326	生物类似药的研究进展及挑战	王兰#	中国新药杂志
327	基于实验设计的抗 PD – 1/PD – L1 单抗报告基因抗体依赖细胞介导的细胞毒效应生物学活性优化及验证方法的建立	刘春雨，于传飞，崔永霏，肖启东，黄璟，王兰#	中国药学杂志
328	AlphaLISA 方法测定抗白介素 – 17 受体单抗生物学活性	刘春雨，于传飞，崔永霏，武刚，黄璟，王兰#	中国药事
329	The DLC – 1 tumor suppressor is involved in regulatingimmunomodulation of human mesenchymal stromal /stem cells through interacting with the Notch1 protein	Tao Na, Kehua Zhang, Bao – Zhu Yuan*	BMC Cancer

续表

序号	论文名	作者	期刊名称
330	Human lung epithelial BEAS－2B cells exhibit characteristics of mesenchymal stem cells	Xiaoyan Han，Tao Na，Tingting Wu，Bao－Zhu Yuan*	PLoS One.
331	DLC－1 tumor suppressor regulates CD105 expression on human non－small cell lung carcinoma cells through inhibiting TGF－beta1 signaling	Kehua Zhang，Tao Na，Feng Ge，Bao－Zhu Yuan*	Experimental Cell Research.
332	The potential markers of NK－92 associated to cytotoxicity against K562 cells	XueSong，ChongfengXu，XuelingWu，XiangZhao，JinpingFan，Shufang Meng*	Biologicals
333	IL－17A 与间充质干细胞免疫调控功能关联性的研究进展	李欣，吴婷婷，袁宝珠*	中国医药生物技术
334	人间充质干细胞生物学有效性质量评价用标准细胞株 CCRC－hMSC－S1 的建立及评价	张可华，纳涛，韩晓燕，吴婷婷，张丽霞，陈平，赵楠，袁宝珠*	中国新药杂志
335	SEC－HPLC 法测定溶瘤腺病毒注射液的纯度	李永红，韩春梅，毕华，陶磊，李响，饶春明#	药物分析杂志
336	U－2 OS 细胞/CCK－8 法测定 1 型单纯疱疹病毒溶瘤活性	胡金盼，李永红，史新昌，李响，于雷，郑红梅，饶春明#	药物分析杂志
337	不同细胞培养水疱性口炎病毒的效果比较	裴德宁，史新昌，秦玺，陶磊，饶春明#	中国生物制品学杂志
338	改构溶瘤腺病毒 DNA 序列分析研究	刘兰，史新昌，黄永兴*，李永红，饶春明#	药物分析杂志
339	国内重组人粒细胞刺激因子理化对照品质量情况分析	刘兰，史新昌，韩春梅，秦玺，陶磊，杨婧清，范文红，饶春明#	中国生物制品学杂志
340	基因治疗产品的质量控制分析方法及研究进展	李永红，毕华，秦玺，饶春明#	药物分析杂志
341	基因治疗产品中病毒颗粒的微粒特性研究	于雷，裴德宁，王光裕，胡金盼，李永红#，饶春明#	药物分析杂志
342	聚乙二醇化重组人促红素不同位点修饰率的测定	陶磊，史新昌，李响，韩春梅，周勇#，饶春明#	药物分析杂志
343	牛痘病毒粒细胞巨噬细胞集落刺激因子注射液的生物学活性测定方法研究	毕华，裴德宁，丁有学，刘兰，史新昌，韩春梅，李永红，饶春明#	药物分析杂志
344	液质联用鉴定重组人 1 型单纯疱疹病毒载体的蛋白种类	陶磊，赵颖华*，于雷，韩春梅，李永红，饶春明#	药物分析杂志
345	应用 CE－LIF 方法分析重组人 1 型单纯疱疹病毒的 DNA 限制酶酶切片段	李响，胡金盼，李永红，任挺钧，陈泓序，周勇#，饶春明#	药物分析杂志
346	重组 9 型腺相关病毒基因组滴度测定方法的改进和初步验证	郑红梅，李永红，胡金盼，史新昌，于雷，饶春明#	药物分析杂志
347	重组白介素－15 融合蛋白成像毛细管等电聚焦电泳谱图分析	史新昌，李响，于雷，郭莹，李永红，裴德宁，饶春明#	中国药学杂志
348	重组人 1 型单纯疱疹病毒样品的活性检测研究	秦玺，贾继宗*，毕华，姚文荣*，段茂芹，贾春翠，李永红，饶春明#	药物分析杂志
349	重组人促红素等电点异构体分子体内活性强度分析	史新昌，李响，于雷，周勇，饶春明#	中国生物制品学杂志

续表

序号	论文名	作者	期刊名称
350	重组人干扰素 α-2b 相关蛋白检测和质量分析	张伶俐*，刘冰*，杨惠洁*，王梦莹*，陶磊，饶春明#	中国药业
351	重组人粒细胞刺激因子注射液比活性的对比分析	刘兰，韩春梅，范文红，史新昌，饶春明#	中国生物制品学杂志
352	Analysis of Molecular Heterogeneity in Therapeutic IFNα2b from Different Manufacturers by LC/Q-TOF	于雷，陶磊，赵颖华*，李永红，裴德宁#，饶春明#	Molecules
353	UPLC-MS assessment on the structural similarity of recombinant human erythropoietin (rhEPO) analogues from manufacturers in China for attribute monitoring	William Alley Jr.*，陶磊，HenryShion*，Ying Qing Yu*，饶春明#，Weibin Chen*#	Talanta
354	Interlaboratory method validation of imagedapillary isoelectric focusing methodology for analysis of recombinant human erythropoietin	李响，史新昌，秦玺，于雷，周勇#，饶春明#	Analytical Methods
355	液质联用分析重组人尿激酶原的糖基修饰异质性	陶磊，于雷，丁有学，毕华，饶春明#	药学学报
356	献浆员中新型冠状病毒 SARS-COV-2 中和抗体检测分析	张黎，聂建辉，李倩倩，王威，刘欢，秦海洋，王佑春，黄维金，侯继锋#	中国药事
357	HIV 抗体阳性人免疫球蛋白的代谢和安全性分析	王萌，黄维金，侯继锋#	中国药事
358	康复期血浆应用于急性病毒性传染病现状及其治疗型新冠状病毒肺炎前景	杨晓明*，侯继锋	中国生物制品学杂志
359	欧洲药品管理局应对甲型 H1N1 流感大流行的结果报告及经验总结回顾	江征，徐苗#	中国生物制品学杂志
360	美国医疗器械认可推荐性共识标准管理体制研究及其对我国的启示	李非*，陈荣谅*，马艳斌*，苑富强#	中国食品药品监管
361	医疗器械命名研究与思考	杨婉娟，母瑞红，余新华#	中国食品药品监管
362	3D 打印个体化骨盆假体多孔结构物理性能检测方法研究	李崇崇，付步芳，杜晓丹，王春仁	生物医学工程与临床
363	计算建模在 FDA 医疗器械监管科学应用的新进展	连环，韩倩倩#，王春仁#	药品监管科学研究
364	人类辅助生殖技术用液类产品生产用水的胚胎毒性研究	韩倩倩，季煦*，常露*，金星亮*，王春仁#，李静莉#	中国医疗器械杂志
365	组织工程产品用种子细胞的质量控制与标准化	韩倩倩，赵君*，王苗苗*，曲明悦*，王春仁#，李静莉#	组织工程与重建外科杂志
366	三种皮肤修复材料对糖尿病大鼠皮肤损伤修复的有效性评价	韩倩倩，曲明悦*，薛彬*，王春仁#	组织工程与重建外科杂志
367	丝素蛋白在组织修复领域的应用进展	王苗苗*，孙雪，韩倩倩#	中国药事
368	层次分析法在“两品一械”监管重点实验室评价指标权重确定中的应用	毛歆，王青，蔡海燕，王春仁#	中国药事

续表

序号	论文名	作者	期刊名称
369	脱矿同种异体骨纤维小鼠异位诱导成骨实验的研究	付海洋，李敏，王召旭#	中国骨与关节损伤杂志
370	3D打印骨科钛合金的亚慢性全身毒性研究	王涵，赵丹妹，许建霞，连环，曲明悦*，何牧野*，王春仁#	组织工程与重建外科杂志
371	冠脉支架系统的血液相容性测试	许建霞，王涵，连环，王春仁#	中国药事
372	CT成像剂量对人工智能算法性能的影响分析	张超，王浩，孟祥峰，王权，李宁，任海萍#	中国医疗设备
373	医用机器人标准体系研究	张超，孟祥峰，王权，王浩，唐桥虹，李佳戈#	中国医疗设备
374	尘肺病数据标注规范与质量控制专家共识（2020年版）	李涛，张建芳，孟祥峰，徐明	环境与职业医学
375	手术机器人性能评价方法的探讨	孟祥峰，张超，唐桥虹，王浩，王晨希，李佳戈#	中国医疗设备
376	手术机器人风险分析及质量评价探讨	郝烨，孟祥峰，苏宗文，李澍，张超，李佳戈#	中国医疗设备
377	基于四元数的医用机器人定位准确度评价	王浩，孟祥峰，王权，张超，王晨希，李佳戈#	中国医疗设备
378	医疗器械独立软件检测要求及方法	王晨希，王权，李佳戈#	中国医疗设备
379	医用机器人网络安全问题研究与探讨	王晨希，孟祥峰，王浩，李佳戈#	中国医疗设备
380	医用手术机器人可用性评价方法研究	李澍，郝烨，张超，王晨希，唐桥虹，孟祥峰，李佳戈#	中国医疗设备
381	心室辅助装置血流动力学关键参数可视化评价方法和平台研究	李澍，张琪，郝烨，王权#	中国医疗设备
382	α－半乳糖基抗原缺失模型兔的研制与评价	穆钰峰，魏利娜，吴勇，邵安良，陈亮，屈树新*，徐丽明#	中国组织工程研究
383	猪源医用胶原修复膜热原检测方法适用性研究	邵安良，刘露丝*，张乐，陈亮，徐丽明#	药物分析杂志
384	次氯酸钠溶液和钴－60辐照对脱细胞结膜基质中病毒灭活效果的研究	段晓杰，赵岩，柯林楠，徐丽明#，王召旭	生物医学工程与临床
385	Quantification ofrhBMP2 in Bioactive bone materials	连环，王涵，韩倩倩#，王春仁#	Regenerative biomaterials
386	In vivo biological safety evaluation of an iron－based bioresorbable drug－eluting stent	史建峰，苗雪文*，付海洋，姜艾莉*，刘艳芬*，石小琳*，张德元*#，王召旭#	Biometals
387	In vitrogenotoxicity evaluation and metabolic study of residual glutaraldehyde in animal－derived biomaterials	史建峰，连环，黄元礼，赵丹妹，王涵，王春仁，李静莉#，柯林楠#	Regenerative Biomaterials
388	Biodegradable 3D printed HA/CMCS/PDA scaffold for repairing lacunar bone defect	Tao Chen*，Qingxia Zou*，Chang Du*，Chunren Wang，Yan Li*，Bufang Fu#	Materials Science and Engineering：C
389	An injectable hydrogel based onphenylboronic acid hyperbranched macromer encapsulating gold nanorods and Astragaloside IV nanodrug for myocardial infarction	Jingrui Chen*，Xiaoxu Han*，Linnan Ke，et al.	Chemical Engineering Journal

续表

序号	论文名	作者	期刊名称
390	Toward standardizedpremarket evaluation of computer aided diagnosis/detection products: insights from FDA – approved products	Lu Wang*, Hao Wang, Chen Xia*, Yao Wang*, Qiaohong Tang, Jiage Li#, Xiao – Hua Zhou#*	Expert Review of Medical Devices
391	Evaluation of a tumor electric field treatment system in a rat model of glioma	Hao Wu*, Chenxi Wang, Jialin Liu*, Dan Zhou*, Dikang Chen*, Zhixiong Liu*, Anhua Wu*, Lin Yang*, Jiusheng Chang*, Chengke Luo*, Wen Cheng*, Shuai Shen*, Yunjuan Bai*, Xuetao Mu*, Chong Li*, Zhifei Wang*, Ling Chen#	CNS Neuroscience & Therapeutics
392	Evaluation method and platform of vibrational disturbance test for ventricular assist devices	Shu Li#, JuanYan, Tingting Wu, Po – Lin Hsu*	The International Journal of Artificial Organs
393	GGTA1/iGb3S double knockout mice: immunological properties and immunogenicity response to xenogeneic bone matrix.	Anliang Shao, You Ling*, Liang Chen, Lina Wei, Changfa Fan, Dan Lei*, Liming Xu#, Chengbin Wang*	BioMed Research International
394	Immune risk assessment of residualaGal in xenogeneic decellularized cornea using GTKO mice	Liang Chen, Lina Wei, Anliang Shao#, Liming Xu#	Regenerative Biomaterials
395	Development of a revised ICC – qPCR method used for Pseudorabies virus Tinactivation validation study of biologically sourced materials	YuZhang, Le Zhang, Xiaojie Duan, Shuxin Qu*, Liming Xu#	Analytical Biochemistry
396	Covalent immobilization of biomolecules on stent materials through mussel adhesive protein coating to formbiofunctional films	Yi Wang*, Hualin Lan*, Tieying Yin*, Junyang Huang*, Haiyang Fu, Yazhou Wang*, Sean McGinty*, Hao Gaod*, Guixue Wang*, Zhaoxu Wang#	Materials Science&Engineering
397	海洋生物医用材料的临床应用和安全性评价	史建峰，柯林楠，王春仁#，李静莉#	中国药事
398	地中海贫血基因检测试剂盒抽验质量分析	张文新，于婷，孙楠，高飞，黄杰#，曲守方#	分子诊断与治疗杂志
399	利用荧光 PCR – 毛细管电泳法检测微卫星不稳定性检测国家参考品	张文新，黄传峰，孙楠，高飞，于婷，孙晶，曲守方#，黄杰#	分子诊断与治疗杂志
400	液相芯片技术检测地中海贫血国家参考品	张文新，林卫萍*，孙楠，高飞，孙晶，黄杰#，曲守方#	分子诊断与治疗杂志
401	肿瘤基因突变检测的标准化研究	张文新，黄传峰，孙楠，高飞，胡泽斌，孙晶，黄杰，曲守方	中国医药生物技术
402	胎儿染色体非整倍体 21 – 三体、18 – 三体和 13 – 三体检测试剂盒（高通量测序法）行业标准的制定	张文新，于婷，孙楠，陈样宜*，高飞，黄杰，曲守方	分子诊断与治疗杂志
403	胎儿染色体非整倍体（T21、T18、T13）检测试剂盒（探针杂交法）的评价	张文新，于婷，贾峥，孙楠，孙晶，黄杰#，曲守方#	分子诊断与治疗杂志
404	葡萄糖 – 6 – 磷酸脱氢酶基因突变永生化淋巴细胞系的建立	贾峥，张艳艳*，孙楠，张文新，高飞，孙晶，黄杰#，曲守方#	分子诊断与治疗杂志

续表

序号	论文名	作者	期刊名称
405	葡萄糖-6-磷酸脱氢酶基因突变检测国家参考品的建立	黄传峰，李丽莉，张娟丽*，张文新，孙楠，于婷，黄杰#，曲守方#	药物分析杂志
406	新型冠状病毒数字PCR检测方法建立	李彤*，荆福祥*，李宏志*，邢晓星*，赵金银*，程迪*，曲守方#，刘琦*#	分子诊断与治疗杂志
407	Development of a genomic DNA reference material panelforthalassemia genetic testing	Zhenzhen Yin*, Shoufang Qu, Chuanfeng Huang, Fang Chen*, Jianbiao Li*, Shiping Chen*, Jingyu Ye*, Ying Yang*, Yu Zheng*, Xi Zhang*, Xuexi Yang*, LongxuXie*, Jitao Wei*, Fengxiang Wei*, Jian Guo*#, Jie Huang#	Int J LabHematol
408	An Integrated Asian Human SNV andIndel Benchmark Established Using Multiple Sequencing Methods	Chuanfeng Huang, Libin Shao*, Shoufang Qu, Junhua Rao*, Tao Cheng*, Zhisheng Cao*, Sanyang Liu*, Jie Hu*, Xinming Liang*, Ling Shang*, Yangyi Chen*, Zhikun Liang*, Jiezhong Zhang*, Peipei Chen*, Donghong Luo*, Anna Zhu*, Ting Yu, Wenxin Zhang, Guangyi Fan*, Fang Chen*#, Jie Huang#	Sci Rep
409	Detection of chromosomal abnormalities in spontaneous miscarriage by low-coverage next-generation sequencing	Fen-Xia Li*, Mei-JuanXie*, Shou-Fang Qu, Dan He*, Long Wu*, Zhi-Kun Liang*, Ying-Song Wu*, Fang Yang*#, Xue-Xi Yang*#	Mol Med Rep
410	Construction of a reference material panel for detecting KRAS/NRAS/EGFR/BRAF/MET mutations in plasmactDNA	Jun Xu*, Shoufang Qu, Nan Sun, Wenxin Zhang, Juanli Zhang*, Qingtao Song*, Mufei Lin*, Wei Gao*, Qiaosong Zheng*, Mipeng Han*, Chenglong Na*, Ren Xu*, Xiaoyan Chang*, Xuexi Yang*#, Jie Huang#	Journal of Clinical Pathology
411	耳聋基因突变检测国家参考品的研制	于婷，孙楠，曲守方#，黄杰#	分子诊断与治疗杂志
412	游离前列腺特异性抗原第2次国际标准品协作标定	于婷，孙楠，曲守方，孙晶，杨振#	标记免疫分析与临床
413	总前列腺特异性抗原第2次国际标准品协作标定	于婷，孙楠，曲守方，孙晶，杨振#黄杰#	中国生物制品学杂志
414	脲原体/人型支原体培养及药物敏感检测试剂盒行业标准的建立	张娟丽*，李晓霞*，秦军领*，孙晶，于婷#	中国药学杂志
415	血清中总蛋白测定能力验证研究	于婷，项新华，曲守方，孙楠，孙晶，李丽莉#，黄杰#	中国药事
416	Liquid chromatography as candidate reference method for the determination of vitamins A and E in human serum	Qingqing Pan*, Min Shen*, Ting Yu#, Xiaodong Yang*, Quanle Li*, Beibei Zhao*, Jihua Zou*#, Man Zhang*	Journal of Clinical Laboratory Analysis

续表

序号	论文名	作者	期刊名称
417	基于《ISO_IEC +17025_2017 实验室管理体系检测和校准实验室能力的一般要求》对实验室设施	马丽颖，王洪，邹健，于婷#，倪训松#	中国药师
418	浅议检测机构建立不符合项整改监督机制的重要性	马丽颖，肖镜，于欣，陈欣，邹健#，于婷#	中国质量监管
419	LyP - 1 - Modified Oncolytic Adenoviruses Targeting Transforming Growth Factor β Inhibit Tumor Growth and Metastases and Augment Immune Checkpoint Inhibitor Therapy in Breast Cancer Mouse Models	Weidong Xu*, Yuefeng Yang*, Zebin Hu, Maria Head*, Kathy A Mangold*, Megan Sullivan*, Edward Wang*, Poornima Saha*, Kamalakar Gulukota*, Donald L Helseth*, Theresa Guise*, Bellur S Prabhkar*, Karen Kaul*, Hans Schreiber*, Prem Seth#	Hum GeneTher
420	冻干外周血单个核细胞制备及性能分析	胡泽斌，王飞*，孙彬裕，李康*，彭绍福*，魏黎明*，王敏*，黄杰#，李博#	药物分析杂志 (Chin J Pharm Anal)
421	抗 C（IgM）血型定型试剂国家参考品的研制	胡泽斌，孙彬裕，高飞，孙楠，贾峥，张文新，孙晶，黄杰#，曲守方#	中国生物制品学杂志
422	人类白细胞抗原 B27 核酸检测国家参考品的建立	胡泽斌，高飞，孙楠，孙彬裕，李丽莉，孙晶，曲守方#，黄杰#	分子诊断与治疗杂志
423	人类白细胞抗原 B5801/5701/1502 核酸检测国家参考品的建立	胡泽斌，孙彬裕，高飞，孙楠，李丽莉，孙晶，黄杰#，曲守方#	分子诊断与治疗杂志
424	人淋巴细胞国家参考品的研制	胡泽斌，高飞，曲守方，孙彬裕，杨振#，孙晶，黄杰#	中国医药生物技术
425	人抗甲状腺球蛋白抗体测定试剂盒行业标准的建立与验证	孙楠，曲守方，于婷，黄杰#	中国药事
426	EB 病毒实验室检测技术研究进展	麻婷婷 许四宏 周海卫#	分子诊断与治疗杂志
427	流感病毒抗原快速检测试剂灵敏度评价	周海卫，刘东来，麻婷婷，许四宏#	中华实验和临床病毒学杂志
428	Accumulated mutations by 6 months of infection collectively render transmitted founder HIV - 1 significantly less fit	Chu Wang*, Donglai Liu, Tao Zuo*, Bhavna Hora*, Fangping Cai*, Haitao Ding*, John Kappes*, Christina Ochsenbauer*, Wei Kong*, Xianghui Yu*, Tanmoy Bhattacharya*, Alan S Perelson*, Feng Gao#	Journal of Infection
429	人乳头瘤病毒疫苗效力评价用核酸检测试剂的讨论及思考	田亚宾，张春涛	中国生物制品学
430	两种不同人乳头瘤病毒核酸检测试剂的性能比较	田亚宾，周海卫，刘东来，石大伟，沈舒，张春涛	中国病毒病
431	诊断试剂应急检验工作机制建设探讨	李丽莉，李颖，张孝明，孙彬裕，杨振#	中国药事
432	Impact of molecular weight on the mechanism of cellular uptake of polyethylene glycols (PEGs) with particular reference to P - glycoprotein	Tingting Wang*, Yingjie Guo*, Yang He*, Tianming Ren*, Lei Yin*, John Paul Fawcett*, Jingkai Gu*#, Huimin Sun#	Acta PharmaceuticaSinica B

续表

序号	论文名	作者	期刊名称
433	Static and dynamic structural features of single pellets determine the release behaviors of metoprolol succinate sustained – release tablets	Xian Sun*, Li Wu*, Abi Maharjan*, Hongyu Sun*, Xiaoxiao Hu*, Peter York*, Huimin Sun#, Jiwen Zhang#, Xianzhen Yin#	European Journal of Pharmaceutical Sciences
434	Characterization of pharmaceutic structured triacylglycerols by high – performance liquid chromatography/tandem high – resolution mass spectrometry and its application to structured fat emulsion injection	Hao Zheng*, Rui Yang, Zhe Wang*, Jue Wang, Jinlan Zhang#, Huimin Sun#	Rapid Communications in Mass Spectrometry
435	三维模型重建法测定药用冷冻干燥用胶塞的表面积	刘艳林，谢兰桂，赵霞#，孙会敏#	中国药事
436	基于定制试验设计法的注射用冷冻干燥用卤化丁基橡胶塞残留水分测量相关影响因素研究	谢兰桂，尹光，赵霞#，孙会敏#	药物分析杂志
437	药用辅料 1,1,1,2 – 四氟乙烷质量对比研究	赵燕君，许新新，仪忠勋，田霖，杨会英#，孙会敏#	药物分析杂志
438	药包材洁净环境相关法规和标准的对比研究	田霖，杨会英，孙会敏#	中国药事
439	微波萃取 – 气相色谱法测定三层共挤输液袋中苯乙烯含量及其在注射液中的迁移量	李樾，仪忠勋，孙会敏#	中国医药工业杂志
440	微流体流变仪法测定不同型号聚维酮 K 值及 K 值与重均分子量关系的初步探讨	胡丽，王珏，孙会敏#，涂家生*#	药学学报
441	表面活性剂临界胶束浓度测定方法的建立和比较	任霞，王珏，孙会敏#，涂家生*#	中国药事
442	聚氧乙烯 35 蓖麻油的 UPCC – Q – TOF – MS 成分分析与安全性初探	李婷，王珏，袁铭，孙会敏#	药学学报
443	HPLC 柱前衍生化法测定药用辅料中甲醛、乙醛时空白干扰的探索及方法优化	江颖，王珏，许凯，杨锐，孙会敏#	药物分析杂志
444	羧甲基纤维素钠质量一致性评价及性能参数智能可视化研究	张孝娜，孙会敏#，王珏，杨锐，张雪梅*，刘万卉*，丁嘉信*，戴传云*#，孙考祥*#	药学学报
445	低分子量羟丙甲纤维素的分子量及其分布的测定	刘广桢*，沈永*，彭健*，杨蕙如*，凌霄*#，孙会敏#，赵寅恒*	中国现代应用药学
446	药用辅料羧甲基纤维素钠物理表征参数研究	张孝娜，孙会敏，杨锐，王珏，丁嘉信*，张雪梅*，刘万卉*，孙考祥*#	中国药事
447	羟丙甲纤维素的来源差异对其性质及功能性的影响	宫艳畅*，杨白雪*，孙瑞濛*，孙会敏，李三鸣*	中国医药工业杂志
448	气相色谱法检测泊洛沙姆 188 中环氧化物杂质	段梦茹*，何东升*，孙会敏，熊晔蓉*#，涂家生*#	药学研究

续表

序号	论文名	作者	期刊名称
449	羧甲淀粉钠来源差异对其性质及其功能的影响	郝敬强*，杨白雪*，孙 微*，孙瑞濛*，孙会敏，李三鸣*#	药学学报
450	Multi – dimensional visualization for the morphology of lubricant stearic acid particles and their distribution in tablets	Liu Zhang*, Shailendra Shakya*, Li Wu*, Jiangtao Wang*, Guanghui Jin*, Huimin Sun, Xianzhen Yin*#, Lixin Sun*#, Jiwen Zhang*#	Asian Journal of Pharmaceutical Sciences
451	A Raman imaging – based technique to assess HPMC substituent contents and their effects on the drug release of commercial extended – release tablets	Yan Chang, Changqin Hu#, Rui Yang, Dongsheng He*, Xueyi Wang*, Baoming Ning, Huimin Sun, Yerong Xiong*, Jiasheng Tu*#, Chunmeng Sun*#	Carbohydrate Polymers
452	Sequential Enzyme Activation of a "Pro – Staramine" – Based Nanomedicine to Target Tumor Mitochondria	Yunai Du*, Yanan Li*, Xuezhao Li*, Changrong Jia*, Lei Wang*, Yanqi Wang*, Yuan Ding*, Sheng Wang*, Huimin Sun, Wen Sun*#, Jiasheng Tu*#, Chunmeng Sun*#	Advanced Functional Materials
453	Laboratory intercomparison for the evaluation of the delamination propensity of glass containers for pharmaceutical use	Guglielmi M*, Bessegato N*, Juan Cerdan – Diaz*, Ken Choju*, Dave Lisman*, Carol Rea Flynn*, Emanuel Guadagnino*, Amy Meysner*, Joachim Pfeifer*, Holger Roehl*, Volker Rupertus*, Martina Scarpa*, Huimin Sun, Jingwei Zhang*, Daniele Zuccato*#	International Journal of Applied Glass Science
454	医用口罩标准体系建设的思考	于欣，母瑞红#	中国医疗器械信息杂志
455	中美医疗器械标准管理对比研究与启示	于欣，母瑞红#，余新华	中国药事
456	我国医疗器械强制性标准体系建设研究	郑佳，余新华#	中国食品药品监管
457	浅析国际标准在医疗器械监管中的应用	郑佳，余新华#	中国食品药品监管
458	浅谈医用电气设备能耗管理和绿色发展	郑佳，何骏*，余新华#	中国医疗器械杂志
459	药械组合产品属性界定中壳聚糖分子量与抗菌机制的关系探讨	董谦，母瑞红#	中国药事
460	酶法测定糖化白蛋白试剂盒质量控制指标分析	郭世富，毕春雷*	现代仪器与医疗
461	化学发光免疫分析系统性能评价标准关键点	郭世富，代蕾颖*，黄颖#	现代仪器与医疗
462	Upholding morality and honesty in global scientific research during the coronavirus disease pandemic	Peng Lyu*, Yue Wang, Xiu – Yuan Hao#*, Bing Liu*, Jun – Min Wei*	Chinese Medical Journal
463	国外美容类医疗器械监管法规概述	王越，张春青，戎善奎，江潇，王悦，余新华#	中国医药导刊

续表

序号	论文名	作者	期刊名称
464	Protecting health - care workers from subclinical coronavirus infection	De Chang*，Huiwen Xu，AndreRebaza*，Lokesh Sharma*，Charles SDela Cruz*	Lancet Respir Med
465	高效液相色谱法同时测定化妆品中 7 种植物美白活性成分	高家敏，代静*，李红霞，段静，刘彤彤，曹进#，王钢力#	香料香精化妆品
466	肉苁蓉保健食品原料的质量研究	高家敏，刘彤彤，李红霞，周刚*，曹进#，丁宏	食品安全质量检测学报
467	“药妆品”全球监管情况以及对我国的启示	苏哲，邢书霞，王钢力	中国药事
468	大麻来源化妆品原料的安全风险讨论	苏哲，黄湘鹭，张凤兰，邢书霞，王钢力	香料香精化妆品
469	新旧化妆品检验规范的对比及对化妆品审评的影响	薛晶，王钢力#，陈亚飞	中国药事
470	高效液相色谱 - 四极杆/飞行时间高分辨质谱测定化妆品中的西咪替丁及雷尼替丁	王聪，董喆，李莉，王海燕，孙磊	分析测试学报
471	高效液相色谱 - 三重四极杆质谱法测定化妆品中的西咪替丁及雷尼替丁	王聪，李莉，王海燕，孙磊	日用化学工业
472	皮肤致敏整合测试与评估策略研究进展及思考	王雪梅，罗飞亚，邢书霞，张凤兰#，王钢力#	香料香精化妆品
473	基质辅助激光解吸电离飞行时间质谱检测实验动物病原菌效果初探	邢进，刘娜，冯育芳，张雪青，崔生辉，贺争鸣，赵德明，岳秉飞#	中国比较医学杂志
474	血液制品中病毒检测控制及风险管理	付瑞，岳秉飞#	临床药物治疗杂志
475	小鼠微小病毒 Q - PCR 检测方法在病毒去除工艺验证中的应用	付瑞，王淑菁，秦骁，王莎莎，王吉，李晓波，李威，岳秉飞#	中国生物制品学杂志
476	hVEGFR2 - KI 小鼠血液生理生化参数的测定与分析	光姣娜，魏杰，王洪，刘甦苏，熊芮，贾松华，范昌发，岳秉飞#	实验动物科学
477	hTIM4 - EGFP 小鼠血液生理生化指标测定	魏杰，王洪，刘甦苏，贾松华，熊芮，王辰飞，范昌发，岳秉飞#	中国比较医学杂志
478	应用微卫星技术分析评价虎皮猫群体的遗传质量	王洪，付瑞，魏杰，贾松华，光姣娜，岳秉飞#	实验动物科学
479	小鼠巨细胞病毒荧光定量 PCR 检测方法的建立及应用	李晓波，付瑞，王吉，王淑菁，王莎莎，李威，秦骁，黄宗文，贺争鸣，岳秉飞#	实验动物科学
480	实验小鼠感染诺如病毒后组织病理变化及病毒含量分析	李晓波，付瑞，王吉#，王淑菁，王莎莎，李威，秦骁，黄宗文，贺争鸣，岳秉飞#	中国比较医学杂志
481	实验动物中新型冠状病毒的感染情况调查	李晓波，王吉，付瑞，王莎莎，王淑菁，李威，秦骁，黄宗文，贺争鸣，岳秉飞#，林更涛#*	中国比较医学杂志
482	北京地区实验大鼠金黄色葡萄球菌的检测结果及 MLST 分型分析	冯育芳，邢进，张雪青，岳秉飞，赵德明*#	实验动物科学
483	仙台病毒荧光定量 PCR 检测方法的建立及初步应用	黄宗文，王吉#，马宏#*	实验动物科学

续表

序号	论文名	作者	期刊名称
484	裸鼹鼠小鼠肝炎病毒实时荧光定量 PCR 方法的建立及应用	王吉，王莎莎，付瑞，王淑菁，李威，秦骁，黄宗文，李晓波，巩薇，岳秉飞，贺争鸣	实验动物与比较医学
485	实验小鼠细小病毒（MVM）抗体的实验室检测能力验证结果评价	王吉，王莎莎，王洪，李威，付瑞，李晓波，王淑菁，冯育芳，岳秉飞	实验动物科学
486	hDPP4 转基因及定点敲入小鼠模型的建立及其对易感性比较	熊芮，李倩倩，彭泽旭，黄维金，刘甦苏，王辰飞，柳全明，范昌发#	病毒学报
487	冠状病毒动物模型研究进展及 2019 – nCoV 可能的易感小动物模型	熊芮，吕建军，聂建辉，柳全明，范昌发	传染病信息
488	A Mouse Model of SARS – CoV – 2 Infection and Pathogenesis	Sun SH*，Chen Q*，Gu HJ*，Yang G*，Wang YX*，Huang XY*，Liu SS，Zhang NN*，Li XF*，Xiong R，Guo Y*，Deng YQ*，Huang WJ，Liu Q，Liu QM，Shen YL*，Zhou Y*，Yang X*，Zhao TY*，Fan CF#，Zhou YS#，Qin CF#，Wang YC#	Cell Host & Microbe
489	hTIM4 – EGFP 小鼠血液生理生化指标测定	魏杰，王洪，刘甦苏，贾松华，熊芮，王辰飞，范昌发，岳秉飞	中国比较医学杂志
490	hVEGFR2 – KI 小鼠血液生理生化参数的测定与分析	光姣娜，魏杰，王洪，刘甦苏，熊芮，贾松华，范昌发，岳秉飞	实验动物科学
491	大小鼠模型命名方法与规则简介	曹愿，岳秉飞，柳全明，范昌发*	中国比较医学杂志
492	Structural basis for neutralization of SARS – CoV – 2 and SARS – CoV by a potent therapeutic antibody	Zhe Lv*，Yong – Qiang Deng*，Qing Ye*，Lei Cao*，Chun – Yun Sun*，Changfa Fan*，Weijin Huang，Shihui Sun，Yao Sun，Ling Zhu，Qi Chen，Nan Wang，Jianhui Nie，Zhen Cui，Dandan Zhu，Neil Shaw，Xiao – Feng Li，Qianqian Li，Liangzhi Xie，Youchun Wang，Zihe Rao，Cheng – Feng Qin，Xiangxi Wang	Science
493	Anoncompeting pair of human neutralizing antibodies block COVID – 19 virus binding to its receptor ACE2	Yan Wu*，Feiran Wang*，Chenguang Shen*，Weiyu Peng*，Delin Li*，Cheng Zhao，Zhaohui Li，Shihua Li，Yuhai Bi，Yang Yang，Yuhuan Gong，Haixia Xiao，Zheng Fan，Shuguang Tan，Guizhen Wu，Wenjie Tan，Xuancheng Lu，Changfa Fan，Qihui Wang，Yingxia Liu，Chen Zhang，Jianxun Qi，George Fu Gao，Feng Gao，Lei Liu	Science

续表

序号	论文名	作者	期刊名称
494	A vaccine targeting the RBD of the S protein of SARS – CoV – 2 induces protective immunity	Jingyun Yang, Wei Wang, Zimin Chen, Shuaiyao Lu, Fanli Yang, Zhenfei Bi, Linlin Bao, Fei Mo, Xue Li, Yong Huang, Weiqi Hong, Yun Yang, Yuan Zhao, Fei Ye, Sheng Lin, Wei Deng, Hua Chen, Hong Lei, Ziqi Zhang, Min Luo, Hong Gao, Yue Zheng, Yanqiu Gong, Xiaohua Jiang, Yanfeng Xu, Qi Lv, Dan Li, Manni Wang, Fengdi Li, Shunyi Wang, Guanpeng Wang, Pin Yu, Yajin Qu, Li Yang, Hongxin Deng, Aiping Tong, Jiong Li, Zhenling Wang, Jinliang Yang, Guobo Shen, Zhiwei Zhao, Yuhua Li, Jingwen Luo, Hongqi Liu, Wenhai Yu, Mengli Yang, Jingwen Xu, Junbin Wang, Haiyan Li, Haixuan Wang, Dexuan Kuang, Panpan Lin, Zhengtao Hu, Wei Guo, Wei Cheng, Yanlin He, Xiangrong Song, Chong Chen, Zhihong Xue, Shaohua Yao, Lu Chen, Xuelei Ma, Siyuan Chen, Maling Gou, Weijin Huang, Youchun Wang, Changfa Fan, Zhixin Tian, Ming Shi, Fu – Sheng Wang, Lunzhi Dai, Min Wu, Gen Li, Guangyu Wang, Yong Peng, Zhiyong Qian, Canhua Huang, Johnson Yiu – Nam Lau, Zhenglin Yang, Yuquan Wei, Xiaobo Cen, Xiaozhong Peng, Chuan Qin, Kang Zhang, Guangwen Lu & Xiawei Wei	Nature
495	2007—2019 年《实验动物科学》刊发论文的分析	贺争鸣，李根平*，赵德明*，陈振文*，陈华*，黄韧*，孙岩松*，代解杰*，卢胜明*，郑志红*，王靖宇*，陈洪岩*，恽时峰*，卢选成*，任文陟*，耿志宏*，崔淑芳*，刘树锋*，卢静*，黎歌*，王小珂*，余铸*，武会娟*，胡建武*	实验动物科学
496	《实验动物科学》期刊在生命科学研究中发挥学术导向作用的探讨	贺争鸣，胡建武*，荣瑞章*，余铸*	科技资讯
497	国内外不同体制下实验动物管理机制的实践与启示	刘晓宇*，卢选成*，陈洪岩*，卢胜明*，李根平*，贺争鸣#	实验动物与比较医学
498	我国实验动物科技工作发展的政策支撑与思考	王锡乐*，巩薇，胡建武*，武文卿*，陆静*，袁宝*，温泽锋*，于海波*，吴瑕*，柳全明，贺争鸣#，李根平*	实验动物科学
499	Hartley 豚鼠 SPF 级核心种群生长曲线与血液生理生化指标测定	武卫国，范涛，王洪，王学文，刘佐民，柳全明	实验动物科学
500	Hartley 豚鼠生物净化群体建立及微卫星遗传质量分析	范涛，武卫国，冯宾，刘佐民，柳全明	实验动物科学

续表

序号	论文名	作者	期刊名称
501	遗传工程小鼠冻存卵巢异体原位移植比较研究	左琴，王劲松，范涛，朱婉月，刘秋菊，刘佐民*	实验动物科学
502	定量核磁共振氢谱法测定甲磺酸奥希替尼的含量	王瑾，陈忠兰，冯玉飞，吴先富#，肖新月#	药物分析杂志
503	核磁共振波谱在药物领域中的应用	吴先富，肖新月#	药物分析杂志
504	定量核磁共振法在同分异构体含量测定中的应用	师小春，吴先富#，肖新月#	药物分析杂志
505	6 种核磁共振波法含量测定用标准物质纵向弛豫时间影响因素分析	师小春，冯玉飞，陈忠兰，吴先富#，肖新月#	药物分析杂志
506	定量核磁共振波谱法测定依诺肝素钠中多硫酸软骨素和硫酸皮肤素的含量	师小春，张雅军，吴先富#，肖新月#	药物分析杂志
507	低分子量肝素核磁核磁共振氢谱鉴别法的改进	师小春，王瑾，吴先富#，肖新月#	药物分析杂志
508	我国药品广告审查监管现状分析	徐璐，杜庆鹏，朱炯，白玉萍	中华医学信息导报
509	Roles of ROS and Cell Cycle Arrest in theGenotoxicity induced by Gold Nanorod Core/Silver Shell Nanostructure	DanWang，Mo Dan，Yinglu* Ji，Xiaochun Wu*#，Xue Wang#，Hairuo Wen#	Nanoscale Research Letters
510	大黄素型单蒽酮基因突变风险评价	文海若，王亚楠，杨莹，赵婷婷	中国药物警戒
511	符合中药特点的致癌风险评价方法	文海若，闫明，宋捷，鄂蕊，耿兴超，胡燕平#，王雪#	中国药事
512	Role of transient receptor potential canonical channels in heart physiology and pathophysiology	Hairuo Wen，Judith K. Gwathmey*，Lai－Hua Xie*#	Frontiers in Cardiovascular Medicine
513	药物杂质遗传毒性评价策略与监管研究	文海若，闫明，王亚楠，王翀，耿兴超，朱炯，张河战#，王雪#	中国药事
514	大黄素－8－*O*－β－D－葡萄糖苷的体内外遗传毒性评价	文海若，颜玉静，宋捷，鄂蕊	中国药房
515	基于 L5178Y 细胞体外 Pig－a 基因突变试验方法的建立与初步探索	王亚楠，文海若#，王雪#	生物技术通报
516	雷公藤甲素致 L5178Y 细胞及小鼠 Pig－a 基因突变风险评价	王亚楠，闫明，文海若#	中国现代中药
517	新药非临床安全药理学研究进展	郭健敏*，许彦芳*，马玉奎*，胡晓敏*，黄芳华*，扈正桃*，宫丽崑*，姜德建*，张立将*，张雪峰*，蔡青*，汤纳平*，宗英*，苏筱琳*，张文强*，陆兢*，赵斌*，聂昕*，蒙飞彪*，杨威*，王三龙#，陆国才*，汪巨峰*	中国药理学与毒理学杂志
518	药物诱导的心律失常非临床体外评价研究进展	潘东升，王三龙，张颖丽，陈思蓉，李波#	中国药学杂志
519	基于实时无标记细胞分析技术分析验证人诱导多能干细胞分化的心肌细胞毒性评价模型	陈高建，潘东升，陈思蓉，张颖丽，李芊芊，石茜茜，王雪，黄芝瑛*，王三龙#	药物分析杂志

续表

序号	论文名	作者	期刊名称
520	抗 HER2 靶点抗体偶联药物大鼠单次给药毒性研究	王欣，屈哲，黄瑛，王超，杨艳伟，耿兴超，张河战，李波，王海彬，霍艳#	中国药学杂志
521	Repeated dose multi – drug testing using a microfluidic chip – based coculture of human liver and kidney proximal tubules equivalents	Ni Lin，Xiaobing Zhou，Xingchao Geng，Christopher Drewell*，Juliane Hübner*，Zuogang Li，Yingli Zhang，Ming Xue*#，Uwe Marx*#，Bo Li#	Sci Rep.
522	Evaluation of biomarkers for in vitro prediction of drug – induced nephrotoxicity in RPTEC/TERT1 cells	XuanQiu，Yufa Miao，Xingchao Geng，Xiaobing Zhou#，Bo Li#	Toxicol Res（Camb）
523	生物标志物验证与认证现状和科学监管思考	朱思睿，周晓冰，张河战#，黄芝瑛*#，李波	中国新药杂志
524	纳米材料生殖发育毒性特点及体外替代模型的应用	赵曼曼，侯田田，耿兴超，周晓冰	中国药事
525	Insights into the metabolic characteristics ofaminopropanediol analogues of SYLs as S1P1 modulators：from structure to metabolism	Manman Zhao，Baolian Wang*，Qiong Xiao*，Yulin Tian*，Jiaqi Mi*，Jinping Hu*，Yan Li*	European Journal of Pharmaceutical Sciences
526	Identification of the risks in CAR T – cell therapy clinical trials in China：a Delphi study	Weijia Wu*，Yan Huo，Xueying Ding*，Yuhong Zhou*，Shengying Gu* and Yuan Gao*	Therapeutic Advances in Medical Oncology
527	Regulatory oversight of cell therapy in China：government's efforts in patient access and therapeutic innovation	Wu W，Wang Y，Tang Z，Gao Y，Huo Y#	Pharmacol Res
528	超高效液相色谱 – 串联质谱法测定比格犬血浆中抗肿瘤新药 SM – 1 的方法研究和验证	刘淑洁*，于敏，王宇，淡墨，李佐刚，耿兴超，张河战，杨进波*，刘丽#	中国新药杂志
529	Luteolin regulates VCAM – 1 expression in endothelial cells via inhibiting p65 NF – kB or promoting p85 P13K	KongXue – Li*，Huo Gui – tao（joint first authorship），LIJIa*，Wang Ya – Nan*，Chen Wu*，Jiang Dai – Xun*#	PBB
530	Traditional Chinese medicines regulate inflammation through signals mediated by cAMP – phosphodiesterases P13K	Huo Gui – tao，Huo Yan – Ying*，LI Jia*，Chen Wu*，Jiang Dai – xun*#	PBB
531	药物非临床安全性评价机构毒理学试验解剖病理学质量控制要点	霍桂桃，杨艳伟，屈哲，林志，张頔，吕建军#	中国药事
532	补坎益离丹慢性毒性初步研究	霍艳颖*，王梦婕*，李佳*，姜代勋*，霍桂桃#	北京农学院学报
533	美国 FDA《非临床毒理学研究病理学同行评议指南草案》关注点探讨	霍桂桃，屈哲，林志，杨艳伟，张頔，张河战，吕建军#	中国药事
534	GLP 机构计算机化系统验证的生命周期及考虑要点	霍桂桃，屈哲（共同一作），张曦，林志，张頔，杨艳伟，李琛，吕建军#	药物评价研究

续表

序号	论文名	作者	期刊名称
535	GLP 实验室计算机化系统基础设施的验证和管理	屈哲，霍桂桃（共同一作），林志，杨艳伟，张頔，李琛，耿兴超，吕建军#	药物评价研究
536	美国毒性病理学会对 FDA 非临床毒理学研究病理学同行评议指南草案的评论	霍桂桃，屈哲（共同一作），林志，杨艳伟，张頔，李琛，张河战，吕建军#	药物评价研究
537	Tissue cross - reactivity studies of CPGJ701 in humans, cynomolgus monkeys and Sprague - Dawley rats and correlation analysis with in vivo toxicity	Zhe Qu, Jianjun Lyu, Yue Liu, Xin Wang, Zhi Lin, Yanwei Yang, Di Zhang, Xingchao Geng, Bo Li#	ATM
538	GLP 实验室计算机化系统基础设施的验证和管理	屈哲，霍桂桃，林志，杨艳伟，张頔，李琛，耿兴超，吕建军#	药物评价研究
539	药物神经毒性评价体外模型的研究进展	田康*，黄芝英，王雪，耿兴超，李波，吕建军，屈哲#	药物评价研究
540	家兔鼻腔病理标本制备及组织结构解析	张頔，林志，吕建军，杨艳伟，高苏涛，霍桂桃，屈哲#	药物评价研究
541	miRNAs 在自身免疫性疾病中的研究进展	任禹珂，王超，吕建军，屈哲，霍桂桃，张頔，杨艳伟，王雪，李波，林志#	中国新药
542	GLP 机构中计算机化系统的安全性概述	张頔，李芊芊，霍桂桃，屈哲，杨艳伟，李琛，张曦，吕建军，林志#	药物评价研究
543	临床前药物安全性评价中关于脏器质量的探讨	张頔，姜华，杨艳伟，霍桂桃，屈哲，吕建军，林志#	药物评价研究
544	我国药品抽检结果公开现状分析与建议	朱炯，刘文，王胜鹏，王翀#，胡增峣*	中国药学杂志
545	国家药品抽检药品质量提示数据分析与探讨	朱炯，王胜鹏，刘文，王翀#	中国药事
546	新型冠状病毒肺炎疫情下国家药品抽检工作防控要点分析与建议	刘文，王翀，朱炯#	中国药业
547	药品质量抽查检验的组织、抽样和收检要求新旧对比研究	刘文，王翀，朱炯#，胡增峣*	中国药事
548	不合格中药饮片被标示企业否认生产问题的应对策略	刘文，王翀，朱炯#，胡增峣*	中草药
549	《药品质量抽查检验管理办法》与《药品质量抽查检验管理规定》中检验和复验内容的对比分析	刘文，朱炯，胡骏*，王翀#，胡增峣*	中国药房
550	药品抽检的监督管理和信息公开要求新旧对比研究	刘文，王翀，朱炯#，胡增峣*	中国现代应用药学
551	新版《药品质量抽查检验管理办法》简介及实施建议	刘文，朱炯，王翀#，胡增峣*	药物评价研究
552	突发重大公共卫生事件中的国家药品抽检工作分析与建议	刘文，朱炯，王翀#	中国药师
553	国家药品抽检中补充检验方法和检验项目的应用现状与思考	刘文，王翀，朱炯#	药物评价研究
554	国家药品抽检风险管理主要举措分析与建议	刘文，朱炯，王翀#	中国药学杂志
555	《药品质量抽查检验管理办法》中体现的“四个最严”分析与建议	刘文，朱炯，胡骏*，王翀#，胡增峣*	中南药学
556	突发公共卫生事件防控药品应急监管策略探讨	刘文，王翀，朱炯#	中国药业

续表

序号	论文名	作者	期刊名称
557	突发公共卫生事件中药品应急监管态势分析	刘文，王翀，朱炯#	中国药学杂志
558	国家药品评价抽检与标准提高有机结合的机制探讨	朱嘉亮，陈蕾*#，朱炯#	中国药学杂志
559	试论新修订《药品质量抽查检验管理办法》中的风险管理	朱嘉亮，郗昊，胡骏*，李哲媛*，杨悦*，朱炯#	沈阳药科大学学报
560	现行药品质量抽查检验模式下关于抽样工作的探析	朱嘉亮，任春*，胡骏*，李哲媛*，朱炯#，杨悦*	中国药事
561	新修订《药品质量抽查检验管理办法》浅析	朱嘉亮，王翀，胡骏*，李哲媛*，朱炯#，杨悦*	中国新药杂志
562	浅析新修订《药品质量抽查检验管理办法》对检验工作的要求	朱嘉亮，刘文，王巨才*，胡骏*，李哲媛*，杨悦*，朱炯#，陈蕾*#	中国药学杂志
563	中成药价格与质量一致性模型研究	朱嘉亮，史宪海*，刘静，朱炯*	中国药事
564	国家药品抽检工作中抽样流程管理研究	周悦鹏*，李玥琦*，王翀，朱嘉亮#，邢以文*	中国药事
565	中成药中非法添加他达拉非新型衍生物的检测及结构鉴定	申国华*，刘晓普*，董培智*，王慧#	中国现代应用药学
566	基于 FMEA 方法对药品检验过程的风险分析	董培智*，王慧#	中国药事
567	中国与欧盟药品抽查检验监管对比研究	王胜鹏，朱炯，张弛，王翀#	中国药事
568	药品质量抽查检验管理办法修订探讨	王胜鹏，王翀，张弛，朱炯#	中国药事
569	欧盟药品抽查检验工作程序研究	王胜鹏，朱炯，张弛，王翀#	中国药事
570	公共卫生事件中医疗机构中药制剂应急管理探讨	王胜鹏，王翀，朱炯#	中国现代应用药学
571	美国近期短缺药品管理策略与启示	王胜鹏，王翀，张弛，朱炯#	中国药事
572	公共卫生事件中 FDA 应对短缺药品指导原则介绍	王胜鹏，朱炯，王翀#	药物评价研究
573	公共卫生事件中欧盟维持药品最优供应指导原则介绍	王胜鹏，朱炯，王翀，张弛#	药物评价研究
574	2013～2018 年全国药品检验机构能力验证的回顾性研究	刘雅丹，张河战，于欣，赵萌，高晓明，项新华	中国药师
575	薄荷属 3 种植物及变种的性状鉴别，化学成分分析及 DNA 条形码研究比较	王菲菲，刘杰，何风艳，等	药学学报
576	综合性检验机构质量管理体系内部审核探究	于欣	中国药事
577	资质认定改革后药检机构的应对措施	于欣	药物流行病学杂志
578	药品检验机构内审不符合项回顾性分析及讨论	于欣	中国药事
579	医用口罩标准体系建设的思考	于欣，母瑞红	中国医疗器械信息
580	中美医疗器械标准管理对比研究与启示	于欣，母瑞红，余新华	中国药事
581	通过 SWOT 分析探讨药品检验机构管理评审的工作方式	于欣	中国药学杂志
582	血清中总蛋白测定能力验证研究	项新华	中国药事

续表

序号	论文名	作者	期刊名称
583	Isolation andcharacterisation of *N*-benzyl tadalafil as a novel adulterant in a coffee - based dietary supplement	项新华	Food Additives & Contaminants: Part A
584	国家药品抽检样品受理问题分析及建议	高芳，梁静，杨玥莹，王敬，董红环，黄清泉	中国药事
585	药品检验机构样品管理程序规范化建设研究	董红环，杨玥莹，高芳，梁静，黄清泉#	中国药事
586	药检机构留样库贮藏温度合理设置浅析	董红环，杨玥莹，黄宝斌，梁静，高芳，黄清泉#	中国药师
587	锝［99mTc］放射性药品细菌内毒素限值的探讨	董红环，黄清泉#	中国食品药品监管
588	借鉴 JCI 标准加强药械检验机构留样库房管理探讨	张炜敏、黄宝斌、黄清泉#	现代仪器与医疗
589	从业务流程视角谈药品检验质量与效率的监管	黄宝斌、杨玥莹、黄清泉、成双红#	中国药事
590	基于《ISO_IEC + 17025_2017 实验室管理体系检测和校准实验室能力的一般要求》对实验室设施	马丽颖，王洪，邹健，于婷#，倪训松#	中国药师
591	浅议检测机构建立不符合项整改监督机制的重要性	马丽颖，肖镜，于欣，陈欣，邹健#，于婷#	中国质量监管
592	药品检验机构运行的政府采购管理体系建立	苏丽红，刘君，陈欣，倪训松，邹健，仲宣惟#	中国药事
593	基于多模态数据流的网络信息局部异常点检测方法研究	陈海涛	电子测量技术
594	我国稻谷中硒元素空间分析	胡康，王丹*，刘杨*，肖革新#	食品安全质量检测学报
595	试谈网络安全技术于网络安全运维中的应用	于继江	计算机产品与流通
596	虚拟现实技术的网络安全漏洞自动化检测方法	于继江	电子世界

注：*为外单位作者，#为通讯作者。